生成AI ChatGPT で

Python

プログラミング

アウトプットを 10 倍にする！

クジラ飛行机 著

GPT4 & GPT3.5 対応

ソシム

はじめに

　本書は、生成 AI・ChatGPT を代表とする大規模言語モデル（LLM）について解説しています。学んだことをすぐに実践できるよう具体例を数多く掲載しています。

　生成 AI は「使う人に応じて能力が大きく変わる AI」と言われています。その仕組みや使い方を学ぶことによって、その能力を最大限に引き出すことができるでしょう。特に、生成 AI に入力する「プロンプト」と呼ばれるテキストを、ちょっと工夫するだけで生成物の質がぐっと改善します。本書の具体例の通りに入力することで、成果を上げることができます。

　また、本書はエンジニアやデザイナーなど、アプリ開発や Web デザインに携わる人が、どのように生成 AI を活用できるのか、という点を念頭に書かれています。

　生成 AI はこれまで「ヒトにしかできない」と思われていた多くの知的生産を自動化します。

　アプリ開発やデザインの現場、プログラミングに関わる多くの方の働き方を変えていくでしょう。プログラムを生成するだけではなく、アイデア出しから仕様書の作成、テストの自動作成など、幅広い仕事を自動化できます。生成 AI を上手に活用する人とそうでない人では、アウトプットの速度と質に大きな差が出ることでしょう。

　本書では、どのように AI を活用できるのか、そのためにどのようなプロンプトを利用できるのかを具体的に解説しています。また、ChatGPT でどのように、プログラムは仕様書、ドキュメントを作成するのかを解説します。

　加えて、ChatGPT の API の使い方を解説します。API を使う事で、Web ブラウザの ChatGPT だけでは実現不可能な、さまざまな拡張が可能になります。ChatGPT を利用したアプリが開発できるだけでなく、長い文章を要約したり、社外秘の PDF やデータをベースに会話したり、特定のデータを抽出したりできます。

　生成 AI の特徴は自然言語を使って、AI にさまざまな創造を行わせるという新しい技術です。自然言語が利用可能ですが、プログラミングが得意な人の方が、具体的で論理的な指示ができて有利なようです。

　ぜひ、これまでにない、新しいプログラミング言語を覚えると思って、本書のプログラムやプロンプト例を実際に入力してその成果を確かめてみてください。本書が生成 AI を活用する皆様のお役に立てることを願っています。

本書の対象読者

　本書の対象読者は、生成 AI に興味があり、それらを実用的に活用したいと考えている方々です。特に次のような方に向けて書いています。

- 生成 AI に興味がある方、学びたいと考えている方
- 生成 AI を活用したいと考えているエンジニアやデザイナー
- 自動でプログラムを生成して作業を自動化したいと思っている方
- 生成 AI の特徴やメリット・デメリットを具体例で確認したい方

本書の使い方と
サンプルファイルについて

●本書の使い方

本書では、生成AIでのやりとりが多く掲載されています。

プロンプトで入力が必要な場面には、本文で適宜指示があります。また、必要と思われるプロンプトの入力例については、サンプルファイルとしてダウンロードできるようになっています。入力すべき部分がわかりにくい場合には、プロンプト例の上部に［入力］と明示してあるケースもあります。

問とは逆の質問をプロンプトに入力してみましょう。

Q：赤色
A：ニンジン、イチゴ、トマト、太陽、ポスト
Q：青色
A：

ChatGPTは次のような応答を返します。

海、空、青い鳥、ブルーベリー、ジーンズ

正解です。正しく青い物体を返すことができました。ここから、ChatGPTは大量の文章を学び、青色の物体が何であるかを正しく学習していることが読み取れました。

箇条書きのプロットから小説の生成

次に少し趣向を変えて、文章の生成に挑戦してみましょう。箇条書きのプロットを用意しておいて、そこから文章を自動生成させてみます。そもそも、ChatGPTは文章生成AIなのです。要約が可能なのですから、その逆で、要約した箇条書きのプロットを元に文章を生成することもできるのです。

なお、ここでは、誰もが知っている昔話の「桃太郎」のプロットから小説を生成させてみましょう。プロンプトをChatGPTに入力しましょう。

［入力］src/ch2/momotaro.gpt.txt
以下の箇条書きを元に、小説を書いてください。

- これは昔話である。
- 桃太郎はおばあさんが川から拾った桃から生まれた。
- その当時、鬼ヶ島に住む鬼が悪さをして村人を困らせていた。
- 桃太郎は、犬と猿とキジを「きび団子」で餌付けして仲間にした。
- 桃太郎は鬼ヶ島に乗り込み、鬼を退治した。
- 桃太郎は鬼ヶ島の財宝を持ち帰り裕福に暮らしました。

ChatGPTは次のような応答を返しました。小説の生成タスクは実行するたびに、大きく変化します。ここでは、GPT-4を利用して生成した例を紹介します。生成途中で応答が途切れてしまう場合には、チャットエリアに「続けてください」と入力することで続く物語を生成できます。

昔々、ある村におばあさんとおじいさんが住んでいました。ある日、おばあさんは川で洗濯をしていると、大きな桃が流れてきました。おばあさんは桃を拾って家に持ち帰り、おじいさんと一緒に食べようと思いました。

プロンプト入力であることと、
そのファイル名を明示

［入力］にしたがって質問や指示をすると結果が生成される

●サンプルファイルのダウンロード

　本書のプロンプトに入力する内容やプログラム、データなどは GitHub からダウンロードできます。
下記の URL にアクセスし、右にある「Code」をクリックし、「Local」タブの下の方にある「Download.
ZIP」をクリックしてダウンロードします。

　プログラムについては、Appendix 1も参照してください。

```
【URL】
書籍のサンプルファイルダウンロード
[URL] https://github.com/kujirahand/book-generativeai-sample/
```

GitHub のダウンロード

「Download.ZIP」をクリック
してダウンロード

CONTENTS

1章 大規模言語モデル

2章 ChatGPT - プロンプト編

1

2

3

4

5

AP

3章 ChatGPT - API 編

1

2

3

4

5

AP

4 章　大規模言語モデルと作るアプリ開発

1

2

3

4

5

AP

5 章　大規模言語モデルを 10 倍強化する

Appendix

CHAPTER 1

大規模言語モデル

最初に本書の中心テーマである「生成 AI」について概観してみましょう。生成 AI がなぜ期待されているのか、何ができるのか、また、その仕組みはどうなっているのか確認してみましょう。

1 生成 AI に対する期待

ビル・ゲイツ氏は 2023 年 3 月のブログにて「人生で革新的だと思った技術は二つしかない」とし、一つは Windows の元になったウィンドウシステム、そしてもう一つが Open AI が開発した対話型 AI（生成 AI）だ、と述べました[1]。IT の基盤となっているウィンドウシステムに匹敵するような生成 AI とは何なのか？なぜ期待されているのか？それらを確認してみましょう。

本節の ポイント

● 生成 AI とは何か
● 生成 AI に期待が集まる理由

生成 AI とは

「生成 AI（Generative AI）」とは、大量のコンテンツを学習することにより、まったく新しいオリジナルのアウトプットを生み出す AI のことです。生成系 AI と呼ぶこともありますが、本書では生成 AI で統一します。画像、文章、音声、プログラムコードなど、さまざまなコンテンツを生成する AI が存在します。

生成 AI は、生成というものの、ゼロからコンテンツを生み出すわけではなく、大量のデータを元にして、繰り返しデータを学習し、大量のパラメーターを調整して、より良いアウトプットができるようにしています。

また、ユーザーは生成したコンテンツに対して評価を行うことで、さらに良いアウトプットを得られるようになります。

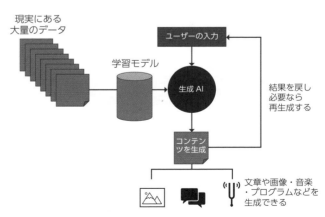

現実にある 大量のデータ
学習モデル
ユーザーの入力
生成 AI
結果を戻し 必要なら 再生成する
コンテンツを生成
文章や画像・音楽 ・プログラムなどを 生成できる

Fig.01 生成 AI の構造

※ 1：2023 年 3 月 14 日の「The Age of AI has begun」ブログより
　　　[URL] https://www.gatesnotes.com/The-Age-of-AI-Has-Begun

社会に大きなインパクトを与える生成 AI

　冒頭でビル・ゲイツ氏の言葉を取り上げましたが、生成 AI の流行により「AI の時代が始まった」と題するブログ記事を投稿しました。その中で、生成 AI が携帯電話やインターネットと同じくらい革新的なものであると述べました。

　そして、米国のアクセンチュア社は「テクノロジービジョン 2023」という報告の中で、日本を含む世界 34 カ国、25 の業界にわたる 4,777 人の上級役職や役員を対象にした調査で、その 98% が「生成 AI を活用することで、クリエイティビティやイノベーションが大幅に進展する」と回答し、また、95% が「企業におけるインテリジェンス活用の新時代が到来しつつある」と回答しました。この調査結果から、生成 AI がビジネスの新時代を切り開きつつあることが明らかになりました。

　さらに、日本の AI 研究の第一人者である松尾豊氏は「AI の進化と実装に関するプロジェクトチーム」という AI 戦略の検討会で、生成 AI により「ホワイトカラーの仕事のほとんどすべてに何らかの影響がある可能性が高い」と述べました。

　米国のコーネル大学でも、OpenAI、非営利ラボ OpenResearch、ペンシルバニア大学の教授など、複数人が率いた調査をまとめたレポート[2] の中で、「米国の全労働者のうち、80%の人が、業務の10%程度の影響を受ける」と指摘しています。これは、ChatGPT をはじめとした大規模言語モデル（LLM）が労働市場に与える影響について述べたものです。

　なお、大規模言語モデル（LLM）の導入により、高年収のホワイトカラー職への影響が最も大きくなると言われており、「プログラマー」や「ライター」にも大きな影響があると言われています。

生成 AI はこれまでの AI と何が違うのか？

　生成 AI が登場する以前、画像データに何が写っているのかを認識する画像認識や、音声データが何を言っているのかを認識する音声認識、文章がどんなカテゴリーに属するのかを判定するテキスト分類などの AI が主流でした。しかし、生成 AI はまったく新しいコンテンツを生み出します。

　生成 AI の代表例を見てみましょう。

　画像を生成する AI では、「Stable Diffusion」や「Midjourney」「DALL-E 2」などがあります。これらの AI は、自然言語で与えられた説明に基づいて独自の画像を生成することができます。

※ 2：GPTs are GPTs: An Early Look at the Labor Market Impact Potential of Large Language Models --- https://arxiv.org/abs/2303.10130

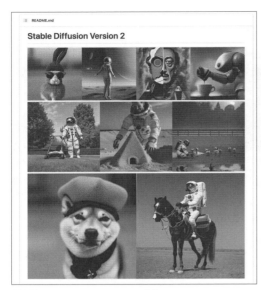

Fig.01 Stable Diffusion のリポジトリ

Fig.01 Midjourney の Web サイト

一方、文章を生成する AI としては、会話形式で質問に答えてくれる「ChatGPT」があります。ChatGPT は処理能力が高いことで話題になりました。単に会話をするだけではなく、企画書や論文を書いてくれたり、歌詞や小説まで執筆してくれます。さらに本書の読者にとっては重要な「プログラムの自動生成」も可能です。

「ChatGPT」は 2022 年 11 月の公開から大きな話題を呼び、わずか 5 日間でユーザー数が 100 万人を達成するという偉業を成し遂げました。ChatGPT の可能性は、多くの人の心を掴んだのです。

Fig.02 ChatGPT の Web サイト

生成 AI により作業が効率化される

これら生成 AI は、単に使って楽しいというだけでなく、さまざまな業務の自動化に影響を与える社会的インパクトを持っています。人間が詳細な情報を指定しなくとも、さまざまなタスクが実行可能なのです。

例えば、いままでは正規表現やデータ整形のスクリプトを書くしかなかったデータの整形も簡単

指示で整形処理が完了します。一例として、イ
意して「JSON データをインデント付きで綺麗
整形して欲しい」と頼んでみました。

1

2

Fig.01 ChatGPT に JSON のフォーマットを依頼したと
ころ

3

　すると、次のように綺麗にインデントで揃えて表示してくれます。以下の JSON データが実際に
ChatGPT により出力されたデータです。

4

5

```json
src/ch1/fruits.json
[
  {
    "id": 1001,
    "name": "Apple",
    "price": 340
  },
  {
    "id": 1000,
    "name": "Orange",
    "price": 250
  }
]
```

AP

　この他にも、プログラミング言語を別の言語
に書き換えることも可能です。JavaScript のコー
ドを TypeScript に変換し、無意味な変数宣言
（var）を定数（const）に変更するように指示し
たところ、難なく変換してくれました。従来こ
のような処理は、専用のツールかスクリプトを
利用しなくてはなりませんでしたが、簡単な指
示により実現できてしまうのです。

Memo

**不完全な JSON データでも
自動修正できる**

上記の JSON データ整形ですが、敢えて
JSON データの区切りカンマを削って、不
完全な JSON データを入力データとして
与えてみました。その場合でも、自動で
JSON データの間違いを修正して出力する
ことができました。

```
                            Model: GPT-4

     以下のJavaScriptをTypeScriptに変換してください。また、varをconstに変更してください。
     ```
     var a = 30;
     var b = 60;
     var s = a + "円に2をかけると" + b + "円になります";
     console.log(s);
     ```

     以下に、ご希望のTypeScriptコードを示します。`var`を`const`に変更しました。

     typescript                                        Copy code

     const a: number = 30;
     const b: number = 60;
     const s: string = a + "円に2をかけると" + b + "円になります";
     console.log(s);
```

Fig.03 JavaScript のコードを TypeScript に変換したところ

クリエイティブ業務を支援する生成 AI

　従来、クリエイターが長時間の研鑽を積まなくては作れなかった創造物も、生成 AI によっていとも簡単に再現できるようになりました。

　たとえば、画像生成 AI を使うことで、さまざまなシチュエーションの画像を生成できます。

　例えば、あるイベントのために、「キリンがスイミングプールで水を飲んでいる画像」が必要になったとします。Webで検索したとしてもそんな都合のよいものが見つかるとは限りません。これまでは、Photoshop などの画像編集アプリを駆使して画像の切り貼りが必要だったかもしれません。しかし画像生成 AI を利用してシチュエーションを指定することで、そうした画像を生成できます。例えば、Stable Diffusion に「A giraffe is drinking water in swimming pool.（キリンがプールで水を飲んでいるところ）」と書くと、次のような画像を生成してくれます。

Fig.04 キリンがプールで水を飲んでいるところを画像生成した

　また、小説の執筆や作詞なども、これまで作家や作詞家が情熱を注いで作成するのが一般的でした。しかし、適当な注文を付けることで、それらしい作品を作成することができるようになりました。

次のような物語の筋書きを考えました。どんな物語にすると良いか考えてくださいませんか。
- 天才的なピアノの才能を持った少年が主人公。
- 画家を目指す2才年上の少女がヒロイン。
- 主人公とヒロインの両親が友達だったことから二人は出会う。

題名：「鍵盤と画布の共鳴」

物語の概要：
この物語は、天才的なピアノの才能を持つ少年、リオと、画家を目指す2歳年上の少女、ミナミとの出会いを描く感動的なストーリーです。二人は互いに影響を与え合い、芸術を通じて成長し、人生の困難に立ち向かっていく。その過程で、運命的な出会い、友情、恋愛、そして家族の絆が描かれます。

あらすじ：
幼い頃から天才的なピアノの才能を持つリオは、両親の友人の娘であり、2歳年上の画家志望の少女ミナミと出会う。二人は家族ぐるみで交流があり、幼いころからの友達として成長していく。

リオは地元の音楽コンクールで度々優勝し、その名は広がっていく。一方、ミナミは学校の美術部で才能を磨き、地域の画家として評判を上げていく。リオはミナミの画家としての情熱に影響を受け、ミナミはリオのピアノ演奏に感動する。

高校生になった二人は、お互いの夢を追い求めるために、全国的な音楽と美術のコンクールに参加することを決意する。しかし、その道のりは容易ではなく、競争が激しく、家庭の問題や友人関係のトラブルに直面する。二人はお互いに励まし合い、困難を乗り越える力となる。

□ Stop generating

Fig.05 壮大なヒューマンドラマを自動生成した

　もちろん、これら AI の実力は本職のイラストレーターや小説家には到底及びません。しかし、クリエイターの感性を刺激し、創作意欲をかき立てるヒントを与えることはできるでしょう。

プログラムの自動生成

　ChatGPT をはじめとする対話型 AI はプログラムを作ることができます。「＊＊のプログラムを作って欲しい」と依頼すると、あっという間にプログラムを生成します。本書の読者には最も気になるのが、この機能についてだと思います。果たして「AI のプログラミング能力」はどのくらいなのでしょうか。

　実際のところ、現時点でも、ChatGPT で作成したプログラムは、それなりのクオリティがあります[3]。ある人は「優秀な大学院生」とか「会社員数年目」の実力がある、と評していました。筆者も使い方によっては、その程度の実力が出せるだろうと感じています。

　もちろん、自動生成されたプログラムが全て正しいわけではありません。それでも、プログラムの生成能力は、ChatGPT の公開当初から大きく改善されており、高度なプログラムの生成が可能となっています（この点については、本書の Chapter4 で詳しく解説します）。

　AI は受動的であり、こちらの注文が曖昧である限り、そこそこのクオリティのものしか生成してくれません。これは、受託開発で発注側の指示が不明瞭だったり、不完全なものであると、質の悪いプログラムが納品されるという現象に近いものがあります。

　それでは、具体的に ChatGPT のプログラム生成能力を確認してみましょう。たとえば、ChatGPT

※ 3：本書執筆時点で最新のモデル ChatGPT（GPT-4 モデル）で評価した感想です。ただし、AI はあくまでも機械的に応答を返しているだけなので、利用分野や入力内容（プロンプト）に応じて結果の精度が大きく変わります。

にファイル分割を行うプログラムを作ってもらいましょう。次の画像は「入力ファイルを読み込み、
500MBごとにファイルを分割してファイルに出力する」という簡単な指示を与えたところです。
簡単な指示でしたが、こちらの意図を汲み取って正しく動くプログラムを生成しています。

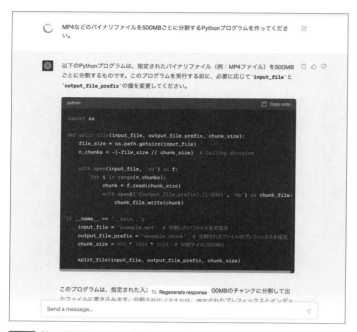

Fig.06 ChatGPT にファイル分割を行うプログラムを作ってもらったところ

　実際に生成されたプログラムは次の通りです。プログラムを見ると、丁寧なコメントも付けられて
います。

src/ch1/split_file.py

```python
import os

def split_file(input_file, output_file_prefix, chunk_size):
    file_size = os.path.getsize(input_file)
    n_chunks = -(-file_size // chunk_size)  # Ceiling division

    with open(input_file, 'rb') as f:
        for i in range(n_chunks):
            chunk = f.read(chunk_size)
            with open(f'{output_file_prefix}_{i:03d}', 'wb') as chunk_file:
                chunk_file.write(chunk)
```

```
if __name__ == '__main__':
    input_file = 'example.mp4'  # 分割したいファイル名を指定
    output_file_prefix = 'example_chunk'  # 分割されたファイルのプレフィックスを指定
    chunk_size = 500 * 1024 * 1024  # 分割サイズ（500MB）

    split_file(input_file, output_file_prefix, chunk_size)
```

　今回は、正しいプログラムを出力できました。しかし、常に正しいプログラムが生成できるとは限りません。できる限り具体的に指示することや、実装する上で必要な技術をキーワードとして指定すること、間違っている点を指摘することにより、よりよいアウトプットを得ることができます。本書では、この点について詳しく解説していきます。

生成 AI に対するマイナスイメージ

　多くの著名人が生成 AI には産業構造を変えるインパクトがあるなどと述べています。それにより、多くの仕事が自動化されて、失業の増加が懸念されています。繰り返し作業やルーチンワークに従事する人々が影響を受けると言われています。

　かつては、イラストレーターなどのクリエイティブな職業や、プログラマーなどの頭脳労働を行う職業は AI による影響はそれほど受けないと考えられていました。しかし、生成 AI により、手軽に高度な絵画が生成できたり、プログラムが自動生成されることから、少なからず影響を受けることでしょう。

　当然、AI がこれらの職業を置き換えることはありませんが、AI が自動で作成できる比較的簡単な作業は、プロに頼むことなく AI が肩代わりしていくでしょう。

　マイナスとして考えられていることをまとめると、以下のようになります。

（1）AI に仕事が奪われる
（2）AI により人権やプライバシーが侵害される
（3）セキュリティ上リスクがある
（4）偏見や先入観（バイアス）の学習
（5）人間のスキル低下
（6）デジタル格差の拡大

　すでに述べたとおり、上記（1）の点に関して、単純なタスクやルーチンワークの従事者には影響があると思われます。また、それだけでなく、スケジュール管理・データ入力、小売店でのレジ打ち、飲食店の注文や決済など、多岐に渡る分野・仕事で AI の影響があるでしょう。また、これまで影響を受けないとされてきた、クリエイティブな職業（イラストレーター、ライター、プログラマーなど）にも少なからず影響があります。

　（2）のプライバシー侵害や（3）のセキュリティリスクに関してですが、顔認識技術や、音声認識などの AI 技術により、個人のプライバシーが侵害される可能性があります。また、AI 技術を悪用して、

新たな詐欺やサイバー攻撃の手法が生まれることも懸念されています。すでに、ハッキングを行うプログラムの自動生成も可能と報告があります。

（4）のバイアスの学習に関してですが、AI は学習するデータに大きな影響を受けます。そのため、不公平で差別的なデータを学習し、それに応じた判定を行う可能性があります。AI を訓練するのには多くの学習データが必要となりますが、それらを公平に用意するのは困難でしょう。

（5）に関して、AI に頼り切ってしまうなら人間が持つスキルは低下し、学習意欲も保てません。AI に置き換わった仕事を人間に戻すのは容易ではないでしょう。

（6）のデジタル格差の拡大も問題視されています。AI 技術を活用できる企業や個人は発展し、多くの利益を享受しますが、そうでない者は取り残されます。経済的格差の拡大が懸念されます。

ChatGPT のモデル GPT-3 の訓練には、数百万ドルがかかったとされており、GPT-4 モデルの作成にかかった費用は 1 億ドル以上と言われています。それには、計算機リソースや電力などが含まれます。ここから、AI に対して膨大なコストを投資できる企業と、そうでない企業の間にすでに大きな溝ができていることも分かります。

生成 AI の利用における現時点の問題

生成 AI を使う上で、次のような問題も存在します。こうした問題は、今後少しずつ改善されていくでしょう。しかし、現時点で生成 AI を活用する上では気をつけたいポイントでもあります。

（1）不完全な知識
（2）不正確な情報
（3）偏った情報
（4）著作権やプライバシーの侵害

すでに紹介したマイナスな点と重なる部分もありますが、一つずつチェックしていきましょう。

（1）の不完全な知識に関してですが、本節の冒頭で紹介した通り、生成 AI は大量のデータを元にしてモデルが作成されます。AI モデルの作成時には、できるだけ多くのデータを収集しますが、やはりそれには限りがあります。また、学習モデル作成時点より後の情報については、当たり前ですが参照できません。

（2）の不正確な情報に関してですが、生成 AI は時々間違った結果を生成します。画像生成 AI で現実ではあり得ない不正確な描画をしたり、文章生成 AI であれば誤った情報の回答を返したりします。これは、もともと学習するデータに誤りが含まれていたり、文脈が適切に理解されていないことが理由で起きます。しかも、回答がもっともらしく見えることもあるため厄介です。

（3）の偏った情報ですが、学習した元データに偏りがある場合、偏った回答や極端な結果を出力します。元データの偏りが生成結果にも影響を及ぼすのです。そして、多くの生成 AI はどのようなデータを学習したのかを明らかにしていません。

（4）の著作権やプライバシーの問題に関しては、著作権的に問題のあるデータを学習している場合、

生成したコンテンツにもそれが反映される場合があります。また、新たに生成されたコンテンツの著作権が誰に帰するのか確認する必要があります。加えて、生成系 AI が学習する元データに、個人情報や機密情報が含まれることがあります。

Column   AI と著作権について - アメリカと日本の見解

米国では AI の制作物に著作権は認められない

AI と著作権についてアメリカと日本の公式見解を確認しておきましょう。

まず、アメリカですが、著作権局は、2022 年 2 月に「AI が作った芸術作品に著作権はない」という判断を示し、AI が作成した絵画に著作権を認めるように求めた申請を却下したことを明らかにしました。

さらに、2023 年 2 月には「画像生成 AI を使って制作されたグラフィックノベルは著作権による保護を受けない」と宣言しました。なお、新たに発表したガイダンスでは「プロンプトのみによって生成されて修正が加えられていない AI 作品」に関して、この方法ではユーザーは創造性を行使していないため「AI の創作物は著作権登録はされない」と明言しています。

日本でも議論や検討が進む

次に、日本での著作権について確認しましょう。文化庁ならびに内閣府が 2023 年 5 月 30 日に公開した「AI と著作権の関係等について」と題された文書で、生成 AI による学習および生成物と既存作品の著作権の関係に対する見解が明らかにされました。

まず、「AI の開発および学習段階」においては、著作物に表現された思想または感情の享受を目的としない利用行為は「原則として著作権の許諾なく利用することが可能」となっています。

そして、「AI による生成と AI の利用段階」においては、AI を利用して生成した画像等をアップロードして公表したり、複製物を販売したりする場合の著作権侵害の判断は通常の著作権侵害と同様であり、著作権者は著作権侵害として損害賠償請求・差止請求が可能であるほか、刑事罰の対象ともなると明示されました。

AI と著作権について下記に簡潔にまとまっているので、目を通しておくと良いでしょう。

> AI と著作権の関係等について
> [URL] https://www8.cao.go.jp/cstp/ai/ai_team/3kai/shiryo.pdf

なお、生成 AI の著作権の有無については、文化庁の次のガイドラインが参考になります。これによれば、AI が自律的に生成したものは、著作物に該当しないものの、「創作意図」と「創作的寄与」があり、人が表現の道具として AI を使用したと認められる場合は、著作物に該当するとあります。しかし、今後の議論や世論形成によっては見解が変わる可能性もあるので動向を見守っていきましょう。

文化庁 - AIと著作権（2023年6月）
[URL] https://www.bunka.go.jp/seisaku/chosakuken/pdf/93903601_01.pdf

まとめ

→ 本節では生成AIが社会に与えるインパクトおよび、デメリットや問題について考察しました。

→ デメリットはあるものの、生成AIはそれらを凌駕する大きなメリットがあります。

→ 多くの人々にとって生成AIは歓迎すべき技術となります。

→ 人間が行っていた単純作業がAIにより自動化されるため、人間はよりクリエイティブな作業に集中できるようになります。

→ プログラムの自動生成は、ほとんどのプログラマーにとっては大きなメリットと言えるでしょう。

2 AI の機能とその仕組み

車の運転をするとき、エンジンやブレーキの基本原理を知っているなら、安心して運転できます。また、トラブルが起きたときにも対処できるでしょう。AIを使う場合にも同じことが言えます。AIの仕組を学ぶなら、より効果的にAIを使うことができるでしょう。

本節のポイント
- AI でできること
- AI の仕組み
- AI の分類

AI で実現可能なタスクは？

AI でできることをまとめてみましょう。AI でどんなことが可能になるでしょうか。また、そのタスクを解決するために、どんな技術が必要となるのかも紹介します。

- 画像認識と解析　　　画像に写っている物体や特徴を識別し、分析する
- 自然言語処理（NLP）　人間が話す言語を理解し、分析する
- 音声認識・音声合成　音声データをテキストに変換し、文章を読み上げる
- 機械翻訳　　　　　　ある言語の文章を別の言語に翻訳する
- レコメンドシステム　ユーザーの好みや閲覧・購入履歴に基づいて、別のコンテンツや商品を推薦する
- 予測と分類　　　　　既存データを元に将来の状況を予測し、カテゴリ分類する
- 強化学習　　　　　　エージェントの行動を繰り返し評価することで最適なタスクを実行する
- 生成 AI　　　　　　学習モデルの特徴に基づいて新しいデータを生成する

次に、これらタスクの詳細と、その背後で使われている技術について見ていきましょう。もちろん、全ての技術を詳細に理解する必要はありません。しかし、簡単にその技術について知っておくなら、AI を使いこなす上で助けとなるでしょう。

画像認識・画像解析のタスク

　画像認識や画像分類といったタスクは、第三次人工知能ブーム（2000 年代）で、最初に注目された分野です。画像として書かれている文字を認識する OCR（Optical Character Recognition/ Reader）もこのタスクに含まれます。

⚫ 畳み込みニューラルネットワーク (CNN) について

　このタスクでは、深層学習を利用することで高い精度を実現します。なかでも「畳み込みニューラルネットワーク」（CNN = Convolutional Neural Network または ConvNet）が有名な手法です。これは、画像の中にあるパターンを検出するのに有効な手法です。畳み込みニューラルネットワークは、多数の層から構成されており、それぞれの層が画像の特徴を学習します。その際、異なるサイズや形状のフィルターが畳み込み層で使用されることで、画像の異なる特徴を検出します。そして、各畳み込み画像の出力が次の層の入力として使用されます。

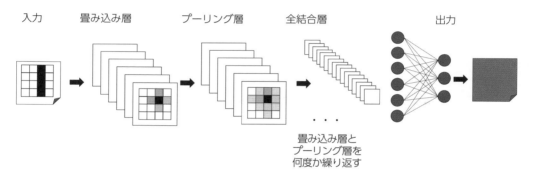

入力　　　畳み込み層　　　　プーリング層　　　　全結合層　　　　　　　　出力

畳み込み層と
プーリング層を
何度か繰り返す

Fig.07 畳み込みニューラルネットワークの構造

自然言語処理（NLP）のタスク

　自然言語処理（Natural Language Processing / NLP）とは、人間の言葉（自然言語）を AI が分析する技術のことです。人間が日常的に話す言葉なので一定のルールはありつつも曖昧な表現が含まれています。たとえば、同じ単語でも話す人や文脈によって異なる意味になることもありますが、このような場合には前後の文脈を元に判定して分析を行います。自然言語処理は、検索エンジンや対話型 AI、AI アシスタント（Siri や Alexa など）やテキストマイニング、対話型 AI など幅広く利用されています。

⚫ 自然言語処理 - 形態素解析

　形態素解析（morphological analysis）は、文章を「形態素」と呼ばれる最小の意味を持つ単位に

分解する処理を指します。英語の文章は、一般的に空白で単語が区切られているため、比較的扱いやすいのですが、日本語や中国語ではより複雑な手法が必要となります。

　形態素解析により、文書の構造解析や単語の出現頻度の計算など、多くの自然言語処理のタスクが行えます。主な解析手法には、辞書と規則を使った手法があります。また、最近では、機械学習を用いた手法が注目されています。

　例えば、MeCab という形態素解析ツールを使って「私は AI を信頼しています。」という文章を形態素解析すると、次のような結果を得ることができます。

形態素	品詞	品詞細分類 1	分類 2	分類 3	活用型	活用形	原形	読み	発音
私	名詞	代名詞	一般	*	*	*	私	ワタシ	ワタシ
は	助詞	係助詞	*	*	*	*	は	ハ	ワ
AI	名詞	一般	*	*	*	*	*	-	-
を	助詞	格助詞	一般	*	*	*	を	ヲ	ヲ
信頼	名詞	サ変接続	*	*	*	*	信頼	シンライ	シンライ
し	動詞	自立	*	*	サ変・スル	連用形	する	シ	シ
て	助詞	接続助詞	*	*	*	*	て	テ	テ
い	動詞	非自立	*	*	一段	連用形	いる	イ	イ
ます	助動詞	*	*	*	特殊・マス	基本形	ます	マス	マス
。	記号	句点	*	v	*	*	。	。	。

　日本語の形態素解析が可能なツールには、MeCab の他に ChaSen、JUMAN、KyTea、Janome などのツールやライブラリーがあります。

◯ 自然言語処理 - BoW(Bag of Words)

　BoW（Bag of Words）とは、簡単な特徴抽出の手法で、文章の中に出現する単語を集合として表現する手法です。テキスト分類、感情分析、トピックモデリングなど、多くの自然言語処理で使用されます。文章の中にその単語が含まれるかどうかを調べて、文章中の単語をベクトルで表現します。

◯ 自然言語処理 - ベイジアンフィルター

　ベイジアンフィルター（Bayesian Filter）とは、単純ベイズ分類器を応用した分類ツールです。対象となるデータを学習し分類するためのフィルターです。迷惑メール（スパムメール）を振り分けたり、SNS に対する迷惑投稿を判定することができます。形態素解析や BoW を利用して実装されています。仕組みが単純でスペックの低いマシンでも動かすことができるため、現在でも広く利用されています。

◯ 自然言語処理 - トランスフォーマー (Transformer)

　「トランスフォーマー（Transformer）」は、2017 年に発表された深層学習モデルであり、主に自然言語処理の分野で使用されています。時系列データの翻訳やテキスト要約などのタスクを行うべく設計されています。

　トランスフォーマーが登場する以前は、自然言語処理の分野では LSTM などの回帰型ニューラル

トランスフォーマーが登場する以前は、自然言語処理の分野では LSTM などの回帰型ニューラルネットワークモデル（後述）のモデルが広く採用されていました。従来の手法では、先頭から順番に処理をしなければならなかったのですが、トランスフォーマーでは、注意機構（後述）を複数用意することにより、並列して学習することが可能になりました。並列処理では GPU を活かすことができ、高速な学習が可能になりました。

　自然言語理解タスクを行うモデルの「BERT」やテキスト生成モデルの「GPT（Generative Pre-trained Transformers)」などで利用されています。これらのモデルは巨大な言語データセットでトレーニングされており、特定の言語にファインチューニングできます。

音声認識・音声合成のタスク

　「音声認識（speech recognition / Automatic Speech Recognition=ASR）」は、音声を認識してテキストに変換する技術です。会議の録音などから文字起こしをしたり、誰が話しているのかを特定する話者認識が可能です。

　また、音声認識とは逆に、テキストを音声に変換することを「音声合成（speech synthesis）」と言います。人間の音声を人工的に作り出します。一昔前は不自然な読み上げしかできませんでしたが、AI の技術を活用することで、より自然な音声合成が可能になりました。

⭕ end-to-end 音声認識 / 音声合成

　音声認識や音声合成の手法の一つで、深層学習の登場により脚光を浴びたのが、end-to-end 音声認識、あるいは、end-to-end 音声合成です。そもそも、end-to-end とは「端から端まで」という意味ですが、音声合成であれば、テキストデータを複雑な前処理を行うことなく音声データに変換することを言います。

　従来のシステムでは音声処理を行うために複雑な中間ステップが必要でした。これを省略することで、処理がコンパクトになり、従来の手法よりも高い精度が出せるだけでなく、チューニングが容易になり目的に応じた細かいカスタマイズが可能になります。

従来の音声認識の手法：

入力音声　⟶　音響分析　⟶　音声特徴量抽出　⟶　モデル　⟶　文章出力

end-to-end の手法：

入力音声　⟶　音声合成モデル　⟶　文章出力

○ 長・短期記憶（LSTM）

　「長・短期記憶（Long short-term memory / LSTM）」は、深層学習の分野において用いられる人工回帰型ニューラルネットワーク（RNN）の一種です。これを使うと、音声や動画といった連続する時系列データを処理することができます。

　前述のトランスフォーマーの登場により使用頻度は減っているものの、音声認識や翻訳、株価のような時系列がからむ分野での予測などさまざまな用途で利用されています。

　次の図は、覗き穴結合を持つ LSTM の構造です。図の i が入力を表し、o が出力を表します。入力ゲート（Input Gate）はセルへの情報の取り込みを制御し、出力ゲート（Output Gate）は外部出力を制御します。なお、取り込まれた情報はセルに保持されますが、忘却ゲート（Forget Gate）により、既存の情報をどれだけ忘れるかを制御されます。このような機構にすることで、LSTM は情報を適切に保持・忘却・更新し、時系列データを扱うことができるようになっているのです。

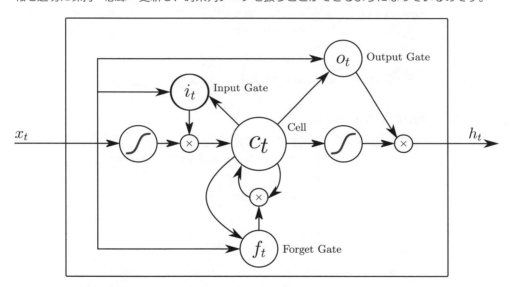

Fig.08 覗き穴結合を持つ LSTM ユニットの構造

　LSTM は、RNN に比べて長期的な依存関係を学習する能力が高いことで知られています。これは内部にゲート付きセルと呼ばれる特別な構造を有することで、情報の流れを制御できるからです。

機械翻訳のタスク

　機械翻訳とは、ある言語の文章を別の言語に翻訳する技術です。かつての機械翻訳はルールベース翻訳と呼ばれる手法が使われていました。これは、開発者が言語の構文やルールを記述しておいて、

それに沿って翻訳するというものです。

　しかし、1990 年代になると「統計翻訳」という手法が用いられるようになりました。これは、膨大な対訳データを集積・活用する手法です。このアプローチにより翻訳の精度は目覚ましく向上しました。その後、さらに性能が向上した「ニューラル機械翻訳」の手法が開発されました。同じ言葉でも前後の文脈を考慮することで、正確な翻訳が可能になります。

◯ Seq2Seq モデル

　2016 年に登場した Google の機械翻訳システム「GNMT（Google Neural Machine Translation）」は大きな注目を集めました。これは、RNN を利用した「Seq2Seq（sequence-to-sequence）」と呼ばれるモデルを利用したものです。

　Seq2Seq モデルは、エンコーダーとデコーダーの 2 つの主要なコンポーネントから構成されます。エンコーダーは、入力文を固定長の内部表現に変換します。デコーダーは、この内部表現を目的言語の文に変換します。翻訳においては、エンコーダーが原文を読み込み、埋め込み層と呼ばれる層で分散表現に変換します。そして、入力の意味を捉えて特徴表現へと変換してデコーダーへと受け渡されます。

入力文 ⟶ エンコーダー ⟶ 内部表現 ⟶ デコーダー ⟶ 翻訳文

◯ 注意機構 (Attention Mechanism)

　「注意機構（Attention Mechanism）」とは、認知的な「注意」を模倣するように設計された手法です。入力で複数のベクトルがあった時に、どのベクトルを重要視するかも含めて学習させる仕組みのことです。データのどの部分が他の部分よりも重要であるかは文脈に依存し、勾配降下法によって訓練します。この手法は、前述のトランスフォーマーの基礎となりました。

レコメンドシステム

　レコメンドシステムは、ユーザーの好みや行動に基づいて、関連性の高い別のコンテンツや商品を推薦する技術です。次のような手法で実現されます。

◯ 協調フィルターリング

　「協調フィルターリング（Collaborative Filtering）」とは、「似た人が買った商品は自分も欲しい商品である」という仮説を元にしたレコメンド手法です。通販サイトなどでユーザーの行動履歴（検索や購買など）から好みが似ているユーザーを捜し出し、そのユーザーが購入した商品をオススメします。商品に関する詳しいデータがなくても、ユーザーの行動履歴だけで実装できるという利点があります。

● コンテンツベースフィルターリング

　「コンテンツベースフィルターリング（Content-based Filtering）」または「内容ベースフィルターリング」とは、ユーザーではなく商品側に何かしらの特徴量を付与し、特徴が似ている商品をオススメするという手法です。

予測と分類タスク

　深層学習を用いることで、複雑なデータからパターンや構造を抽出できます。これにより、予測と分類が可能になります。既存データを元に将来の状況を予測したり、未知のデータをカテゴリ分類したりできます。

　データから未来を予測することを「回帰分析」と言います。回帰分析を行うことで、売り上げ予想や、株価予測、天気や季候の予測を行います。

　分類とは、入力データをカテゴリに振り分けるタスクです。データセット内の特徴を学習し、新しい入力データに対して適切なカテゴリに分類します。画像認識や、テキスト分類など、さまざまな用途に利用されます。

強化学習タスク

　「強化学習（Reinforcement Learning）」とは、機械学習の一分野で、ある環境内におけるエージェントが現在の状態を観測し取るべき行動を決定する手法です。強化学習の応用範囲は広く、チェスや囲碁などのゲーム、ロボット制御、自動運転、金融取引、医療、エネルギー管理など、多くの分野で活用されています。

　強化学習は次のような学習手法で、一連の行動を通して報酬が最も多く得られるような方策を学習します。

　わかりやすい例として、サルがレバーを引くことでエサをもらえるという実験を強化学習に例えることができます。この場合、エージェントがサルで、環境は実験環境に相当します。サルが左のレバーを引くと報酬であるエサが与えられます。しかし、右のレバーを引くと電気が流れるなど罰が与えられます。すると、サルは何度かの試行の後、左のレバーだけを引くようになります。つまり学習により最適な行動を選択するようになるのです。

　強化学習もこれと同じです。エージェントの行動を繰り返し評価することで問題に対する最適な解が得られるようになります。Q 学習、SARSA、モンテカルロ法、DQN（Deep Q Network）、A3C

これまで AI は 3 回のブームと幻滅期を繰り返してきた

　コンピューターの歴史を振り返ると、3 回の大きな AI ブームがあったことがわかります。第一 AI ブームは、1956 年夏にアメリカのダートマス大学で開催された「ダートマス会議」がきっかけとなりました。この会議では「AI（人工知能）」がキーワードとなりました。この会議の参加者たちが中心になって本格的な AI 研究を始め、1960 年代に第一次 AI ブームが到来します。1964 年には、人工対話システムの ELIZA が開発されます。AI が人間と対話してタスクを実行できるということで一定の成果を収めました。しかし、当時の AI は、パズルやゲームのような単純な問題を解くことしかできませんでした。人々は AI に失望し、一転して AI は冬の時代を迎えます。

　第二次 AI ブームは 1980 年代に起きました。これは、専門分野の知識を取り込んだ上で推論を行う「エキスパートシステム」が登場したことに起因します。エキスパートシステムとは、コンピュータに「知識」を与えることで、システムを使うことで専門知識がない人でも専門家と同等の問題解決ができることを目的にしたものでした。日本では 1982 年に「第五世代コンピュータープロジェクト」が発足され、570 億円もの予算が投入されました。

　ところが、このシステムには推論に使う知識を入力するために膨大なデータ入力が必要であり、一部で実用化されただけでブームは収束してしまいます。またしても AI は冬の時代となります。

　第三次 AI ブームは、2006 年頃に始まりました。それは「ビッグデータ」と呼ばれる大量のデータが手軽に活用できるようになったことと関係しています。この頃にはインターネットが十分に発達して、大量のデータを手軽に活用できるようになりました。また、小型カメラを持ったスマートフォンや大容量記憶装置の普及、さまざまなセンサーの低価格化も要因の一つです。そして、ビッグデータを AI が学習し、そこから推論を行う機械学習が実用化され、深層学習と呼ばれる手法が確立しました。画像認識や音声認識など、さまざまな分野に応用できるようになりました。

　さらに、2022 年頃から「生成 AI」が注目されます。画像生成 AI をはじめ、OpenAI の ChatGPT が注目され、その高度な文章生成能力が社会にインパクトを与えています。

3 画像生成 AI の仕組み

画像生成 AI の仕組みについてまとめてみます。どのような仕組みで画像を生成できるのでしょうか。ここでは「敵対的生成ネットワーク」と「拡散モデル」の二つの手法に注目して紹介します。

本節のポイント

- 敵対的生成ネットワーク（GAN）
- 拡散モデル（Diffusion Model）
- Text to Image タスク

画像生成 AI について

⬤ 画像生成 AI の仕組み

　ここまでの部分で、画像生成 AI の機能について解説したので、次に、画像生成 AI の仕組みに目を向けてみましょう。画像生成 AI を実現する二つの手法「敵対的生成ネットワーク (GAN)」と「拡散モデル (Diffusion Model)」の仕組みについて見ていきましょう。

　画像生成 AI とは、画像学習モデルの特徴に基づいて新しいデータを生成する機能です。2022 年に多くの画像生成 AI が誕生し、話題となりました。代表的な画像生成 AI には、OpenAI の「DALL・E 2」や Google の「Imagen」、「midjourney」、「Stable Diffusion」があります。

　「Stable Diffusion」はオープンソースの画像生成 AI であり、GPU を搭載したマシンを利用する事で実行することができます。

⬤ Text to Image タスク

　多くの画像生成 AI では「プロンプト（Prompt）」と呼ばれるテキストを入力することで、画像を生成できるのが特徴です。これを「Text to Image」モデルと言います。

　プロンプトに具体的なキーワードを入力すると画像を生成できます。例えば、「葛飾北斎のスタイルでパンダとロボット (Panda and robot in the style of Katsushika Hokusai)」、「半分に切られた青いオレンジを青い壁の前、青い床に置く (A blue orange sliced in half laying on a blue floor in front of a blue wall」などと指定できます。

Fig.09 葛飾北斎スタイルのパンダとロボット

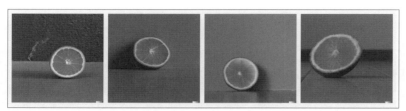

Fig.10 青い壁の前の青い床に半分に切られた青いオレンジ

○ Image to Image タスク

　画像生成 AI はプロンプトから画像を生成するだけでなく、既存画像から画像を生成できるタスクもこなします。上記で紹介した画像生成 AI では、既存画像に対してプロンプトによる加筆修正が可能となっています。

　Image to Image では、次のような画像処理タスクが利用されます。これらのタスクは、既存の画像処理の可能性を大幅に広げるものです。

- 画風の変更（Style transfer）　写真を有名な画家の画風に変更するなど
- 画像の修復（Image inpainting）　画像や写真の中にあるゴミや障害物を取り除くなど
- 画像の色づけ（Colorization）　古い白黒写真などをカラー画像にする
- 画像の拡大（Super resolution）　低画質の画像の解像度を高めて高品質の画像にする
- 画像合成（Image synthesis）　複数の画像を合成して新しい画像を生成する
- ラフ画像から生成（Image generation from sketches）　ラフ画像から写真や画像を生成
- 画像の識別（Image segmentation）　画像内の異なるオブジェクトを識別

　例えば、Stable Diffusion に付属のコマンドラインツール img2img.py を使うことで、ラフスケッチから本格的なイラストを生成できます。入力画像に対して「幻想的な風景で Artstation（アメリカで人気のイラストサイト）で人気の画像風にして」というプロンプトを用いて画像生成が可能です。

Outputs

1

Fig.11 image-to-image で落書きを風景画に変換したところ - Stable Diffusion のリポジトリより

敵対的生成ネットワーク (GAN)

「敵対的生成ネットワーク（Generative adversarial networks、略称：GAN）」とは、教師なし学習で使用される AI アルゴリズムの一種です。互いに競合する 2 つのニューラルネットワークが互いに競い合うことで画像生成などのタスクを行います。

GAN を使うと次の画像のように、存在しない人間の顔写真を作成することができます。これは「Generated Photos」（https://generated.photos/）というサービスですが、顔写真の生成技術に GAN が利用されており、性別や年齢を指定することで、いろいろな顔写真を手軽に生成できます。

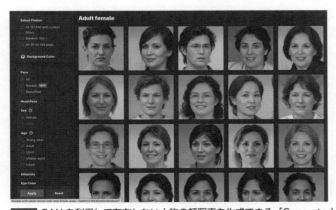

Fig.12 GAN を利用して存在しない人物の顔写真を生成できる「Generated Photos」

○ GAN の歴史

　GAN は 2014 年に、Ian J. Goodfellow 氏らによって発表されました。二つのネットワークを競わせながら学習させるという斬新な手法が注目を集めます。これにより、従来の画像生成モデルよりも、鮮明でリアルな画像の生成が可能になりました。とてもユニークな手法であり、面白いだけでなく精度も高いため、この論文が発表されてから多くの研究が行われました。そして、翌年には、GAN を改良して畳み込みニューラルネットワーク（CNN）を適用した DCGAN（Deep Convolutional GAN）が提案されます。これにより、意味のない画像や生成データの偏りの問題を解決しました。他にも、CycleGAN、StyleGAN などいろいろな手法が考案されています。

○ 基本的な GAN の仕組み

　GAN では「生成器（Generator）」と「識別器（Discriminator）」という 2 つのニューラルネットワークから構成されます。「生成器」と「識別器」は次のような構造となっています。

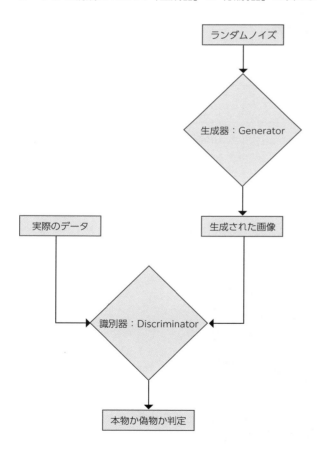

生成器はランダムなノイズデータを元にして偽のデータを生成します。そして、識別器に、実物の
データ（画像など）と偽のデータを与えます。識別器は生成器の作った偽物を見破る役割を担います。
この時、生成器は識別器を騙そうと努力し、識別器は生成器に騙されないように腕を磨きます。擬人
化するなら、イミテーションの贋作を作る絵師と、偽物を見抜く鑑定士に例えることができるでしょ
う。双方が自分の能力を向上させようと繰り返し勝負します。このようにして、生成器と識別器が敵
対し高めあうことで、より本物らしい画像を生み出す生成モデルを作成することができるのです。

さらに、GAN の構造の大きな特徴として「教師なし学習」が可能になる点にあります。従来の深
層学習では、大量の画像データに対して、人間がひとつずつラベル付けを行うことが必要でした。こ
のように、ラベル付けされたデータを教師データとして学習する手法を「教師あり学習」と呼びます。
しかし、GAN では、ランダムなノイズを利用して画像生成を行うことで、より本物らしい画像を作
成します。

⭘ GAN の応用分野

上記のように、GAN は画像生成を行うことを目的とした手法です。しかし、画像の他にもさまざ
まなタスクにも応用されています。文章から画像を生成したり、画像を別の画像に変換したりといっ
たこともできます。また、音声データを学習し、新たな音声を生成できます。また、人の声を別の人
物の声質に変換できるのです。そして、自然言語処理として、単語から文章を生成したり、文章の要
約ができます。

⭘ GAN の弱点 - モード崩壊

理論だけを見れば、GAN は非常に理想的なモデルに感じられます。しかし、GAN にはデータの多
様性を学習しないという欠点があります。これは、GAN の概要で紹介したような揃った人間の顔写
真や、手書き数字データなどの画像セットでは問題にならないのですが、対象や構造が異なる、多様
性のある画像データセットでは「モード崩壊」と呼ばれる現象がおきて、生成器の学習がそれ以上進
まない状態となります。

拡散モデル (Diffusion Model)

GAN と同じように、主に画像生成に利用することを目的に生み出されたモデルが「拡散モデル
(Diffusion Model)」です。拡散モデルでは、ランダムノイズからはじめて、少しずつノイズを除去
することで、データを生成するモデルです。GAN よりも多様なデータを学習できるのが特徴です。

拡散モデルは、ノイズを追加して画像を劣化させる関数と、画像からノイズを除去して画像を復元
する関数の 2 つの単純な構造で成り立っています。これら 2 つの関数は、拡散プロセスを通じて、ノ
イズから画像を生成するために使用されます。

最初に、ランダムなノイズを入力として与えます。そして、ノイズによって画像を劣化させます。その後、画像からノイズを除去する関数によって、ノイズが除去されて、最終的に生成される画像が得られます。

このようにして、拡散モデルはランダムノイズを使用して、多様な画像を生成します。また、拡散モデルは、画像生成だけでなく、画像修復やドメイン変換などのタスクにも応用されています。

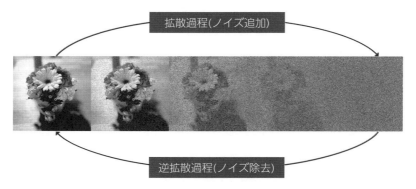

Fig.13 拡散モデル

拡散モデルと GAN と比較してみると、GAN が似たような構図の画像を生成するのに対して、拡散モデルを使うと、より多様性のある画像を生成できます。

画像生成 AI の仕組み

次に、画像生成 AI の仕組みに迫ってみましょう。ここまでに紹介したように、画像生成 AI は、Text to image のタスクであり、プロンプトと呼ばれるテキストを入力することで、画像を生成できます。

これを簡単な図にすると次のようになります。大きく分けると、テキストエンコーダーと画像ジェネレーターに分けることができます。

Fig.14 テキストから画像を生成する Text to image

ただし、上記の図だとよく分からないことでしょう。もう少し詳しい仕組みを図で確認してみましょう。次のようになります。

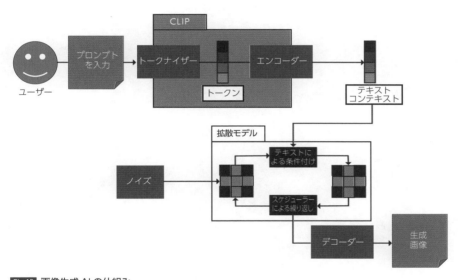

Fig.15 画像生成 AI の仕組み

最初に、Fig.17 の図にある「テキストエンコーダー」部分について考えてみましょう。ユーザーが入力したプロンプトは、トークナイザーによってトークンと呼ばれるベクトル表現に変換されます。このプロンプトの理解において、記述された物体と物体の関係性などが正しく理解されている必要があります。冒頭の例で言えば、葛飾北斎風のパンダなのか、パンダのような葛飾北斎なのか正しく理解される必要があります。そのため、Text to image のタスクにおいて、ユーザーの入力したテキストの意味を正しくベクトル表現に変換することは重要なのです。

そして、Stable Diffusion や DALL・E2 ではこの部分に「CLIP（Contrastive Language-Image Pretraining）」と呼ばれるテキストエンコーダーが利用されます。これは画像とテキストのペアを教師データとして使用して学習されたモデルです。ちなみに、OpenAI が開発したモデルではインター

ネット上にある 4 億組の画像とテキストのペアを学習しているモデルが利用されます。

　そして、Fig.18 にある「画像ジェネレーター」部分にも注目しましょう。この部分には、すでに解説した拡散モデルが利用されます。この部分は、徐々にノイズを追加し、その後、逆拡散モデルでノイズの除去を行います。この画像生成において、意図に沿った画像を生成するために、「条件付け」の手法を用います。そしてテキストに沿った出力が行われるように繰り返し処理します。

まとめ

→ 画像生成 AI の仕組みについて紹介しました。

→ 画像生成 AI が可能なタスクの一覧を紹介しました。

→ さらにそれらの仕組みについて解説しました。

画像生成 AI を試してみよう

画像生成 AI の「Stable Diffusion」はオープンソースで公開されています。これを使用すると簡単に画像を生成できます。ここでは text-to-image で画像生成する方法を紹介します。

**本節の
ポイント**

- Stable Diffusion のインストール
- Google Colaboratory
- プロンプト
- text-to-image

「Stable Diffusion」 とはなにか

　「Stable Diffusion」は、もともと独ミュンヘン大学の CompVis グループが開発した「潜在拡散モデル（Latent diffusion model）」を利用したアプリケーションです。これは、テキストからの画像生成（text-to-image）や画像に基づく画像生成（image-to-image）を可能とするシステムです。
　Stable Diffusion の最大の特徴はオープンソースで公開されているという点です。以下の GitHub リポジトリで、ソースコードを確認できます。

```
GitHub > stable-diffusion
[URL] https://github.com/CompVis/stable-diffusion
```

Google Colaboratory で 「Stable Diffusion」 を実行してみよう

　「Google Colaboratory」は、Google が機械学習の教育及び研究用に提供している Python の実行環境です。最初からいろいろなツールやフレームワークがインストールされているだけでなく、GPU を用いた深層学習も実践できます。Python のライブラリーを簡単にインストールできます。Google Colaboratory（以下、Colab）は、Google アカウントさえあれば無料で利用できます。

```
Google Colaboratory
[URL] https://colab.research.google.com/
```

◯ (1) Colab にアクセスし新規ノートブックを作成

　上記の URL にアクセスし、Google アカウントを入力してサインインします。すると、次のような
ダイアログが表示されます。右下にある「ノートブックを新規作成」をクリックしましょう。

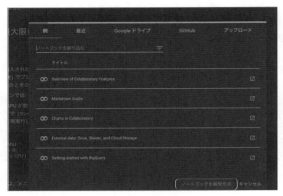

Fig.16 Colab で新規ノートブックを作成

◯ (2) GPU を利用できる設定に変更

　Colab のデフォルト設定では、GPU が利用できません。新規ノートブックを作成したら、画面上
部のメニューより「ランタイム > ランタイムのタイプを変更」をクリックします。そして、ハードウェ
ア・アクセラレーターで「GPU」を指定して「保存」ボタンを押します。

Fig.17 GPU を利用するように指定

◯ (3) Colab に必要なライブラリーをインストール

　ここでは手軽に「Stable Diffusion」を利用するために、「Transformers」と「Diffusers」というパッ
ケージを利用します。次のコマンドを入力して必要なライブラリーをインストールしましょう。

```
# 必要なパッケージのインストール
! pip install diffusers==0.16 \
        transformers==4.28 \
        scipy==1.10.1 \
        ftfy==6.1.1
```

Colabでは、コードセルと呼ばれるテキストボックスにプログラムやコマンドを入力して、画面左側の「▶」ボタンを押すことでプログラムを実行できます。また、「!」から始まるコマンドはシェルコマンドで、pipやその他のコマンドを実行できます。

Fig.18 パッケージをインストールしたところ

⚫ (4) Stable Diffusion のモデルをダウンロード

Diffusersパッケージは機械学習のライブラリーやモデルを公開するためのプラットフォームであるHugging Faceから自動的にStable Diffusionのモデルをダウンロードする仕組みを備えています。以下のコードを実行すると、指定のモデルをダウンロードし、Stable Diffusionを利用するための「パイプライン」と呼ばれるオブジェクトを生成します。

```python
from diffusers import StableDiffusionPipeline
# 利用するモデルを指定
model = "CompVis/stable-diffusion-v1-4"
# パイプラインの生成
pipe = StableDiffusionPipeline.from_pretrained(model).to("cuda")
```

⚫ (5) text-to-image で画像生成

パイプラインを利用すると、簡単にtext-to-imageのタスクを実行できます。次のコードを実行すると画像ファイルを生成して「image.png」というファイルに保存します。ここでは「猫がビーチでコーヒーを飲んでいるところ。北斎風水墨画」を英語で指定しました。

```python
from torch import autocast
# プロンプトの指定 --- (※1)
prompt = 'A cat is drinking coffee on the beach. Hokusai ink painting'
# text-to-imageを実行 --- (※2)
with autocast("cuda"):
  images = pipe(prompt, guidance_scale=7.5).images
  images[0].save('image.png')
```

上記プログラム（※1）では画像生成のためのプロンプトを指定します。日本語に対応していないため、英語で指定する必要があります。（※2）ではtext-to-imageで画像生成し「image.png」へ

保存します。

◯（6）画像を確認する

　Colab の画面左側のバーにあるフォルダーアイコンのボタンを押すと、Colab のローカルドライブにあるファイル一覧を確認できます。ここで「image.png」というファイルを探して、ダブルクリックすると、画面右側のプレビューペインで画像の内容を確認できます。

Fig.19 ファイル一覧から「image.png」をダブルクリックしたところ

◯（7）10 枚の画像を一気に生成する

　手順（5）のパイプラインを使うことで任意のプロンプトから画像を生成できました。さらに、次のように for 文を使えば、一気に指定枚数の画像を生成できます。ここでは、10 枚の画像を一気に生成してみました。

```
from torch import autocast
# プロンプトの指定
prompt = 'A cat is drinking coffee on the beach. Hokusai ink painting'
# text-to-imageを実行
with autocast("cuda"):
  for i in range(10):
    images = pipe(prompt, guidance_scale=7.5).images
    images[0].save(f'image{i}.png')
```

◯（8）画像のダウンロード

　ファイル一覧のペインでファイルを選択すると出てくる「…」をクリックすると、「ダウンロード」というポップアップメニューが出てきます。これをクリックすることで生成した画像をダウンロードできます。

Fig.20 画像をダウンロードできる

今回は、次のような画像が生成されていました。それらしい画像が生成できたのを確認できます。

Fig.21 生成された画像 1,

Fig.22 生成された画像 2,

Fig.23 生成された画像 3,

Fig.24 生成された画像 4,

ここまでのコードもサンプルに収録
ここまでの手順を本書のサンプルプログラムの「src/ch1/colab-stable-diffusion-sample.ipynb」
に収録しています。Jupyter Notebook や GitHub 上で内容を確認し、Colab 上で実行してみてく
ださい。

プログラミングレスで使える画像生成 AI

本書では詳しく扱いませんが、プログラミングをすることなく、ローカルマシンで動く画像生成 AI
のアプリも存在します。

⬤ macOS の「Draw Things: AI Generation」アプリ

macOS の Apple Store にて無料で公開されている「Draw Things: AI Generation」というアプリ

を使うと、ローカル環境で手軽に Stable Diffusion のモデルを試すことができます。ただし、ある程度、性能の良いマシンを使わないと生成に時間がかかります。

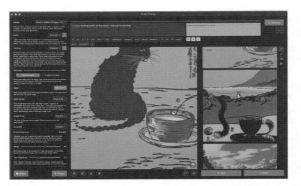

Fig.25 macOS 用 Draw Things アプリを使って画像生成したところ

⭕ Web アプリの Stable Diffusion Online

また「Stable Diffusion Online」では、ブラウザー上で手軽に画像生成を試すことができます。

```
Stable Diffusion Online
[URL] https://stablediffusionweb.com/
```

Fig.26 オンライン版の Stable Diffusion

○ Web アプリの「Image Creator」

ほかにも、Microsoft はブラウザー上で手軽に text-to-image を実行できる「Image Creator」を公開しています。この Image Creator は OpenAI の DALL-E を用いたサービスとなっています。

```
Image Creator
[URL] https://www.bing.com/create
```

Fig.27 Dall-E を利用しているため、日本語でも画像生成を指示できる

このように、アプリや Web サービスとして提供されている画像生成 AI を使うことで、誰でも気軽に text-to-image を体験できます。

> **まとめ**
> → Colab に Stable Diffusion をインストールして画像生成を行う方法を解説しました。
> → プログラミングなしでも画像生成 AI を使えるアプリやサイトを紹介しました。
> → Python を用いて画像生成を行うなら、任意のモデルを利用したり、生成における細かいパラメーターを指定したりと、バッチ生成が可能です。

5 ChatGPT の仕組み

ChatGPT は公開から 2 ヶ月で 1 億ユーザーに達したことで話題になりましたが、使う人によって能力を引き出せるか否かに大きな差が出ています。本節では ChatGPT の仕組みを学び限界や可能性について考察しましょう。

本節の ポイント
- 大規模言語モデル (LLM)
- GPT(Generative Pre-trained Transformer)
- RLHF
- InstructGPT

ChatGPT の仕組みについて

ChatGPT は OpenAI によって開発された自然言語を生成する大規模言語モデルです。従来のチャットボットのように、最初から用意された答えを返すだけの会話 AI ではありません。ユーザーの意図を汲み取り、文脈を理解した自然でもっともらしい回答を返すことができます。

◯ 従来の会話 AI との違い

従来の会話型 AI は、ルールベースのアプローチや統計モデルを利用したものが大半でした。決められたルールに基づいて応答を返すため、柔軟性に限界がありました。作成者が用意したルールに基づいた応答や、過去に入力した会話の内容から返信することしかできません。そのため、ユーザーからの入力に対して、何度も同じ会話を繰り返したり、キーワードから連想される文を返すだけでした。

これに対して、ChatGPT はインターネット上のさまざまなデータを学習した「大規模言語モデル（Large Language Model / LLM）」を元にして自然言語を生成します。大量の文章を学習しているため、よりもっともらしい回答を行うことができます。ただし、ChatGPT が自然な答えを返すのは、大量の文章を学習しているからというだけではありません。この点について本節では詳しく解説します。

ChatGPT と各モデルのスペック

ChatGPT と一口に言っても、複数モデルが用意されており、それらを切り替えて使えるようになっています。GPT-2 や GPT-3.5 や GPT-4 など複数のモデルが存在します。最初に代表的なモデルの

スペックを確認しておきましょう。

　パラメーター数を増やすことで、モデルの性能も向上させることが分かります。ただし、GPT-4ではすでにこの手法における性能向上は頭打ちであることが分かっています。最適なパラメーター数とトークン数を指定することで、より少ないパラメーターでより高い性能を達成できます。

項目	GPT-1	GPT-2	GPT-3	GPT-4
公開年	2018年	2019年	2020年	2023年
パラメーター数	1億個	15億個	1750億個	5000億以上？（非公開）
扱えるデータ量（トークン）	512	1024	4096（英語約3000語）	32768（英語約25000語）
訓練データ	4.5GB	40GB	570GB	（非公開）
司法試験の結果	–	–	合格者の下位10%	合格者の上位10%
推定訓練費用	–	24.5万ドル	1200万ドル	1億ドル以上

●「GPT」について

　ChatGPTのGPTとは何でしょうか。「GPT（Generative Pre-trained Transformer）」は、自然言語処理のタスクを解決するために設計された大規模な深層学習モデルです。Transformerモデルを基本とし、注意機構を利用してテキスト内の単語の関係性を捉えることができます。大量のテキストデータを用いて事前学習（pre-training）を行い言語構造を学習します。

　GPTでは、単に文脈や単語の並びにしたがって、次に来る単語を予測します。これにより、テキスト生成、翻訳、文書分類などさまざまな自然言語処理のタスクを処理できます。

　GPTの構造を以下の図に示しました。図の左側に注目してみましょう。入力（input）したデータを単語ベクトルに変換し、入力埋め込み（Input Embedding）にて、低次のベクトル空間に写像します。ここで位置エンコーダー（Positional Encoding）を通して、各単語の位置情報に応じたベクトルが計算されます。そして、複数のTransformerブロックを経由して出力を行います。

　次に、図の右側を見てみましょう。Transformerブロックにて行われる処理が記述されています。ここで重要な働きを行うのが、Multi-Head Attentionと呼ばれるAttention機構です。これを並列実行して、系列中のトークン表現の変換を行います。そして、FFN（Feed-Forward Neural Network）処理を行います。これは、線形変換（Linear）と活性化関数（Gelu）の組み合せで構成されます。

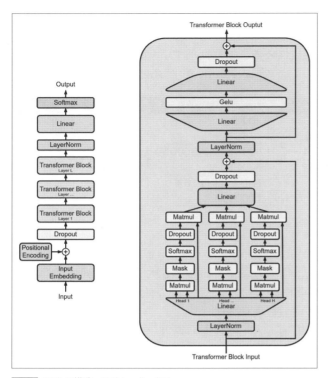

Fig.28 GPT の構造 - Wikipedia より

「RLHF」によって人間の好みに合わせた回答を返すように調整

　大量のテキストだけを学習した大規模言語モデルを利用して、文章生成を行うと、人間の意図と異なるものが多く出力されます。 それは、大規模言語モデルが過去に学習したデータを元にして、もっともらしい語句を出力するだけであり、それが、必ずしも人間が求める応答というわけではないからです。

　そこで、大規模言語モデルに対して、「RLHF（Reinforcement learning from human feedback）」と呼ばれる強化学習を行います。

　人間が大規模言語モデルが生成した応答を評価し、フィードバックを行います。これによって、大規模言語モデルがより人間の嗜好に沿うような応答を生成することができます。

　この手順を具体的に確認してみましょう。ChatGPT は InstructGPT を元にして作成されていますが、InstructGPT は次の 3 つのステップでチューニングされます。最初の概要を図と共にステップで確認をしておきましょう。

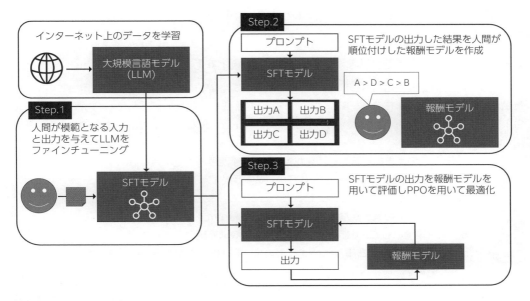

Fig.29 InstructGPT の学習プロセス

⭕ ステップ 1 - 教師ありファインチューニングで SFT モデルを作成

　最初のステップでは、SFT モデルを作成します。SFT モデルとは、大量の文章を学習しただけのモデルに対して、人間の好みを反映させる作業を行ったモデルのことを言います。前述のように大規模言語モデルはインターネット上のさまざまな文章を学習しています。これを人間の好みに合うようにファインチューニングするため、入力データと出力データを人間が用意します。2022 年のInstructGPT に関する論文[4] によれば、13000 文ほどのデータセットを用意したそうです。このデータセットを元にして、強化学習を行ってチューニングを行います。

⭕ ステップ 2 - ランキングを元に報酬モデルを作成する

　次のステップでは、報酬モデルを作成します。報酬モデルとは、強化学習における肝となる概念で「報酬」と「懲罰」を計算するためのモデルです。このために、ステップ 1 でファインチューニングしたSFT モデルを利用して複数の出力データを生成します。 そして、この出力結果を人間が順位付けします。この順位付けは「良い文章かどうか」という観点に 基づいて人間が判定を行います。 このランキングを利用することで「報酬」と「懲罰」のスコアが計算されます。なお、良い文章かどうかを判定するのに次の指標を用いたとのことです。

- ● 真実性　情報が間違っていないか
- ● 無害性　個人や組織を物理的・精神的に傷つけていないかどうか
- ● 有益性　ユーザーの求めるタスクを解決しているかどうか

※ 4：https://arxiv.org/abs/2203.02155

この評価データセットを用いて、報酬モデルを作成します。InstructGPT では、33000 個の評価データを利用しています。

● ステップ 3 - 報酬モデルで SFT モデルを最適化する

　ステップ 1 で作成した SFT モデルに対して、ステップ 2 で作成した報酬モデルを用いて最適化を行います。最初に、SFT モデルを用いて出力データを生成し、報酬モデルが最も有効に働くように SFT モデルを調整します。このために、PPO（Proximal Policy Optimization）と呼ばれる手法を利用します。

　PPO とはポリシーの大きな更新を抑えながら最適化を行う強化学習の手法です。

　実装が容易でありながらパフォーマンスが良いため採用されています。

まとめ

→ ChatGPT の大まかな構造について紹介しました。

→ 第一段階として、GPT の大まかな構造について紹介しました。

→ 精度の良い自然言語を生成するために、RLHF と呼ばれる強化学習の手法を採用しています。

GitHub Copilot を使ってコード生成力をアップしよう

　プログラムの自動生成で ChatGPT と一緒に活用したいのが「GitHub Copilot」です。GitHub と OpenAI が共同開発しているツールです。関数名やコメント内容から関数を作成したり、コードの続きを補完したり、エラーの理由を調べたりとプログラミング開発における、さまざまな作業を自動化してくれるため、生産性を大幅に向上させることができます。

```
【URL】
GitHub Copilot
[URL] https://github.com/features/copilot
```

GitHub Copilot の Web サイト

　「Python」、「JavaScript」、「TypeScript」、「Ruby」、「Go」、「C#」、「C++」などの幅広いプログラミング言語に対応しており、「Visual Studio Code) VSCode)」や「Neovim」、「JetBrains」、「GitHub Codespaces」などの主要なプログラミング用のコーディングエディターで使うことができます。

　「Copilot」とは「副操縦士」という意味ですが、プログラムで実現したい動作をコメントで書いたり、関数名を記述すると、それに沿ったプログラムを生成し、プログラムを完成させることができます。従来のコード補完のような単語やフレーズを補完するのではなく、プログラムそのものの続きを作ってくれます。長いときには十行以上にも及ぶコードを生成して補完候補として表示してくれます。

　例えば、以下は、「クイックソートのアルゴリズムを実装する」とコメントを書いて、「def quick_sort」と関数の宣言をしたところ、関数の内容を補完候補として示してくれました。Visual Studio Code を使う場合、プログラムを途中まで書くと自動的に灰色の文字で補完候補を表示してくれます。プログラマーはその補完で良ければ [Tab] キーを押します。すると、補完内容が実際に反映されます。

```
chat.py 1 ×
chat.py >
1  # クイックソートのアルゴリズムを実装する
2  def quick_sort(target_list):
3      if len(target_list) <= 1:
           return target_list
       else:
           pivot = target_list[0]
           left = []
           right = []
           for i in range(1, len(target_list)):
               if target_list[i] < pivot:
                   left.append(target_list[i])
               else:
                   right.append(target_list[i])
           return quick_sort(left) + [pivot] + quick_sort(right)
```

GitHub Copilot により表示された補完候補

　原稿執筆時点では、Github Copilot の利用料金は月 10 米ドルとなっており、無料のお試し期間も用意されています。有料ではありますが、Copilot による自動化は強力であり、一度使い出したら手放すのが惜しくなるほどのデキの良さです。

　本書では 4 章で ChatGPT を使ってプログラムの生成方法を紹介していますが、Copilot を使う場合もプロンプトを書くのと同じ要領で書いて行くと、思った通りのプログラムをサクサクと作成させることができます。つまり、コメントにプロンプトを書いていくと考えればよいわけです。そのため、3 章で紹介したプロンプトテクニックも活用できます。

　ただし、ChatGPT を使った時と同様、AI によるコード生成では誤ったコードが生成される可能性もあります。そのため、プログラマーが生成されたコードを検証し、修正する作業が必要です。それでも、Copilot はテストの自動生成も得意なので、プログラムに間違いがないかどうか、テストをしっかり書いて検証するなど、プログラム品質を向上させることにも、AI を活用していくと良いでしょう。

CHAPTER 2

ChatGPT -
プロンプト編

ChatGPT をはじめ、生成 AI を操作するのは「プロンプト」
と呼ばれる指示文です。プロンプトを工夫することで、さ
まざまなタスクを実行させることができます。本章では、
役立つさまざまなプロンプトについて紹介します。

1 ChatGPTの正しい理解とハルシネーションについて

ChatGPTは人間のように自然な会話ができるAIです。最初に使って役立つ基本的なタスク要約・推論・変換・拡張についてまとめてみましょう。また、ChatGPTを使う上で最も注意すべきハルシネーションについても解説します。

**本節の
ポイント**

● ChatGPTが役立つ場面について
● ハルシネーション（幻覚・錯覚）
● プロンプトエンジニアリング

本章の検証環境について

　本章では実際にさまざまなプロンプトを入力してChatGPTの活用方法を紹介します。本節では、ChatGPTが得意とするさまざまなタスクを確認していきます。なお、ChatGPTはAPIと呼ばれるインターフェイスを提供しており、さまざまなツールでChatGPTが活用できるようになっています。そこで、改めて本章で使うChatGPTの検証環境について確認しておきましょう。

　ここでは、OpenAIのサイトにあるChatGPTのチャット画面を開いて作業をしてみます。ブラウザーで以下のURLにアクセスして、ChatGPTと対話しながら、その活用術を身につけていきましょう。

```
OpenAI > ChatGPT
[URL] https://chat.openai.com/
```

　なお、ChatGPTの利用にはOpenAIのアカウントが必要になります。アカウントの登録については、巻末のAppendixをご覧ください。サインインすると、次のようなチャット画面が表示されます。

Fig.01 ChatGPT の画面を開いたところ

　また、本書の執筆には「ChatGPT Plus」プランを利用していますが、無料のプランでも試すことが可能です。

　それでは、ここから ChatGPT の役立つ使い方について解説していきます。ただし、役立つ使い方を学ぶ前に ChatGPT を使う上で注意すべきポイントもあります。特に ChatGPT は活用範囲が広範であるがゆえに無知のまま利用すると大きな落とし穴にはまる可能性もあるのです。そこで、本章の最初に、ChatGPT をタスクに使うべきか、注意すべき点も含めて考察していきましょう。

ChatGPT は「役立たず」という評判について

　1章では「生成 AI が世界を変える」という世界的な調査や研究機関による期待について紹介しました。ChatGPT について「人間のように答えてくれる」とか「豊富な知識を持ち洗練された答えをくれる」など、さまざまな良い評判があります。

　しかし、その一方で「ChatGPT は使えない」「役立たずで話にならない」のようなコメントも多く聞きます。なぜ、有益な AI を期待外れに感じることがあるのでしょうか。

⬤ 大規模言語モデルは万能ではないが有用なのは間違いない

　ChatGPT に対する失望の声は、ChatGPT だけでなく生成 AI 全体にも言えることです。人々は人工知能（AI）がブームになる度に、いつか人間の思考能力や創造能力を超えて、全ての問題を解決してしまうのではないかと、過度な期待をしてしまうものです。しかし、過度な期待をしてまうが故に、「そんなこともできないのか」と失望も感じるものです。

　それでも、ChatGPT や生成 AI に失望する必要はありません。ChatGPT を正しく利用することで、最大限の効果を発揮させることができます。

　この点について「家庭用の電動ノコギリ」の例えで考えてみましょう。電動ノコギリはとても便利

な道具です。ホームセンターで買ってきた角材や木板をカットするのに役立ちます。あっという間に好みのサイズに切り揃えることができます。しかし、その電動ノコギリを使って森林に生えている大木を切ろうとするなら大変苦労することでしょう。また、折り紙や薄い書類を切りたい場合にも適しません。それと同様で、ChatGPTにも利用に適したタスクがあり、それ以外の用途に使おうとすると失望することになるでしょう。

　つまり、ChatGPTを含む大規模言語モデルは万能ではありません。それでも、ChatGPTは驚くほど幅広い分野で活用できます。それで「活版印刷の発明」や「インターネットの発明」に匹敵する発明であると表現されることもあります。

ChatGPT を利用するのに適したタスク

　それでは、ChatGPTをどんな用途で利用するのが正しいのでしょうか。ここでChatGPTに適したタスクを改めて確認してみましょう。

　ChatGPTを含む大規模言語モデル（LLM）が得意なタスクを大きく分類すると「要約」「推論」「変換」「拡張」に分けることができます。これらの大きな分類を元にして、どんなタスクができるのか確認してみましょう。下記のようなタスクが得意です。

[要約]
　文章の要約
　調べ物
[推論]
　将来予測
　プラン作成やタスク管理
[変換]
　文章の翻訳
　プログラミング
　データ変換
[拡張]
　文章の生成
　アイデアの提供
　小説やゲームなど物語の生成

　文章の要約から翻訳、小説の執筆からタスク管理に至るまで、幅広い用途で活用できます。上記のタスクはいずれも、ChatGPTが得意なものです。このように幅広い分野で利用できます。ただし、いくつかの分野で利用には細心の注意が必要な場面もあります。なぜなら、ChatGPTの回答が全ての面で正しいとは言えないからです。

ハルシネーションに注意しよう

ChatGPT の利用で最も注意が必要なのは「もっともらしいウソを吐く」ことがある点です。現実には存在しない事実や誤った情報や数値について、もっともらしく回答したり解説することがあるのです。

これは「ハルシネーション（Hallucination）」と呼ばれる現象です。もともと、この言葉は「幻覚」とか「錯覚」を意味する言葉であり、ChatGPT を活用する上で避けることができない問題です。

架空の人物やイベントに言及したり、誤った日付や数字を提供したり、科学的に根拠のない主張を述べたり、文脈に合わない回答を生成することがあります。そのため、AI の回答に対しては、注意深く批判的な目で確認し、正確さや妥当性を検証することが重要です。それで、検索エンジンや専門書などを併用して「根拠があるか」「正確な情報か」を常に確かめる必要があります。

なお「ハルシネーション」は ChatGPT だけの現象ではなく、Google Bard やその他の大規模言語モデルを利用した AI にも同じように現れる現象です。

ハルシネーションの例 – デタラメな計算結果を返す

具体的なハルシネーションの例を見てみましょう。ChatGPT（モデル GPT-4）に対して、次のような簡単な計算問題を質問してみましょう。

123の5乗はいくつですか？

すると、次の画面のようにデタラメな計算結果を返します。

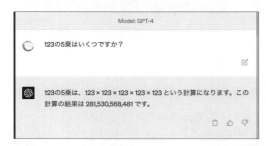

Fig.02 ChatGPT に計算を依頼したところ - デタラメな計算結果を返してきた

それでは、実際に ChatGPT の応答を詳しく見てみましょう。

［応答］
123の5乗は、123 × 123 × 123 × 123 × 123 という計算になります。この計算の結果は

```
281,530,568,481 です。
```

これは間違いです。回答の前半は正確であり、一見すると答えも正しいように思えます。しかし、実際に計算してみると分かりますが、正しい答えは「28,153,056,843」です。

実に悪質なことに最初の数桁の 281 までは合っていますが、それ以降が間違っています。加えて、桁さえ 1 桁多くなっています。ChatGPT の語調はあたかも結果が正しいかのようで、ウソを見破るのが難しいものとなっています。

そのため、現時点では、ChatGPT を計算機として使ってはいけないということが分かります。

計算問題に関するハルシネーションの回避方法

ただし、上記の ChatGPT の例からも計算問題の解き方については正しい答えを出していることから、実際の計算結果を尋ねるのではなく、計算問題を解くプログラムを作成することで、この問題を回避することができます。

それで次の画面のように、答えを直接求めるのではなく「答えを求めるプログラムを作ってください」とプロンプトに記述することで有益な答えを求めることができます。以下は先のセッションの続きで、プログラムを作るように指示したところです。

Fig.01 計算結果は間違うが作成したプログラムは正しい

それでは、ChatGPT が作成したプログラムを、Python の実行環境で実行してみましょう。なお、本書巻末の Appendix で Python のインストール方法を紹介しています。以下のプログラムを「pow123_5.py」という名前で保存します。

```
src/ch2/pow123_5.py
# ChatGPTが生成したコード
x = 123
ans = x**5
```

```
print(ans)
```

そして、ターミナルを起動して、次のコマンドを実行しましょう。

```
# プログラムを保存したディレクトリに移動
$ cd src/ch2
# Pythonのプログラムを実行する
$ python3 pow123_5.py
```

すると次の画面のように正しい結果が表示されます。

```
ch2 % python3 pow123_5.py
28153056843
ch2 %
```

Fig.03 ChatGPT が生成したプログラムで 123 の 5 乗を計算したところ

もちろん、最初から次のようなプロンプトを入力することで、正しい計算を行う Python プログラムを作成することを指示できます。

```
[入力] src/ch2/pow123_5.gpt.txt
123の5乗を計算したいです。
ただし、計算を行うPythonプログラムを生成してください。
```

すると次のように、先ほどと同じ Python のプログラムを生成してくれます。

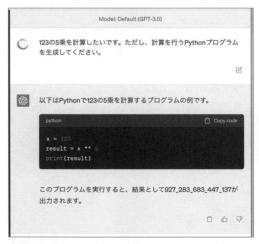

Fig.04 計算を間違うので最初からプログラム生成を指示した

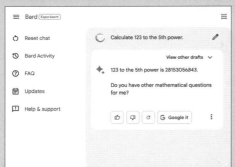

同じ大規模言語モデルであっても、「123の5乗」の計算例では Google Bard を使って、英語で質問すると、正しい答えを導き出すことができました。しかし、日本語で質問すると間違った回答を返しました。ここから、大規模言語モデルは、総じて計算問題が苦手であることが分かるでしょう。利用の際には気をつけましょう。

Fig.05 Google Bard は正しい答えを導き出すことができる

ハルシネーションの例 – 情報の鮮度に注意

また、原稿執筆時点で、ChatGPT の GPT-3.5 と GPT-4 は、2 年前 (2021 年 9 月まで) の情報を元にしてデータを学習して います。
そのため、それ以降の情報に関しては正確な情報が得られません。この点に関しても考慮に入れておくと良いでしょう。

例えば、本書執筆時点で ChatGPT（GPT-4）に対して「日本の総理大臣は誰ですか？」と質問したところ次のように回答しました。

> 2023年5月2日現在、日本の総理大臣は菅義偉（すが よしひで）です。彼は2020年9月に前任者の安倍晋三（あべ しんぞう）の後任として就任しました。

残念ながら、2021 年 11 月 10 日に岸田文雄氏が内閣総理大臣に就任しており、古い情報を基にしてもっともらしく回答していることが明らかになりました。

今後、ChatGPT が学習している情報については、定期的にアップデートされていくことでしょう。しかし、1 章で解説したように、ChatGPT がベースとする大規模言語モデルの訓練には多大な費用と時間が必要となります。そのため、ChatGPT をはじめとする大規模言語モデルでは最新の情報を得ることを目的にするべきではありません。

Fig.01 Bing AI では Web 検索と組み合わせた最新情報が表示される

大規模言語モデルが最新情報に弱い点については、すでにいくつかの解決作が提案されています。まず、ChatGPT で最新の情報を得るには、GPT-4 の「Web 検索プラグイン」を使うことで解決できます。ChatGPT 単体では最新の情報が得られないのですが、検索エンジンを併用することでこの問題を回避できます。本書 5 章 3 節の自立駆動型のエージェントでは、検索エンジンと ChatGPT を組み合わせるツールを紹介しています。また、左の画面 のように Microsoft の Bing AI は検索エンジンで Web 検索を行った上で、質問に対して答える仕組みとなっています。その際、積極的に情報ソースが提示されます。また、Google Bard も必要に応じて Web 検索を行った上で答えを返すことができます。

ハルシネーションの例 - 現実を創造してしまう問題

もう一つのハルシネーションの例は、ChatGPT が生成 AI であるが故の問題と言えるかもしれません。現実にはあり得ない想像の産物をあたかも現実として返答してしまうという問題です。

例えば、ChatGPT（モデル GPT-3.5）に「日本にはどんな巨大生物が生息していたでしょうか。」と質問したところ、次の画面のような応答がありました。

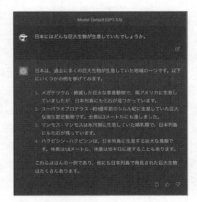

Fig.06 ChatGPT が存在しない巨大生物を列挙したところ

詳しく ChatGPT の応答を確認してみましょう。

[応答]
日本は、過去に多くの巨大生物が生息していた地域の一つです。以下にいくつかの例を挙げてみます。

- １．メガテリウム － 絶滅した巨大な草食動物で、南アメリカに生息していましたが、日本列島にも化石が見つかっています。
- ２．ユーパラオプロテウス － 約1億年前のシルル紀に生息していた巨大な海生節足動物です。全長は3メートルにも達しました。
- ３．マンモス － マンモスは氷河期に生息していた哺乳類で、日本列島にも化石が残っています。
- ４．ハクビシン － ハクビシンは、日本列島に生息する巨大な鳥類です。体長は1.8メートル、体重は15キロに達することもあります。

これらはほんの一例であり、他にも日本列島で発見された巨大生物はたくさんあります。

　このように、日本にいた巨大生物を列挙してくれたのですが、検索エンジンなどで確かめてみると分かりますが、大半は存在していない生物であることが分かります。
　しかも、悪質なことに、その内のいくつかは実在するのです。今回 ChatGPT が列挙した生物とその生物が存在したかどうかは次の表の通りです。

巨大生物の名前	実在するか？	日本で確認されたか？	結果
メガテリウム	実在した	日本にいた事実はない	×
ユーパラオプロテウス	実在しない	実在しない	×
マンモス	実在した	日本にいた - 北海道	○
ハクビシン	実在する	今でも実在するが鳥類ではない	△

　見慣れない名前が並んでおり、その中に見知った「マンモス」の名前が出現します。マンモスの説明だけは合っているのを確認できるでしょう。もしも、全部が全部デタラメな回答であれば、説明が間違いであることは一目瞭然です。しかし、正しい回答と虚偽や創造を混ぜ込んで応答します。そのため、容易に騙されてしまう可能性があり、注意が必要です。
　なお、蛇足ですが画像生成 AI の Bing Image Creator を使えば、実在しない「ユーパラオプロテウス」のイメージを描画することもできます。ただし「これが約１億年前の日本にいた巨大生物です」と説明されても、さすがに実在の生物とは思えませんね。

Fig.07 AI で生成したユーパラオプロテウスのイメージ

● 現実創造かどうか確かめる方法 - その 1 - ChatGPT に尋ねる

とは言え、ChatGPT 自身を使って応答が正しいかどうかを
見極めることもできます。続く会話で「上記の生物は、実在の
ものですか？」と質問してみましょう。すると、「回答に誤り
がありました」との返答があり、その後で、しどろもどろの返
答を得ることができました。これにより、現実を創造している
ことが分かります。

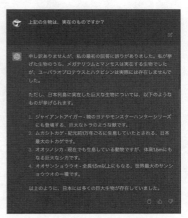

Fig.08 ChatGPT 自身に事実確認したと
ころ - 誤りがあったことを自分で
認めた

● 現実創造かどうか確かめる方法 - その 2 - 外部リソースを照合する

また、先ほども述べましたが、実直に ChatGPT が列挙した生物名を検索エンジンで検索してみて
答えを調べることがこの問題に対する対処方法です。

なお、後ほど、ChatGPT を使ったアプリを作る方法を解説しますが、Wikipedia の見出しリスト
などと照合するなど、何かしらの方法で現実データと照らし合わせるなら、容易に ChatGPT の現実
創造を見破ることができるでしょう。

例えば、ChatGPT（モデル GPT-3.5）に対して次のようなプロンプトを与えます。すると、JSON

データで答えが得られるので、事実確認が検証がしやくなります。

```
かつて日本にはどんな巨大生物が生息していたでしょうか。
答えをJSON形式で出力してください。
なお説明文は出力しないでJSONデータだけでお願いします。

# 出力例

```
["生物名1", "生物名2", "生物名3"]
```
```

実際に、ChatGPT に与えると次の画面のような応答が得られます。

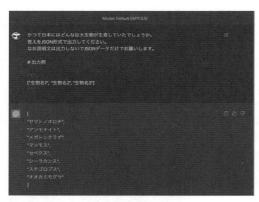

Fig.09 JSON 形式で生物名を列挙させたところ

詳しく ChatGPT の応答を確認してみましょう。以下の JSON ファイルが ChatGPT が出力した JSON データです。

src/ch2/giga_creature_ja.json
```
[
  "ヤマトノオロチ",
  "アンモナイト",
  "メガトンクラゲ",
  "マンモス",
  "セベクス",
  "シーラカンス",
  "ステゴロプス",
  "オオカミモグラ"
]
```

この JSON データには「ヤマタノオロチ」が含まれており、一発で ChatGPT の創造だと分かりますが、やはり「マンモス」があり実在した巨大生物も含まれています。とは言え、ユーザーにこの結果を出力する前に外部リソースと照合することでハルシネーションを判別できるでしょう。

　なお、ここで、データを JSON 形式で出力していますが、ChatGPT は正しく JSON 形式を理解しています。そのため、プログラミングで応答を処理したい場合には、JSON 形式を出力方式に指定することで、検証しやすいものとなります。

Column　**JSON 形式とは**

　『JSON（JavaScript Object Notation）』とは軽量のデータ交換フォーマットです。JSON は、人間にとって読みやすく、コンピューターにとっても解析しやすい形式で、主に Web アプリケーションや API でデータの送受信に用いられます。

　名前に『JavaScript』を含んでいるのは、もともと JavaScript で配列やオブジェクトなどのデータを記述するのに使う記述方式から発展したものだからです。非常に便利な記述方式であるため、さまざまなプログラミング言語で汎用的に利用されるようになりました。

　JSON を使うと、数値や文字列、真偽値、オブジェクト（辞書型）、配列（リスト型）とさまざまなデータ型を表現することができます。

　例えば、以下は JSON のオブジェクト（辞書型）です。これは、Python の辞書型のようにキーと値をペアにして表現できます。

```
{
    "名前": "徳川家康",
    "享年": 75,
    "辞世の句": "嬉やと　再び覚めて　一眠り　浮世の夢は　暁の空"
}
```

ハルシネーション対策にプロンプトエンジニアリングが大切

　ここまでの部分で、ChatGPT におけるハルシネーション問題について、具体的な例と共に注意点を解説しました。ハルシネーションは、大規模言語モデルや生成 AI を使う上で最も注意すべき問題です。

　また、上記では、ハルシネーションの具体例に加えて対処方法も紹介しました。いずれも、ChatGPT に与えるプロンプトを工夫することで、ある程度、問題を緩和したり解決できることも示しました。

　なお、AI に入力する単語の組み合わせや質問を工夫して、意図するコンテンツを出力させる手法を「プロンプトエンジニアリング（Prompt engineering）」と呼びます。本章では、プロンプトに対する工夫やテクニックを解説していきます。

→ ChatGPT は間違いなく有用です。

→ ただし、計算が苦手だったり、最新情報が得られなかったり、ハルシネーションの
　問題がったりと利用には注意が必要な点もあります。

→ ChatGPT から有益な応答を得るためには、プロンプトエンジニアリングが重要です。

Column　プログラミングではハルシネーションが起きにくい？！

　ChatGPT を利用する上で、ハルシネーションが起きにくい分野があります。それが、「プログラミング」です。ChatGPT 自身の解説によれば、次の理由でハルシネーションが起きづらくなっています。

【構造化された言語】：プログラミングは非常に構造化された言語で、曖昧さが少ないです。書いたコードは特定の手順や動作を厳密に実行するため、存在しない情報を「見る」可能性が非常に低いです。

【ルールベース】：プログラミングは厳格なルールに基づいているため、そのルールを逸脱したり無視したりすることはほとんどありません。この厳格さが、ハルシネーションを防ぎます。

【ロジックと精密性】：プログラムはロジックと精密さを必要とします。それぞれのステップは、特定の結果を生み出すように設計されています。その結果、一見不可解な現象（ハルシネーション）はほとんど起きません。

　確かに、プログラミングの世界は、ロジックで成り立っており、曖昧な部分が少ないため、ハルシネーションが起きにくいと言えます。そのため、論理やロジックを積み上げて答えを導出するような分野であれば、ハルシネーションが大きな問題となりにくいと言えるでしょう。

2 効果的なプロンプトと要約タスク

ChatGPT が最もその威力を発揮できる分野の一つが「要約」です。会議の議事録やメールなど、さまざまな文章を要約できます。また、単なる要約ではなく、より分かりやすく説明させることもできます。

本節の ポイント
- 文章の要約
- プロンプト

ChatGPT で文章を要約しよう

　文章の要約は、ChatGPT が最も得意とするタスクです。単純な要約から、要約の分量やスタイル、口調の指定まで幅広い指定が可能です。ここでは、いろいろな要約を行うプロンプトを紹介します。
　要約は単に自身の業務自動化に貢献するだけでなく、要約を用いていろいろなサービスを開発することもできます。

ChatGPT による基本的な文章の要約

　例えば Wikipedia に掲載されている文章を要約させてみましょう。Python や多くのプログラミング言語に搭載されている「ガベージコレクション」の機能について要約させてみます。
　要約をさせる場合には、次のようなプロンプトを入力します。

次の文を要約してください。

（ここに要約したい文章）

　つまり、1 行目に指示を、改行を 2 つ入れて、その後に要約したい文章を記述します。ただし、ChatGPT のチャット入力エディターで、[Enter] キーを押すと、その時点でテキストを送信してしまいます。これを避けるため、[Shift]+[Enter] キーを押します。こうすれば、改行を入れることができます。

具体的な入力例ですが、次のようなプロンプトを入力します。

次の文章を要約してください。

ガベージコレクション（英：garbage collection、GC）とは、コンピュータープログラムが動的に確保
したメモリ領域のうち、不要になった領域を自動的に解放する機能である。1959年ごろ、LISPにおける問
題を解決するためジョン・マッカーシーによって…
〜以下省略〜

なお、「ガベージコレクション」に関する解説ページの URL は次の通りです。ブラウザーで
Wikipedia の「ガベージコレクション」のページを開いて、説明の文章をコピーして入力しましょう。
その際、冒頭の 2000 字程度だけを貼り付けて実行してみてください。

```
Wikipedia > ガベージコレクション
[URL] https://ja.wikipedia.org/wiki/ガベージコレクション
```

Fig.10 Wikipedia のガベージコレクションのページ

次の図のように、チャットの入力欄にプロンプトと要約したい文章を入力して、送信ボタンを押し
ます。

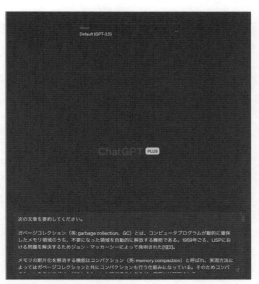

1

2

3

4

5

AP

Fig.11 ChatGPT の会話入力欄にプロンプトと文章を入力したところ

　次のような応答が得られます。これは、ChatGPT のモデル GPT-3.5 を利用した場合の出力例です。ChatGPT の応答は、毎回異なる内容が出力される仕組みになっています。そのため、皆さんが実行した場合、異なる結果が表示されると思います。

> ガベージコレクション（GC）は、プログラムが動的に確保したメモリ領域のうち不要な領域を自動的に解放する機能である。GCを使用する場合、メモリの解放について明示的に記述する必要がなく、ガベージコレクタが不要と判断した時に自動的にメモリを解放する。GCを使用することで、メモリリーク、オブジェクトの二重解放、無効なポインターなどのバグを回避することができる。ただし、デッドラインが決められているリアルタイムシステムに使用することは難しく、CPUを長時間占有することもあるため、インクリメンタルGCやコンカレントGCがある。

　このように、簡単な指示を与えるだけで、2000 字の文章を 258 字に要約することができました。忙しい時に、会議の議事録を確認する必要があったり、長いメールに書かれた要件を把握したい場合などに役立ちます。

ただし、ChatGPT にはモデルごとに入力文字数の制限があります。そのため、長すぎる文章を要約できません。詳しくは後述のコラム「トークンの上限制限について」をご覧ください。

Wikipedia のガベージコレクションの解説も、全ての文章をコピーして貼り付けると、次のようなメッセージが表示されます。そのため、今回は本文だけを抽出し、前半の2000 字ほどを指定してください。

Fig.12 長すぎる文章を指定するとエラーになる

文字数を指定して要約したい場合

要約を実行する際に、文字数を指定することも可能です。その場合「150 文字で要約してください」などと指定します。

次の文章を要約してください。ただし、150字以下にしてください。

（要約したい文章）

ただし、必ずその文字数にしてくれるわけではありません。ChatGPT では、ある指示が無視されてしまうということも多々あります。明らかに文字数が多い場合には、チャットの続く部分に次のようなプロンプトを指定できます。

もっと短く要約してください。150字以下にしてください。

このように指定することで、正しい文字数に直してくれる可能性が高くなります。今回試したところ、150 文字以下（148 文字）に要約してくれました。かなり簡潔になりました。

ガベージコレクション（GC）は、不要になったメモリ領域を自動的に解放する機能で、プログラマーが明示的なメモリ解放を行う必要がなく、メモリリークやダングリング・ポインターなどの問題を回避できる。ただし、CPU占有時間が長くリアルタイムシステムには向かない。インクリメンタルGCやコンカレントGCがある。

150 字以下という指定であるため、もっとも短くなる場合もあります。何度か試してみたところ、次のように 80 字になることもありました。

「ガベージコレクション」は、プログラム実行中に使用されたメモリ領域を自動的に解放する処理であり、メモリリークや不正なメモリアクセスを防止するために重要である。

要約が気に入らなければ再生成も可能

　ChatGPTには「Regenerate response」というというボタンが用意されています。これを繰り返し押すことで、別の言い回しの応答を得ることができます。要約がうまく生成されなかった場合も、このボタンを押すことで要約を再生成できます。

Fig.13 ChatGPT では応答の再生成が可能

　要約を再生成すると、異なるポイントが強調されることでしょう。そのため、より良い要約を作るために、あえて何度か「Regenerate response」ボタンを押して、複数の要約を作り、最終的に一番良いものを採用することもできるでしょう。

　再生成すると、ChatGPTの応答の左下に「3/3」のような数値が表示されます。ここで「<」のラベルをクリックすると、前回の生成結果を確認することができます。

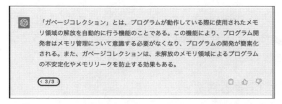

Fig.14 3回要約を再生成した場合、左下数字をクリックして過去の生成結果を確認できる

もっと分かりやすく要約して欲しい場合

　ところで、プログラミングに関する知識がある方ならば、ある程度「ガベージコレクション」について知っていることでしょう。そうであれば、ここまで試してみた要約の意味が分かると思います。

　しかし、プログラミング未経験だったり、この分野にあまり詳しくない人であれば、要約された文章を読んでもまったく意味が分からないかもしれません。

　このようなときに、「中学生でもわかるように簡単にしてください」とか「IT初心者にも分かりや

すく教えてください」などと「ただし書き」を加えることで、より分かりやすい解説文に要約してくれます。

　次に挙げるのは「初心者にも分かりやすく」と注文して生成した要約文章の例です。

　例えや語句の説明が追加され、ずいぶん分かりやすくなりました。「お掃除ロボット」の例えは秀逸ですし、「メモリ」に対してカッコで意味の補足が加えられ ChatGPT が大規模言語モデルで学習した文章から借用したであろう「お掃除ロボット」という例えも入りました。さらに「メモリ」に対してもカッコで意味の補足がつきました。これにより、より親切で優しい雰囲気になり、プログラミング初心者にも分かりやすい要約を作ることができました。

⭕ 要約の続く部分に「分かりやすく」を指定する方法

　ChatGPT は会話できる AI です。そのため、一度、要約を作成した後で、その結果を元にして、新たな要約の作成を注文することが可能です。例えば、作成してもらった要約内容が難しいと思った時には、チャットの続き部分に以下のような追加注文を行うことができます。
　そこで使うプロンプトは次の通りです。

　特別なプロンプトの書式と言うよりも、ただのお願いですね。このように会話のキャッチボールをすることで、より良いアウトプットを得られるのが ChatGPT の面白い部分です。
　上記のプロンプトを連続で入力することでも、より分かりやすい文章を出力する可能性があります。

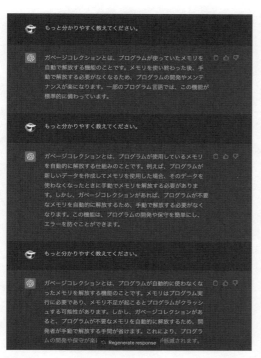

Fig.15 「もっと分かりやすく教えてください」を連続で実行したところ

⭕ たとえを使った要約をお願いする

多くの事象はたとえを使う事で理解が容易になります。そこで、たとえを使った説明を要求することで、要約が洗練される場合があります。

次のようなプロンプトを入力します。

> たとえを使って説明してください。

先ほども「お掃除ロボット」がたとえに出てきましたが、改めて実行すると、「机で作業した時の片付け」を例に出してくれました。

> あなたが机で作業をしているとき、使い終わった紙やペンは捨てる必要がありますよね。もし、いつまでも机の上に放置していると、机の上が散らかって邪魔になります。プログラムでも同じで、使い終わったメモリ領域を手動で解放しないと、メモリが不足し、プログラムがクラッシュする可能性があります。しかし、ガベージコレクションがあれば、不要なメモリを自動的に解放してくれるので、手動で解放する必要がなくなります。これにより、プログラムの開発者はメモリ管理について心配する必要がなくなり、プログラムの品質や保守性が向上します。

たとえを使った説明も、繰り返しプロンプトを入力することで、異なるたとえを出力します。「ガベー

ジコレクション」で試してみると、「自動車に例えると、エンジンルーム内の余分なガソリンや澱（おり）を自動的に排出するシステム」とか「家の掃除に例えると」など、いろいろな例を得られました。

箇条書きスタイルの要約を依頼する

さて、人間が手動で会議を要約する場合に、ポイントを箇条書きにすることもあります。ひとつの文章で要約するのが見やすいとは限りません。箇条書きになっていることで、より内容を簡潔に把握することができます。

次のプロンプトのように、箇条書きを要求することもできるでしょう。

以下の文章を要約してください。ただし、箇条書きにしてポイントを強調してください。

（要約したい文章）

ここでも同様に「ガベージコレクション」についての要約をしてみました。

Fig.16 要約を箇条書きにするように依頼したところ

詳しく確認してみましょう。次のような文章が出力されました。

【要約】
- 「ガベージコレクション」とは、コンピュータープログラムのメモリ管理方式の一つで、不要なデータを自動的に削除することができる。
- ガベージコレクションを採用することで、プログラマーはメモリ管理に関する手間を省くことができ、バグの温床となるメモリリークも防ぐことができる。
- ガベージコレクションの欠点として、自動的にメモリ解放が行われるため、プログラムの実行速度が低下することがある。
- 一方、ガベージコレクションにより、セキュリティに関する問題が引き起こされることもある。例えば、メモリリークを意図的に起こして、機密情報を漏洩させる攻撃手法がある。
- ガベージコレクションは、プログラム開発において重要な概念の一つであり、多くのプログラミング言語で採用されている。

内容がポイントごとに箇条書きにまとめられました。これによってポイントが確認しやすくなりました。少し長めの要約が欲しい場合や、論点ごとにポイントを確認したい場合には箇条書きの要約スタイルを指定すると良いでしょう。

個別のポイントを指定して要約する

個別のポイントを指摘して要約を依頼することで、より意味が掴みやすくなります。あまりその分野に詳しくない場合など、「○○について詳しく」と指定することで、そのポイントを強調した要約が作成されます。

次のような指定を行うことができるでしょう。

- メリットを強調して要約してください。
- 注意点を強調して要約してください。
- 以下の文章を要約してください。ただし「○○」について詳しく強調してください。

例として、ガベージコレクションの説明において「メモリ管理」を強調するように指定してみます。ここでは、次のようなプロンプトを指定しました。

> 以下の文章を要約してください。なお「メモリ管理」について強調してください。
>
> （要約したい文章）

このようなプロンプトを指定して ChatGPT に入力すると、以下のような応答が得られました。「メモリ管理」に関する記述が要約の中に表れるか確認してみましょう。

> 「ガベージコレクション」とは、プログラミング言語処理系において、不要になったメモリを自動的に解放する仕組みのことである。一般的には、プログラムが動作中に使用していたメモリ領域を解放する際に、プログラマーが明示的に解放処理を行わなくても、不要なメモリを自動的に検出し、解放することができる。この仕組みによって、プログラムのメモリ管理が簡単になり、プログラムの品質向上につながる。ただし、ガベージコレクションによるメモリ管理は、メモリ使用量や処理速度に影響を与えることがあるため、注意が必要である。

メモリ管理という点を強調した要約が作成されているのが分かるでしょう。

この手法は、ChatGPT を教師役として使う上で非常に役立ちます。読んでもなかなか理解ができない難解な文章であっても、ポイントごとに要約を作ってもらうことで、理解の糸口が見つかる可能性があります。

人格や口調を指定して要約させる

　あまり実用的ではないものの、人格や口調を指定した要約も可能です。Apple の共同創業者の「スティーブジョブズのように」とか古代ギリシアの哲学者「ソクラテスのように」など、人格を指定したり、「若者のように」などとすることもできます。

◯ スティーブジョブズ風に要約する

　以下のプロンプトは、スティーブジョブズのように文章を要約するように指示するものです。

> 次の文章を要約してください。
> ただし、スティーブジョブズのように要約してください。
>
> （要約したい文章）

　プロンプトを入力すると、ChatGPT から次のような応答が得られました。スティーブジョブズであるなら、ポイントを短く強調した言い切り系で話すだろうという雰囲気でしょうか。

> ガベージコレクションは、自動的に不要なメモリを解放する機能である。この機能により、プログラムがスムーズに動作するが、注意が必要である。

◯ お嬢様言葉で要約する

　小説のキャラクター付けでよく使われる手法に「会話の語尾を変える」というテクニックがあります。要約するのにキャラクター付けが必要とは思えませんが、次のように指定することで、「◯◯ですわ」とお嬢様風に要約を行います。

> 次の文章を要約してください。
> ただし、語尾を「ですわ」にしてください。
>
> （要約したい文章）

　ChatGPT に入力すると、次のような応答を返します。

> ガベージコレクションとは、コンピュータープログラムの実行中に、不要になったメモリ領域を自動的に解放する仕組みのことですわ。プログラムが確保したメモリ領域は、利用が終了した後に解放しないと、プログラムが占有しているメモリ領域が増え続け、最終的にはシステム全体のパフォーマンスが低下する原因になりますわ。ガベージコレクションは、この問題を解決するために生まれた技術ですわ。

　実用的ではないものの、ちょっと面白い雰囲気になりました。
　また「お嬢様風の口調で」と指示することでも、同様の効果を得ることができます。この場合、語尾を「◯◯ですわ」だけでなく、「◯◯でしょうね」などと変化をつけてくれます。

次の文章を要約してください。
ただし、お嬢様風の口調でお願いします。

（要約したい文章）

⚫ キャラクターの口調を指定して要約を強制する

　お嬢様のほかにも、次のようなキャラクターを指定して口調を指定できます。次のように分かりやすいステレオタイプなキャラクターを指定することで、より分かりやすいキャラクターを演出できます。

次の文章を要約したい、武士や侍の口調でお願い致す。
次の文章を要約したい、忍者風の口調でお願いニンニン。
次の文章を要約して欲しい、王様のような口調で話すのである。
次の文章を要約しろ、俺様風の口調で話すのだ！
次の文章を要約したいのね、幼女のような口調で教えてね。

　ただし、要約文が長い場合など、キャラクター付けが反映されない場合もあります。その場合は何度か生成し直すと反映されます。また、無理矢理、キャラクターを推測させるよりも、前項の手法を利用して、語尾を指定のものに変える方が成功率が高くなります。
　また、下記のように「ラッパー風」のような指定をすることで、面白い文章を出力できます。

Yo, ガベージコレクション、簡単に言うとそんな感じなんだぜ。

プログラム実行中、メモリはベンチのようなもんさ、
データはボクサー、パンチに繋がるフック、
それぞれはリングでの一時の王さ、
だけど試合が終われば、そいつらの役目は終わるぞ。

だからこそ、ガベージコレクションが必要なんだ、
メモリのリングをクリーンに保つ、リングのスイーパーさ。
未使用のデータ、もう要らないオブジェクト、
そいつらを探し出し、メモリから削除するんだ。

自動的にやるんだ、マニュアルではない、
だからガベージコレクションは重要な役割を果たす。
それなしでは、メモリはゴミでいっぱいになるぜ、
それがガベージコレクション、キープ・イット・クリーン、マイ・ブラザー。

トークンの上限制限について

　ChatGPTによる要約はとても便利なのですが、残念ながら無制限に文章を入力させることはできません。ChatGPTがテキストを扱う際に「トークン」という単位を用います。トークンは単語や句読点などのテキストの一部分であり、ChatGPTはこれらのトークンを組み合わせて文章を生成します。

　ChatGPTに対する入力と出力の合計トークン数が、トークンの上限値となります。GPT-3.5のトークンの上限は、最大で2048トークンで、GPT-4では4096トークンです。

　なお、トークンの数え方は、次の表のように言語や文字種類によって異なります。

文字種別	トークン数
ひらがな	1
カタカナ	1-2
漢字	2-3
英単語や記号	1-2

　ChatGPTは英語で使う方が有利であると言われますが、これはトークンの数え方に表れています。と言うのも、日本語の場合1文字1トークン以上必要になりますが、英単語は1単語で1-2トークンです。つまり、より少ないトークン数で文章を表すことが可能であり、より長い入力と出力を処理することができます。

● トークンを正確に数えるツール「Tokenizer」について

　トークンを数えるツールがOpenAIから提供されています。「Tokenizer」という名前で、テキストボックスに文章を入れることで、詳しくトークン数を確認できます。

```
OpenAIによるトークンを数えるツール「Tokenizer」
[URL] https://platform.openai.com/tokenizer
```

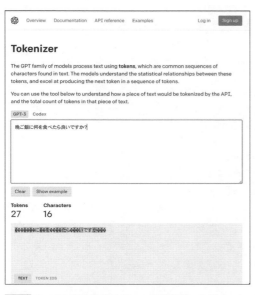

Fig.17 トークン数を数える OpenAI 謹製ツール Tokenizer

Column 巧妙なウソに騙されそうになった件

本節では、プロンプトを利用して文章の要約を行う方法を紹介しています。プロンプトを工夫することで、さまざまなタイプの要約を生成できるため非常に便利です。「要約」というタスクは、ChatGPT が得意なものの一つです。

ところで、筆者は要約テクニックの一つとして、次のようなプロンプトを紹介しようとしていました。

次の文を要約してください。

https://ja.wikipedia.org/wiki/ガベージコレクション

上記のプロンプトを実行すると、「ガベージコレクション」に関する実に素晴らしい要約文が表示されます。引用している URL を自動で読み込んで要約ができるというのは実に便利です。

　ところが、本書執筆の後半になり、編集担当より「モデル GPT-4 で実行すると、下記のように表示される」と指摘がありました。

> ウェブページから情報を抽出またはリンクの参照はできません。しかしながら、2021年までの知識をもとに「ガベージコレクション」について要約することは可能です。

なんと、ChatGPT には外部の URL を参照する機能は存在しなかったのです。実は、当時 ChatGPT のテクニックを紹介する多くの Web サイトで、この URL を指定した要約テクニックが紹介されており、筆者もすっかり騙されてしまったのです。

確かに、最初から外部 URL を読み込むことができるなら、最新情報も自動的に読み込んでくれそうなものなので、よくよく考えれば、この間違いにも気付くことができたでしょう。そもそも、ChatGPT では Wikipedia の多くの文章を学習しており、モデル GPT-3.5 では、URL と「ガベージコレクション」というキーワードから学習済みの文章から答えただけだったのです。

2023 年には、ChatGPT を利用した弁護士が虚偽の判例をニューヨーク州上級裁判所に提出したとして問題となりました[1]。なんと、弁護士が提出した 8 件の判例のうち 6 件が架空の判例だったのです。この弁護士は ChatGPT に判例が本物であるかどうかを確認したとのことですが、ChatGPT は本当だと答えたと言うことです。しかも、紛らわしいことに、全ての判例が虚偽ではなく、そのうち 2 件は本物だったのです。本書 2 章 1 節でハルシネーションについて詳しく書きましたが、ChatGPT は実に巧妙なウソをつきます。

　今回の筆者の失敗に関しては、インターネットを検索して裏を取ったつもりだったのです。しかし、多くの人が ChatGPT に騙されており、筆者も「みんながそう言うのだから正しいのだろう」と思い込んでしまいました。改めて、ChatGPT のハルシネーション対策を確認しておきましょう。

（1）ChatGPT 以外の信頼できる情報源で情報を再確認
（2）ChatGPT に情報の詳細を要求する
（3）ChatGPT から得られた情報を比較する

　上記、（2）と（3）に関してですが、ChatGPT に情報が正しいかどうか尋ねるのではなく、詳しい情報を求めたり、別の角度から質問して情報を比較したりできます。これによって、ハルシネーションかどうかを判断する手がかりを得られる可能性があります。

　今後は ChatGPT の虚偽の返答を Web サイトにそのまま転載する人も増えていきます。それによって、Web サイト上にある情報の信憑性が下がってしまう可能性があります。そのため、情報リソースを引用する際には、その情報が正しいのかどうか、しっかりと真偽確認する必要があります。筆者も失敗を通して改めて学びました。皆さんも気をつけましょう。

まとめ

→ ChatGPT が得意とする「要約」タスクについて解説しました。

→ プロンプトを工夫することで、さまざまな要約が可能です。

→ 用途に合わせた要約ができるよう基本的なプロンプト術を身につけましょう。

1

2

3

4

5

AP

3 思考の連鎖(CoT)と文章生成タスク

連想ゲームとは、出題者が与えるヒントから想像して、そのお題を当てる言葉遊びです。ChatGPT は大量の文章を学習し高度な連想ゲームを解けるようになりました。この点を理解すると良い応答を引き出せます。

本節の ポイント

- 思考の連鎖 / CoT / Chain of Thought
- 箇条書きからの文章生成
- Zero-Shot プロンプト (Zero-shot prompting)
- Few-Shot プロンプト (Few-shot prompting)

ChatGPT は高度な連想ゲームを解くことで動作する

文章生成 AI である ChatGPT は、ある文章を与えると、もっともらしい文章の続きを自動生成することを命題としています。つまり、ユーザーが与えたキーワードや文脈から関連する単語やフレーズを連想して文章を生成します。

すでに述べたように、ChatGPT は大規模な文章データを用いて訓練されています。この学習によって、文と文、語句と語句の関連性を学習しています。これは、連想ゲームのようなクイズやゲームを解くことに似ており、自然言語の生成、解釈、分類、翻訳などのタスクを解くことができるのです。

⬤ ChatGPT の連想力を試してみよう

このように、ChatGPT は連想によって、その応答を生成している点を理解しておくなら、より良い応答を得るプロンプトを作成することができるでしょう。

試しに、ChatGPT のプロンプトとして、次のような不完全な文章を与えてみましょう。

お金持ちになる

読者の皆さんなら、いきなりこのように言われてどのように返答するでしょうか。ChatGPT は非常に饒舌です。「お金持ちになる」という点から連想して次のような応答を返しました。

お金持ちになるためには、以下のような方法があります。

- 1. 節約する：収入を増やすことも重要ですが、支出を減らすことも大切です。生活費を見直して、無駄な出費を減らすことで、貯蓄を殖やすことができます。

- 2．投資する：投資をすることで、収益を得ることができます。株式や不動産などの投資方法を研究し、適切な投資先を選ぶことが重要です。
- 3．副業をする：本業以外に副業をすることで、収入を増やすことができます。自分の得意なことや趣味を生かした副業を選ぶことが大切です。
- 4．教育を受ける：高いスキルや知識を持つことで、高い収入を得ることができます。専門的な教育を受けることで、自分の能力を高めることができます。
- 5．借金をしない：借金をすることで、返済に苦しむことになります。借金をしないことで、負担を減らし、貯蓄を殖やすことができます。

以上の方法を組み合わせて、お金持ちになることができます。ただし、時間や労力をかける必要があります。焦らずに、計画的に取り組むことが大切です。

　不完全な入力に対して、連想する言葉を続けて「お金持ちになるためには…」という文章を生成して返してくれました。生成内容もとても堅実で役立つものでした。

○ ChatGPT から理想的な応答を得るためにはキーワードが大切

　ただし、多くの方が「そんなことは分かっている」と感じるかもしれません。そこで ChatGPT に与える入力を補足してみましょう。

楽してお金持ちになるには

　これに対して ChatGPT の応答はシビアでした。次のような応答が返されます。

残念ながら、楽してお金持ちになることはできません。お金持ちになるためには、努力や時間、スキルなどを投資する必要があります。いくつかの例外はありますが、それらは非常にまれであり、偶然性が高いため、依存することはお勧めできません。…

　何事においても楽して得られることはありませんね。この後も、同じような厳しい言葉が並んでいたので冒頭だけを抜粋しました。

　しかし、ここから学べる点があります。ユーザーがプロンプトにどのようなキーワードを与えるかによって、ChatGPT の応答が大きく変わるという点です。理想的な応答を得るためには、ChatGPT の連想力を刺激するキーワードが大切なのです。

連想から答えを導くことができる「思考の連鎖」

　ChatGPT を含む大規模言語モデルを活用する上で理解すべき概念に「思考の連鎖（Chain of Thought / CoT）」があります。これは、ChatGPT で複雑な問題を解くのに役立つ手法です。

　まず、ChatGPT で難しい問題が解けなかった時には、大きな問題をいくつかの小さな問題に分割することが役立ちます。問題を分割した後で、その個々の問題を解くのに役立つ連想データをプロン

プトに与えると、ChatGPT はその大きな問題を解くことができるようになるのです。

　どういうことでしょうか。簡単な例題で確認してみましょう。次のような簡単な計算問題を ChatGPT（モデル GPT-3.5）のプロンプトに与えてみましょう。

> スーパーに行ってクッキーを買いました。
> 兄、兄の2人の友人、妹に2つずつ配りました。
> 手元に3つ残っています。いくつクッキーを買ったのでしょうか？

　この問題を GPT-3.5 に与えてみましょう。正しい答えを返すことができる場合もありますが、次のような間違った応答を返すこともあります。やはり、ChatGPT は計算問題に弱いのです。

> あなたは全部で2つずつ配ったので、兄と兄の2人の友人、妹で計 7 人です。
> それに加えて、手元に3つ残っているので、合計で10個のクッキーを買ったことになります。

　この答えは間違っています。兄と兄の 2 人の友人、妹と 4 人に 2 つずつクッキーを配ったという点を誤解しています。4 人 × 2 個で配ったのは 8 個、手元に 3 個あるので、合計 11 個のクッキーを買ったというのが正解です。

　残念ながら、ChatGPT は答えを間違ってしまいました。しかし、正しく問題を解くヒントを与えることで、正解に導くことができます。

　次のプロンプトでは、問題文の前に問題を解くための計算例を挿入しました。これで問題を解くことができるでしょうか。

```
src/ch2/count-cookie-fsp.gpt.txt
### 以下を学習してください ###
Q: スーパーでクッキーを買いました。兄、兄の3人の友人、妹に3つずつ配りました。手元に5つ残っています。いくつクッキーを買ったのでしょうか？
A: 兄、兄の3人の友人、妹に3つずつ配ったので、(1+3+1)*3=15個を配りました。手元に5つあるので、15+5=20です。答えは20個です。

### 質問です ###
Q: スーパーでクッキーを買いました。兄、兄の2人の友人、妹に2つずつ配りました。手元に3つ残っています。いくつクッキーを買ったのでしょうか？
A:
```

　このプロンプトを入力して ChatGPT の応答を得ます。すると、次のような答えを出力しました。

> 兄、兄の2人の友人、妹に2つずつ配ったので、(1+2+1)*2 ＝ 8個を配りました。手元に3つあるので、8+3=11です。答えは11個です。

　今度は正解です。ヒントを与えたことで、正しい答えを導くことができるようになりました。これが、

思考の連鎖（CoT）の手法です。

　なお、ここで ChatGPT のモデル GPT-3.5 を指定したのには理由があります。GPT-4 だと上記の問題をヒントなしで解くことができてしまったからです。もしかすると、本原稿が出版される頃には、GPT-3.5 でも問題を調整されて解くことができるようになっているかもしれません。

　しかし、そうなったとしても「思考の連鎖（CoT）」のテクニックが有益であることに変わりはありません。性能が低い AI モデルであっても、解決のヒントを含めたプロンプトを与えることで、正しい答えを導き出すことができるからです。これは、より複雑なタスクを解く場合も利用できるテクニックです。

Zero-Shot プロンプトと Few-Shot プロンプトについて

　ここまで見てきたように、ChatGPT をはじめ、大規模言語モデルは驚くほど多くのことを知っています。そのため、ユーザーが何の情報も与えず、簡単な質問をするプロンプトのことを「Zero-Shot プロンプト（Zero-shot prompting）」と呼びます。

　本節の冒頭で見た、お金に関する質問と応答の例がそれに当たります。また、ヒントなしで、クッキーの計算問題を解く場合も、Zero-Shot プロンプトに相当します。

　これに対して、事前にいくつかのヒントや情報を用意しておいて、これを ChatGPT に与えてから、問題を出題することを「Few-Shot プロンプト（Few-shot prompting）」と呼びます。

　また、ヒントを 1 つだけ与えることを、「One-shot プロンプト（One-shot prompting）」と呼びます。

最強のデバッグ用プロンプト「ステップバイステップで」

　ところで、上記のような問題を解く場合に、ChatGPT がどのように考えているのか、なぜ答えを間違えるのか分からない場合があります。そんな時に「ステップバイステップで（step-by-step）」と言う文を加えるだけで、ChatGPT の思考の途中経過を詳しく表示できます。

　次のプロンプトを入力してみましょう。

> スーパーでクッキーを買いました。兄、兄の2人の友人、妹に2つずつ配りました。
> 手元に3つ残っています。いくつクッキーを買ったのでしょうか？
> ステップバイステップで考えてください。

　ChatGPT にこのプロンプトを与えると、次のように詳細な手順を表示します（ただし計算は間違っています）。

> この問題を解決するために、以下の手順を実行できます。

- 1．兄、兄の2人の友人、妹に2つずつ配ったので、配られたクッキーの合計数は、（1 + 2 + 2 + 2）* 2 = 14です。ここで、2をかけた理由は、各人に2つずつ配ったからです。
- 2．手元に残ったクッキーの数は、3つです。
- 3．クッキーの合計数を計算するには、配られたクッキーの数に手元に残ったクッキーの数を加えます。つまり、14 + 3 = 17です。

よって、私たちは17個のクッキーを買ったことがわかります。

答えは間違っていますが、どのような計算をして間違ったのかを詳細に知ることができました。

他にも次のようなプロンプトを加えることにより、同様の効果を得ることができます。これらは「ステップバイステップで（step-by-step）」の代わりとして指定できるプロンプトです。

- 箇条書きで手順を示してください。
- 手順を一つずつ示してください。
- 手順をリスト形式で示してください。
- 手順を段階的に示してください。
- 手順を箇条書きにして詳細に示してください。
- 一つひとつのステップを明確に示してください。

上記の文を入れることにより、手順を詳細に確認するだけでなく、正解してしまうこともありました。つまり、これらの文を入れることで、ChatGPT の思考を刺激することもできたと見られます。

試しに、モデル GPT-4 を使ったクッキーの計算問題で、「手順を箇条書きにして詳細に示してください。」というプロンプトを加えて実行してみると、次のように表示されます。

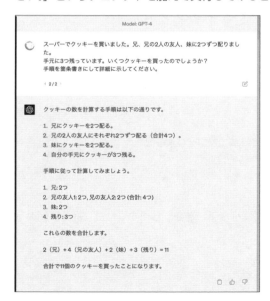

Fig.18 GPT-4 で「手順を箇条書きにして詳細に」を指示したところ

質問文に対する計算を箇条書きにして、分かりやすく解説してくれました。

QA の組み合せと連想について

　思考の連鎖（CoT）のプロンプトでは、「Q:」と「A:」という過程を繰り返すことで、問題の解き方を例示しました。興味深いことですが、ChatGPT は「Q:」を質問（Question）、「A:」を答え（Answer）ということ、つまりこれらの記号を理解しています。

　次のようなプロンプトを与えるとフォーマットに沿って答えを正しく表示します。

次のフォーマットで答えてください。

Q: 3に5を足すと？
A:

　ChatGPT は次のように「Q:」に対する「A:」の書式を理解して応答を返します。

Q: 3に5を足すと？
A: 8

● 「Q と A」を「質問と答え」に置き換えるには？

　なお、「Q と A」の組合せは、正しく認識しますが、日本語で「質問と答え」だとうまくいきません。もし、質問と答えに当てはめて出力したい場合には、次のようなプロンプトを指定する必要があります。

```
［入力］src/ch2/qa-ja.gpt.txt
次の質問に簡潔に一言で答えてください。

### 質問
真面目にコツコツ働き続けるとどうなりますか？

### 出力フォーマット
質問：（ここに質問）
答え：（ここに答え）
```

　すると、上記のプロンプトに対して、ChatGPT は次のような応答を返します。

```
［質問］真面目にコツコツ働き続けるとどうなりますか？
［答え］長期的には成功する可能性が高まります。
```

　このように、明示的に出力フォーマットを指定すると、正しく質問と答えのテンプレートに当てはめて出力するようになります。

物体から色を連想するゲーム

　本節の冒頭で、ChatGPT は連想ゲームが得意である事を紹介しました。ChatGPT は物体の色を知っているのか確認してみましょう。
　次のようなプロンプトを与えてみました。Q に物体の名前を、A に色を指定しました。果たして、ChatGPT は物体から色を連想することができるでしょうか。プロンプトを入力してみましょう。

```
［入力］src/ch2/color.gpt.txt
Q：ニンジン、イチゴ、トマト、太陽、ポスト
A：赤色
Q：海、空、プール、水族館、地球
A：
```

　すると、ChatGPT は次のように応答を返します。

```
青色
```

　海や空と言った物体から「青色」という色を正しく当てることができました。ChatGPT は物体が何色かを知っているのです。

◯ 色から物体を連想するゲーム

　それでは、今度は逆に色から物体を連想することが可能かどうかを調べて見ましょう。先ほどの質

問とは逆の質問をプロンプトに入力してみましょう。

```
Q: 赤色
A: ニンジン、イチゴ、トマト、太陽、ポスト
Q: 青色
A:
```

ChatGPT は次のような応答を返します。

```
海、空、青い鳥、ブルーベリー、ジーンズ
```

正解です。正しく青い物体を返すことができました。ここから、ChatGPT は大量の文章を学び、青色の物体が何であるかを正しく学習していることが読み取れました。

箇条書きのプロットから小説の生成

次に少し趣向を変えて、文章の生成に挑戦してみましょう。箇条書きのプロットを用意しておいて、そこから文章を自動生成させてみます。そもそも、ChatGPT は文章生成 AI なのです。要約が可能なのですから、その逆で、要約した箇条書きのプロットを元に文章を生成することもできるのです。

なお、ここでは、誰もが知っている昔話の「桃太郎」のプロットから小説を生成させてみましょう。

プロンプトを ChatGPT に入力しましょう。

```
[入力] src/ch2/momotaro.gpt.txt
以下の箇条書きを元に、小説を書いてください。

- これは昔話である。
- 桃太郎はおばあさんが川から拾った桃から生まれた。
- その当時、鬼ヶ島に住む鬼が悪さをして村人を困らせていた。
- 桃太郎は、犬と猿とキジを「きび団子」で餌付けして仲間にした。
- 桃太郎は鬼ヶ島に乗り込み、鬼を退治した。
- 桃太郎は鬼ヶ島の財宝を持ち帰り裕福に暮らしました。
```

ChatGPT は次のような応答を返しました。小説の生成タスクは実行するたびに、大きく変化します。ここでは、GPT-4 を利用して生成した例を紹介します。生成途中で応答が途切れてしまう場合には、チャットエリアに「続けてください」と入力することで続く物語を生成できます。

```
昔々、ある村におばあさんとおじいさんが住んでいました。ある日、おばあさんは川で洗濯をしていると、大きな桃が流れてきました。おばあさんは桃を拾って家に持ち帰り、おじいさんと一緒に食べようと思いました。
```

ところが、桃を切ろうとすると、中から元気な男の子が現れました。驚いた二人は、この子に「桃太郎」と名付け、大切に育てることにしました。

桃太郎が大きくなると、そのころ村には鬼ヶ島に住む鬼たちが度々現れ、村人を困らせていました。桃太郎は村人たちの苦しみを見て、鬼を退治することを決意しました。

そのために、桃太郎はまず仲間を集めることにしました。犬、猿、キジと出会い、きび団子を与えて彼らと友達になりました。準備が整った桃太郎は、仲間たちと一緒に勇気を持って鬼ヶ島へ向かいました。

鬼ヶ島に到着すると、桃太郎と仲間たちは鬼たちと激しく戦いました。そしてついに、桃太郎は鬼たちを退治することに成功しました。鬼たちは悪事を悔い改め、二度と村に迷惑をかけないことを誓いました。

鬼ヶ島にはたくさんの財宝がありました。桃太郎はそれを持ち帰り、村人たちと分かち合いました。村は裕福になり、桃太郎はおじいさん、おばあさんと幸せに暮らしました。これからも、桃太郎の勇敢さと仲間たちの力が語り継がれていくことでしょう。

どうでしょうか。かなり桃太郎の話を再現した小説を完成させることができました。簡単なプロットから、それなりに肉付けされた物語を生成することができました。

ChatGPT との会話を利用して、さらにアレンジを加えて、独自性を追加することもできます。例えば「桃太郎が主人公ではなく、猿を主人公にするとどうなるでしょうか？」とか、「退治される鬼の視点で小説を書いてください。」などです。

本書では引用しませんが、それなりに面白い物語が生成されました。次の URL にメモしたノートを参照してください。

```
kujirahand > AIが再創造した桃太郎とサイドストーリー
[URL] https://note.com/kujirahand/n/n741a20a55f66
```

報告書やマニュアルをプロットから生成すること

本書のような技術書や報告書の自動生成はどうでしょうか。正確な技術文書を生成することはできるのでしょうか。小説や物語の生成は、比較的「脱線」に寛容でオリジナリティが評価される面があります。しかし、技術文書や報告書において「脱線」は読み手をイライラさせる原因になりかねません。

ここでは、データを並べ替えるソートアルゴリズム「コムソート」についての説明文書を生成することに挑戦してみましょう。

はじめに、次のような箇条書きのプロットを作成しました。どのようなプロンプトを記述すると良いでしょうか。次のような基本的なプロンプトを作りました。

```
src/ch2/combsort-test.gpt.txt
次の箇条書きからレポートを生成してください。
```

- コムソートは有名なソートアルゴリズムの一つ。
- コムソートはバブルソートの改良版である。
- その動作の様子が櫛のようであるため「comb sort（櫛のソート）」と呼ばれる。
- コムソートの手順は次の通り
  - 手順（1）データを受け取り総数nを1.3で割って間隔hを決定する
  - 手順（2）ループ変数iを0とする
  - 手順（3）iの要素とi+hの要素を比較して、i+hの要素が小さければ要素を入れ替える
  - 手順（4）iに1を加算して、i+hがnより大きくなるまで手順（3）に戻る
  - 手順（5）hを1.3で割って、新たな間隔をhとして手順（2）に戻る
  - 手順（6）hが1以下になり、入れ替えが発生しなくなれば完成である

　このプロンプトを ChatGPT の GPT-4 に入力しましょう。すると、次のような応答を返します。

以下はコムソートに関するレポートです。

コムソートは、有名なソートアルゴリズムの一つであり、バブルソートの改良版として知られています。その動作の様子が櫛のようであるため、「comb sort（櫛のソート）」と呼ばれます。コムソートの手順は次のようになっています。

まず、手順（1）によってデータを受け取り、総数nを1.3で割って間隔hを決定します。次に、手順（2）に進み、ループ変数iを0とします。手順（3）では、iの要素とi+hの要素を比較して、i+hの要素が小さければ要素を入れ替えます。手順（4）では、iに1を加算して、i+hがnより大きくなるまで手順（3）に戻ります。手順（5）では、hを1.3で割って、新たな間隔をhとして手順（2）に戻ります。手順（6）では、hが1以下になり、入れ替えが発生しなくなれば完成です。

コムソートの特徴は、比較回数がバブルソートよりも少なく、最良の場合には$O(n \log n)$の比較回数を実現できることです。また、安定ソートであるため、同じ値を持つ要素の順序が変わることがありません。ただし、最悪の場合には$O(n^2)$の比較回数が必要になるため、実際には他のソートアルゴリズムが用いられることが多いとされています。

　それなりのレポートが出力されているのを確認できるでしょう。
　コムソートは有名なアルゴリズムであるため、ChatGPT により O 記法の計算量である「O(n log n)」や「O（n^2）」の記述が追加され、実際には他のアルゴリズムが使われる点などが補足されました。
　箇条書きから、これだけのレポートが生成されたのは、悪くないレベルだと感じました。同時に、ChatGPT でレポートを生成するには、次の点に注意が必要なことが分かります。

　（1）もっともらしいレポートが作られるが間違いが紛れ込む可能性がある
　（2）特に元の箇条書きのプロットにない、オリジナルの部分に注目して確認する
　（3）文法や語彙についても不自然な言い回しが突然登場するため何度か読み直す必要がある

　特に、（3）で文法や語彙についての不自然な言い回しがあると、途端に「AI が作ったように感じるレポート」となってしまうので、やはり、しっかりしたチェックが必要です。

⚫ よりレポートらしくプロンプトを改良してみよう

　上記で出力したレポートも用途によっては十分なものです。しかし、せっかく ChatGPT を使うのなら、そのまま提出しても恥ずかしくないようなものを作りたいと思うものです。

　ここで「思考の連鎖（CoT）」のデバッグ用プロンプトとして紹介した「ステップバイステップ」を挿入してみます。

---

src/ch2/combsort.gpt.txt

次の箇条書きにしたプロットから高品質なレポートを生成してください。
なお、詳細な手順を箇条書きで説明してください。

- コムソートは有名なソートアルゴリズムの一つ。
- コムソートはバブルソートの改良版である。
- その動作の様子が櫛のようであるため「comb sort（櫛のソート）」と呼ばれる。
- コムソートの手順は次の通り
  - 手順（1）データを受け取り総数nを1.3で割って間隔hを決定する
  - 手順（2）ループ変数iを0とする
  - 手順（3）iの要素とi+hの要素を比較して、i+hの要素が小さければ要素を入れ替える
  - 手順（4）iに1を加算して、i+hがnより大きくなるまで手順（3）に戻る
  - 手順（5）hを1.3で割って、新たな間隔をhとして手順（2）に戻る
  - 手順（6）hが1以下になり、入れ替えが発生しなくなれば完成である

　このプロンプトを ChatGPT の GPT-4 に入力しました。すると、先ほどよりも精度の良い応答を得ることができました。

タイトル：コムソートによるデータ並べ替えの手法

はじめに：
本レポートでは、コムソートという有名なソートアルゴリズムについて解説します。コムソートはバブルソートの改良版であり、その動作の様子が櫛のようであることから「comb sort（櫛のソート）」と呼ばれています。以下に、コムソートの手順を詳細に説明します。

手順1：間隔hの決定
データを受け取り、その総数nを1.3で割って間隔hを決定します。

手順2：ループ変数iの初期化
ループ変数iを0として初期化します。

手順3：要素の比較と入れ替え
i番目の要素とi+h番目の要素を比較します。i+h番目の要素が小さければ、両要素を入れ替えます。

手順4：ループ変数iの更新
iに1を加算し、i+hがnより大きくなるまで手順3に戻ります。

手順5: 間隔hの更新
hを1.3で割って、新たな間隔をhとして設定し、手順2に戻ります。

手順6: 完成条件の確認
hが1以下になり、入れ替えが発生しなくなった場合、ソートが完成しています。

まとめ:
コムソートは、バブルソートの改良版であることから、より効率的なデータ並べ替えを実現しています。櫛のような動作を行うことからその名が付けられており、間隔hを変更しながら要素の比較と入れ替えを行うことで、データをソートしていく手法です。

どうでしょうか。当初の素っ気ない箇条書きのプロットを元にしつつも、アルゴリズムの意味の推測を加えた詳細なレポートを出力することができました。「タイトル」に加えて、「はじめに」と「まとめ」の項目が自動的に付け加えられて、よりレポートらしくなっています。

ただし、このままだとあまり見やすくありません。レポートをマークダウン（Markdown）形式で出力するようプロンプトで指示してみましょう。

生成した会話の続きに、以下のプロンプトを追記しましょう。

Markdownでレポートを出力してください。

すると、次の画面のようなレポートが表示されました。小見出しが強調され、だいぶレポートっぽい雰囲気になりました。

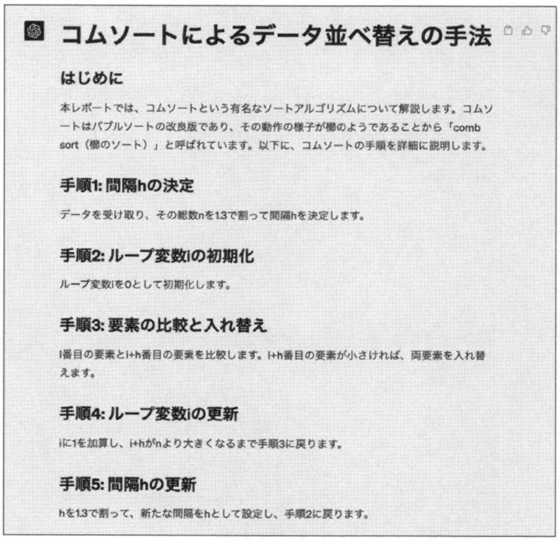

コムソートによるデータ並べ替えの手法

はじめに

本レポートでは、コムソートという有名なソートアルゴリズムについて解説します。コムソートはバブルソートの改良版であり、その動作の様子が櫛のようであることから「comb sort（櫛のソート）」と呼ばれています。以下に、コムソートの手順を詳細に説明します。

手順1: 間隔hの決定

データを受け取り、その総数nを1.3で割って間隔hを決定します。

手順2: ループ変数iの初期化

ループ変数iを0として初期化します。

手順3: 要素の比較と入れ替え

i番目の要素とi+h番目の要素を比較します。i+h番目の要素が小さければ、両要素を入れ替えます。

手順4: ループ変数iの更新

iに1を加算し、i+hがnより大きくなるまで手順3に戻ります。

手順5: 間隔hの更新

hを1.3で割って、新たな間隔をhとして設定し、手順2に戻ります。

Fig.19 マークダウンでレポートを出力したところ

Memo

マークダウンとは？
「マークダウン（Markdown）」とは、文書を書くための軽量でシンプルなマークアップ言語です。プレーンテキストにシンプルな記号を加えるだけで、見出し、リスト、強調、リンク、画像、引用などの要素を含む美しい文書を作成できます。
フォーマットがシンプルなので、多くのツールが用意されており、マークダウンで書かれた文書を、Webページ、PDF、ドキュメント、プレゼンテーションなど、さまざまなフォーマットで出力することができます。

→ 思考の連鎖 (CoT) や Few-Shot プロンプトについて解説しました。

→ 箇条書きのプロットから小説やレポートを生成できることも確認しました。

→ CoT を活用するなら、より複雑な問題を解くことができます。

→ プロンプトをちょっと工夫するだけで、ChatGPT からより良い応答が得られるようになります。本節のテクニックは、ぜひともマスターしておきたいものです。

4 文章の分析と数値化

文章は人間が読み書きするものです。人間には感情があり、文章にも感情が表れます。ここでは、ChatGPT を使った文章の解析方法や分類方法について考察しましょう。特に文章を数値化することのメリットについても考えます。

本節の ポイント
- 感情分析
- 文章から喜怒哀楽の数値化
- ロールプレイングの評価
- 文脈に沿ったデータの抽出
- 文章からハイカラなものを抽出

文章に表れる感情分析をしてみよう

前節では、色から物体を連想したり、物体から色を連想するプロンプトを紹介しました。その例から分かるように、ChatGPT は大量の文章を学習しており、その言葉が持つ雰囲気や感情を理解しています。それでは、この大規模言語モデルの性質を利用して、感情分析を試してみましょう。

ここでは次のように商品の評価に対する感情分析を ChatGPT に依頼します。次のように指定することで、正しい分析結果を返すことができるでしょうか。

プロンプトを入力します。

```
［入力］src/ch2/motion.gpt.txt
［評価］この商品は実に素晴らしい、買って良かった。
［分析］好印象
［評価］あまりぱっとしない、いまいち
［分析］悪印象
［評価］使い勝手もよく、毎日使っている
［分析］好印象
［評価］軽快に動くので気持ちが良い
［分析］
```

すると、ChatGPT は次のような応答を返します。上記のプロンプトの末尾にある［評価］に対する［分析］の結果を出力します。

```
好印象
```

ここでは「軽快に動くので気持ちが良い」という評価に対する分析結果として「好印象」という結果を正しく返すことができました。正しく感情情報を読み取って答えることができました。

　これを利用すれば、商品に対して寄せられたコメントをもとにして、そこから商品に対する評価を行うことができるでしょう。感情分析を利用したプロンプトについては、次節でも詳しく解説します。

喜怒哀楽を数値化してみよう

　ChatGPT を使うと容易に感情分析ができることを紹介しました。ChatGPT は単に文章における感情を判定するだけでなく、数値化する能力も持ち合わせています。文章における「喜怒哀楽」も数値化することができます。

　例えば、次のような文章を与え、その文章における喜怒哀楽を数値で出力してみましょう。

　プロンプトを入力してみましょう。

```
〔入力〕src/ch2/kidoairaku.gpt.txt
次の文章から読み取れる喜怒哀楽を数値で表現してください。

散歩に外出したら急に雨が降ってきた。
傘を忘れたのでビタビタになった。さらに酷いことに滑って転んでしまった。
泣きたくなったが我慢した。
```

　ChatGPT は次のような応答を返します。

```
喜: 0
怒: 2
哀: 3
楽: 0

（傘を忘れて雨に濡れてしまったことに対する不満や、滑って転んでしまったことに対する悲しみから、哀が3点。また、その状況に怒りを感じたことから怒が2点。一方で、何も喜ぶことや楽しむことはなかったため、喜と楽は0点としました。）
```

　正確な状況分析を含めた上で、正しく喜怒哀楽を数値化してくれました。

　このように正確な感情分析ができるのは、大きなアドバンテージとなります。自由文を入力できるインタラクティブなゲームなどにも応用できる可能性があります。

ChatGPT の評価機構を利用したゲームの可能性について

　ChatGPT の感情分析や状況判断の能力を活用することで、さまざまなゲームを作ることができる

でしょう。プレイヤーが自由文を入力することで物語を進めることができます。

　次のようなアイデアが考えられます。こうしたゲームは、後ほど紹介する ChatGPT の API を組み合わせることで実現できます。

- 恋愛ゲーム　ChatGPT が生成した架空の恋人候補と疑似恋愛を楽しむゲームです。さまざまな状況が提示され、プレイヤーがどのような行動をとるかを ChatGPT が採点します。それに応じて恋人候補のプレイヤーに対する好感度が変化し、それに応じて異なるストーリーが展開されます
- 推理ゲーム　プレイヤーが探偵となり犯人を捕まえるゲームです。与えられた状況証拠に基づいて、プレイヤーは捜査方法や行動を ChatGPT に指示します。ChatGPT はプレイヤーの行動を採点し、その点数に応じてゲームが展開していきます
- 冒険ゲーム　プレイヤーが ChatGPT が生成した世界を冒険するゲームです。謎を解いたり、財宝を見つけたり、悪いモンスターを倒したりします。ChatGPT がプレイヤーにさまざまな課題を与え、プレイヤーはその課題をクリアするために、さまざまな冒険を行います

　どんなゲームを作るにしても、どこからどこまでを ChatGPT に任せるかを決める必要があります。文章の数値化には大きな可能性があることが分かるでしょう。

⬤ ゲームにおける好感度判定を試してみよう

　それでは、ある学園で繰り広げられる人間模様を描くゲームの一場面を想定してみましょう。ここでは、学園の入学式の当日、プレイヤーが何を心がけて行動したかを、自由に入力してもらうとします。

　そして、その行動を ChatGPT が数値化するとします。ここでは、次のパラメーターについて評価してもらうことにしましょう。

- コミュニケーション能力
- 誠実さ
- 感情移入
- 礼儀正しさ
- ユーモア

　ユーザーの入力を基にして、次のようなプロンプトを作成したとします。ChatGPT は正しく好感度を数値化できるでしょうか。

```
src/ch2/game-adventure.gpt.txt
次のテキストにおける状況を数値化したいと思います。
次のパラメーターを数値化してください。なお、範囲は1-10とします。
・コミュニケーション能力
```

```
・誠実さ
・感情移入
・礼儀正しさ
・ユーモア

### テキスト ###
高校の入学式の日です。僕は彼女を一目見て好きになりました。
しかし、早くみんなと仲良くなれるように、彼女だけでなく、みんなに声をかけました。
いきなり彼女と距離を詰めるのではなく、毎日少しずつ親しくなろうという作戦です。
なお、彼女の印象を良くするために、笑顔を忘れないように心がけて話しました。
```

　上記のプロンプトを入力したところ、ChatGPT は次のような応答を返しました。

```
・コミュニケーション能力：8
・誠実さ：7
・感情移入：6
・礼儀正しさ：9
・ユーモア：5
```

入学式の日に、彼女に一目惚れした主人公は、自分の気持ちだけでなく、周りとのコミュニケーションにも
積極的に取り組んでいます。彼女に好印象を与えるために、笑顔を忘れずに話すなど、誠実さや礼儀正しさ
も備えています。ただ、感情移入やユーモアの面では、あまり高いスコアではありません。

　正しくテキストの内容を反映したパラメーターが与えられました。加えて、どうしてそのパラメーターが付けられたのか考察も述べられています。実際のゲームであれば、このパラメーターの値を利用して、次にどんなイベントを起こすのかを決定できるでしょう。
　このテキストの数値化機能は、ゲーム以外でも、いろいろな用途に利用できそうです。

テキストを活用したロールプレイング研修

　「ロールプレイング」とは社員研修などで行われる模擬研修の一つです。営業や接客のスキルを向上させるために実施されます。「役割演技法」とも呼ばれています。現実に近い模擬場面を設定して、疑似体験を通して実践力を強化することを目的としています。接客マニュアルを読んだだけでは得られない貴重な学びを得ることができます。
　テキストを介することになりますが、ChatGPT を利用すると、ロールプレイング研修を行うことができます。接客や営業だけでなく、就職活動での面接の練習に活用できます。
　ここでは、役割が明確になるように、ChatGPT に就職活動の面接官役を演じてもらうことにします。次のようなプロンプトを指定できるでしょう。今回は ChatGPT のモデル GPT-3.5 では正しく動かず、GPT-4 を指定しました。

```
src/ch2/rollplaing-interview.gpt.txt
```
私はプログラマーを募集している会社に対して、就職活動をしています。
あなたは人事担当で面接官です。
あなたは、私に一つずつ質問をしてください。それに私が答えます。
ただし、私が答える毎に、好感度を数値化して表示してください。

　すると、ChatGPT が次のように質問を出題してきました。

［応答］
1．質問：プログラミング言語や技術スタックに関するご経験をお聞かせください。
好感度：0

　適当に技術バックグランドを入力すると、好感度の数値が上がり次の質問が出題されました。

それは素晴らしい経験ですね。次の質問に進みましょう。

2．質問：これまでに関わったプロジェクトの中で最も誇りに思うものは何ですか？
好感度：10

　引き続き、適当に入力していくと別の質問が
投げかけられました。次の画面のような面接が
行われました。

　どんどん好感度の数値が上がっていきました
し、面接官が「素晴らしい」と答えることがあ
るでしょうか。ちょっと判定が甘い気もします。
それでも気分よく面接を続けられました。現実
の面接でも「素晴らしい」と言ってもらいたい
ものです。つまり、このままでは、あまり面接
の練習になりません。プロンプトを改良しましょ
う。

Fig.20　ChatGPT と面接の練習をしているところ

⬤ 面接練習プロンプトを改良しよう

　こうした反省点を踏まえ、プロンプトを改良します。まず、日本企業の面接で、これほど大げさに褒めてくれる人は多くないと思います。そこで、「厳しい評価をする面接官」と入れてみました。

　また、多くの面接では、好感度でなく「コミュニケーション能力」や「向上心」「誠実さ」を見られることでしょう。そこで、数値化するパラメーターにそれらを追加しました。また、回答に対する改善点も指摘するように指定しました。

　改良した面接の練習を行う ChatGPT のプロンプトが以下のようになります。

---

src/ch2/rollplaing-interview-kai.gpt.txt

私はプログラマーを募集している会社に対して、就職活動をしています。
あなたは人事担当で厳しい評価をする面接官です。
あなたは、私に一つずつ質問をしてください。それに私が答えます。
なお、私が答える毎に、答えた後で改善点を箇条書きで出力してください。
加えて、私の答えを以下のパラメーターで数値化してください。（1から10の範囲）
- コミュニケーション能力
- 向上心
- 誠実さ
- 技術力

　上記のプロンプトを入力してみましょう。すると、次の画面のように面接が行われるようになりました。

　この改良によって、面接官からの「素晴らしい」などの過大な評価はなくなりました。また、ユーザーの回答に関して、不足しているポイントを的確に指摘してくれるようになりました。

　毎回、面接官が出題する質問も変わりますし、改善点やパラメーターの変化が励みになります。それで、繰り返し練習すれば、かなり良い回答ができるようになりそうです。

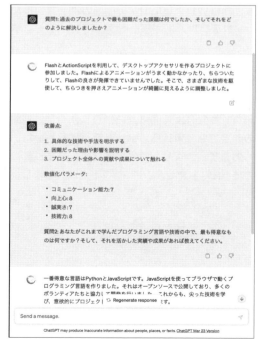

Fig.21 ChatGPT と面接の練習をしているところ

社員の日報や生徒の日記に潜む闇リスクの洗い出し

　会社の管理職や学校の先生が、全てのメンバーの日報や日記に目を通し、分析するのは非常に手間がかかる作業です。しかし、ChatGPT に日報や日記を与えて数値化するなら、日報から社員や生徒の精神状態を俯瞰することが可能です。

　頻繁にネガティブな文章を書くメンバーがいれば、気に留めて面談をするなど、仕事や学校生活に対する不満が爆発する前に、対処することができるでしょう。もちろん、プライベートな内容を AI に分析させるのは倫理的な観点から当人の同意が必要となるかもしれません。それでも、ただ日報を書かせているだけで、その資産を管理職がまったく活用していないのであれば、状況を改善できるかもしれません。

⬤ 日報の数値分析プロンプト

　ここでは、業務日報を評価するプロンプトを作ってみましょう。

---

src/ch2/eval-daily-report.gpt.txt

次のテキストは業務日報です。これを指定されたパラメーターで数値化してください。

\### 数値化するパラメーター ###
- 勤勉さ（1から5で評価）
- 熱意（1から5で評価）
- 焦り（1から5で評価）
- 悲哀（1から5で評価）

\### テキスト ###
M月D日の業務報告致します。
業務内容について
- A社を訪問し、担当のAKさんとプロジェクトについて打ち合わせ
- B社を訪問し、開発メンバーとプロジェクトの進捗確認
- 自宅にて、来期の計画書を作成
プロジェクトの進捗について
- A社のプロジェクトは順調に進みそう
- B社のプロジェクトは遅延気味、メンバーから問題点のヒアリング
- B社の遅れと問題点について改めて報告書を書いて提出します。
所感
- A社とB社のプロジェクトが同時進行しているので頭を切り替えて頑張りたいです。

　プロンプトを ChatGPT のモデル GPT-4 に入力すると、次のような応答が返されます。

以下のように数値化いたします。

- 勤勉さ: 4
　（A社とB社の訪問と、自宅で来期の計画書を作成していることから評価）

- 熱意：4
  （プロジェクトの進捗確認や問題点のヒアリングを行っていることから評価）
- 焦り：3
  （B社のプロジェクトが遅延気味であり、報告書を提出することから評価）
- 悲哀：2
  （所感において、両方のプロジェクトを同時進行させることが困難であることを示唆していますが、悲哀の表現はそれほど強くありません）

　無事に数値化できました。また、数値化の根拠も表示されています。なお、モデル GPT-3.5 でも正しくパラメーターを数値化したものが表示されました。

◯ 日報の数値化を JSON 形式で出力する

　上記の状態では、普通に日報を読むのとそれほど変わりありません。そこで、数値化した結果をJSON 形式や CSV 形式で出力するようにしましょう。そうすれば、結果の集計がしやすくなります。
　プロンプトを作成してみましょう。「### テキスト ###」以下の部分を実際の日報に書き換えて使います。

```
src/ch2/eval-daily-repot-to-json.gpt.txt
次のテキストは業務日報です。これを指定されたパラメーターで数値化してください。
結果は指定のJSON形式で出力してください。

### 数値化するパラメーター ###
- 勤勉さ（1から5で評価）
- 熱意（1から5で評価）
- 焦り（1から5で評価）
- 悲哀（1から5で評価）

### 出力形式 ###
{
    "勤勉さ": 1,
    "熱意": 1,
    "焦り": 1,
    "悲哀": 1,
    "テキスト": "ここに本文をJSON形式で指定"
}

### テキスト ###
M月D日の業務報告致します。
業務内容について
- A社を訪問し、担当のAKさんとプロジェクトについて打ち合わせ
- B社を訪問し、開発メンバーとプロジェクトの進捗確認
- 自宅にて、来期の計画書を作成
プロジェクトの進捗について
- A社のプロジェクトは順調に進みそう
```

- B社のプロジェクトは遅延気味、メンバーから問題点のヒアリング
- B社の遅れと問題点について改めて報告書を書いて提出します。
所感
- A社とB社のプロジェクトが同時進行しているので頭を切り替えて頑張りたいいです。

プロンプトで ChatGPT を実行すれば、次のように正しく JSON 形式を出力します。

```
{
  "勤勉さ": 4,
  "熱意": 3,
  "焦り": 2,
  "悲哀": 1,
  "テキスト": "M月D日の業務報告致します。\n業務内容について\n- A社を訪問し、担当のAKさんとプロジェクトについて打ち合わせ\n- B社を訪問し、開発メンバーとプロジェクトの進捗確認\n- 自宅にて、来期の計画書を作成\nプロジェクトの進捗について\n- A社のプロジェクトは順調に進みそう\n- B社のプロジェクトは遅延気味、メンバーから問題点のヒアリング\n- B社の遅れと問題点について改めて報告書を書いて提出します。\n所感\n- A社とB社のプロジェクトが同時進行しているので頭を切り替えて頑張りたいいです。"
}
```

文章からキーワードを抽出してみよう

　文章の中にある任意のキーワードが手軽に抽出できたら便利です。これまでは、文章から任意のデータを抽出しようと思ったら、パターンを指定して文字列を表現する「正規表現」を使うのが一般的でした。しかし、ChatGPT を使えば、任意のデータをもっと簡単に抽出できます。しかも、ChatGPTは文章の意味を掴んだ上で抽出できるので、正規表現の何倍も便利です。

⚫ 小説から主人公が行った場所を抽出する

　例えば、夏目漱石の小説「こころ」の冒頭から、主人公が行った場所を知りたいとします。そのような場合、ChatGPT に次のようなプロンプトを記述します。このプロンプトは、文章から場所情報を抽出して列挙するものです。

src/ch2/extract-place-text.gpt.txt
下記の文章で「私」が行った場所を箇条書きで列挙してください。

宿は鎌倉でも辺鄙な方角にあった。玉突だのアイスクリームだのというハイカラなものには長い暇を一つ越さなければ手が届かなかった。車で行っても二十銭は取られた。けれども個人の別荘はそこここにいくつでも建てられていた。それに海へはごく近いので海水浴をやるには至極便利な地位を占めていた。私は毎日海へはいりに出掛けた。古い燻ぶり返った藁葺の間を通り抜けて磯へ下りると、この辺にこれほどの都会人種が住んでいるかと思うほど、避暑に来た男や女で砂の上が動いていた。ある時は海の中が銭湯のように黒い頭でごちゃごちゃしている事もあった。

ChatGPTに入力すると、次のような応答が得られます。

「私」が行った場所は以下の通りです。

- 鎌倉の辺鄙な方角の宿
- 海

正しく主人公が行った場所を抽出して箇条書きにして出力できました。希に誤検出する場合もありますが、その場合も、結果を再生成すると正しい結果を出力できました。

文章の文脈が考慮されているのが分かるのが、「玉突」や「アイスクリーム」がないことです。また、場所の名前として「銭湯」が登場しますが、これも除外されています。

⬤ 文章からハイカラなものを抽出する

次に、抽象的な表現で文章からキーワードを抽出してみましょう。同じく夏目漱石の小説「こころ」を利用してみます。

以下のプロンプトは、文章から「ハイカラ」だと思うものを列挙するというものです。

src/ch2/extract-haikara-text.gpt.txt
下記の文章にあるハイカラなものを抽出して列挙してください。

宿は鎌倉でも辺鄙な方角にあった。玉突だのアイスクリームだのというハイカラなものには長い畷を一つ越さなければ手が届かなかった。車で行っても二十銭は取られた。けれども個人の別荘はそこここにいくつでも建てられていた。それに海へはごく近いので海水浴をやるには至極便利な地位を占めていた。私は毎日海へはいりに出掛けた。古い燻ぶり返った藁葺の間を通り抜けて磯へ下りると、この辺にこれほどの都会人種が住んでいるかと思うほど、避暑に来た男や女で砂の上が動いていた。ある時は海の中が銭湯のように黒い頭でごちゃごちゃしている事もあった。

このプロンプトを入力すると、次のような応答が得られます。

[応答]
- 玉突き
- アイスクリーム
- 車
- 個人の別荘
- 海水浴
- 都会人種

文章中にあるChatGPTが考えるハイカラなものが列挙されます。このような抽象的なタスクもこなせるのがChatGPTの凄いところであり、面白いところでもあります。

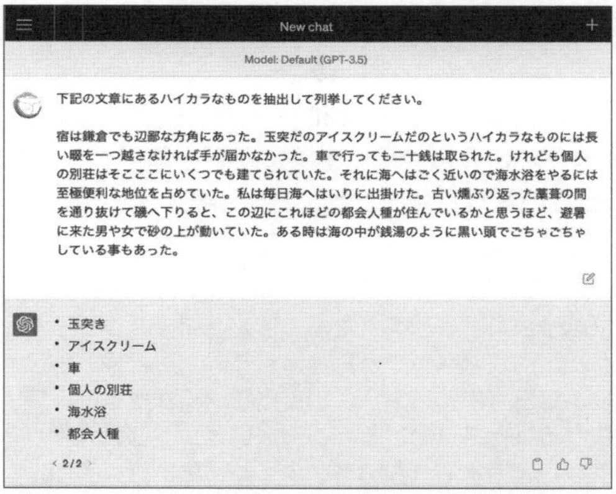

Fig.22 ChatGPTが考えるハイカラなものを列挙したところ

先ほどのプロンプトの冒頭にある指示を、次のように書き換えることで、ハイカラの度合いを数値化することが可能です。

> 下記の文章にあるハイカラなものを抽出して列挙してください。
> なお、ハイカラの度合いを数値化（1から5で評価）して、JSON形式で出力してください。

こうすると、ChatGPT は次のような JSON データを出力します。

```
{
  "玉突": 3,
  "アイスクリーム": 3,
  "車": 2,
  "別荘": 3,
  "海水浴": 3,
  "都会人種": 4,
  "避暑": 2,
  "銭湯": 3
}
```

再生成するごとに異なるものを列挙するのですが、おおむね同じような結果でした。

● 文章から漢字とヨミガナを抽出する

文章に出てくる漢字とヨミガナを列挙することもできます。漢字の勉強をしたい場合に便利な機能ではないでしょうか。

プロンプトを記述します。

> 下記の文章に出てくる漢字とヨミガナを列挙してください。

　先ほどの夏目漱石「こころ」で試してみると次のような応答を得ることができます。ただし、これは完全ではなく、カタカナやひらがなも混ざってしまっていたりします。

[応答]
宿（やど）、鎌倉（かまくら）、辺鄙（へんぴ）、方角（ほうがく）、玉突（たまつき）、アイスクリーム、ハイカラ、畷（なわて）、車（くるま）、個人（こじん）、別荘（べっそう）、海（うみ）、至極（しごく）、便利（べんり）、地位（ちい）、占める（しめる）、毎日（まいにち）、出掛ける（でかける）、燻ぶる（くすぶる）、藁葺（わらぶき）、間（ま）、通り抜ける（とおりぬける）、磯（いそ）、都会人種（とかいじんしゅ）、男（おとこ）、女（おんな）、砂（すな）、海水浴（かいすいよく）、黒い（くろい）、頭（あたま）、ごちゃごちゃ。

　上記は、モデル GPT-3.5 で試したものですが、モデル GPT-4 で試しても似たような応答になっていました。

Column　**ChatGPT は夏目漱石を知っている**

　せっかく夏目漱石の小説「こころ」の抜粋をテストデータに利用してみましたので、遊び心で筆者が誰かを尋ねてみました。
　文章の筆者を尋ねる次のようなプロンプトを記述してみました。

　下記の文章は、誰が書いたのか推測してください。

　（夏目漱石「こころ」の抜粋）

　すると、ChatGPT は次のような応答を返しました。

　この文章は、夏目漱石が書いたと思われます。鎌倉に宿泊し、海水浴を楽しむ様子を描写していることから、漱石の小説「こころ」や「門」に登場する鎌倉の風景と類似しています。また、文章中に見られる古めかしい表現や、当時の社会の様子を描写する言葉遣いも、漱石の作品の特徴として知られています。

　正確に夏目漱石が書いたことを当てることができました。そして、解説にあるように「こころ」や「門」は鎌倉を舞台にした小説です。驚くことに ChatGPT はこの明治の文豪について正しく学習しているようです。

→ ChatGPT による文章の分析テクニックを紹介しました。

→ 文章の感情を読み取ることや、分析して、接客や面接に関する的確なアドバイスを
行うこともできます。

→ さらに文章をパラメーターで数値化できることも紹介しました。

1

2

3

4

5

AP

5 再帰生成とプロンプト内プログラム

自然言語で指示できるのが、大規模言語モデルの良いところです。しかし、高度なプロンプトを論理的に組み立てる工程は「プログラミング」そのもののようです。ここでは、プロンプト内プログラムの手法を解説します。

本節のポイント

- プロンプトはプログラミング言語の一種
- プロンプトによる ChatGPT の再帰実行
- プロンプト内プログラム
- プロンプトによる動的計画法

繰り返し文章生成するプロンプト

ChatGPT はプログラミングの生成も得意ですが、自身が自然言語というプログラムに沿って命令を遂行することができます。繰り返しを指示するプロンプトを ChatGPT に入力してみましょう。

以下のプロンプトは、5 回指定の処理（名言を考えて評価すること）を繰り返すよう指示するものです。

---

src/ch2/repat5times.gpt.txt

```
5回以下を繰り返してください：
    - プログラマーが言いそうな名言を考えてください。
    - その有益さについて5段階で評価してください。
```

上記のプロンプトを ChatGPT に入力すると次のような結果が得られます。（なお、指示が曖昧であるため出力フォーマットは毎回大きく変わります。）

```
［応答］
1回目：
"コードは、言葉以上の意味を持つ。"
有益さ：★★★★☆

2回目：
"リファクタリングは、コードの美しさを高める鍵だ。"
有益さ：★★★★★
```

3回目：
"プログラムは人間が読むために書かれ、たまたまコンピューターが実行するためにある。"
有益さ：★★★★★

4回目：
"ソフトウェアは常に進化し続けるものだ。"
有益さ：★★★★☆

5回目：
"最善のコードは、書かないコードである。"
有益さ：★★★★☆

　ここでポイントとなるのは「5 回繰り返してください：」の部分です。その指示の通り、5 回、プログラマーが言いそうな名言と評価を表示します。
　このプロンプトのポイントは、Python の for 文に似せた構造で繰り返したい処理を記述しているという点です。ChatGPT はそれをしっかりと理解できています。

● while 文のように条件を指定した繰り返しは可能か？

　上記の例では Python の for 文のような指定で繰り返しを行いました。それでは、while 文のように条件を指定した繰り返しは可能でしょうか。簡単なプロンプトを作って検証してみましょう。
　以下に挙げるのは、そば屋の名前を考えてもらうというプロンプトですが、高評価のアイデアが出るまで、ひたすら繰り返し出力を行うというプロンプトです。

src/ch2/while.gpt.txt
- 「そば屋」の名前を考えてください。
- その名前のユニーク度を1から5で評価してください。

評価5が出るまで上記を繰り返してください。

　ChatGPT で実行すると次のような応答が得られます。実行する度に異なる結果が出力されます。

1. 「蕎麦処 月の光」（評価：3）
2. 「そば庵 美味道」（評価：4）
3. 「蕎麦匠 心音」（評価：4）
4. 「そば処 風雅」（評価：3）
5. 「蕎麦茶屋 響」（評価：5）

　評価 5 が出るまで、ひたすら処理を繰り返し実行します。結果を見ると、どこか聞いたことのありそうなそば屋の名前なのですが、こちらの指示を守って繰り返し処理を実行していることが分かります。
　このように、ChatGPT では、プログラミング言語の while 文のように、一定の条件が満たされる

まで繰り返し続ける処理も記述することができます。

英訳した文章を繰り返しブラッシュアップさせよう

ChatGPTには翻訳機能が備わっています。そこで、翻訳機能を利用しつつ、繰り返し英文をブラッシュアップさせることができます。

以下のプロンプトは、テキストを英語に翻訳した後で、それが自然になるように修正し、さらに要約し、さらに自然になるように要約する…と3回繰り返すものです。

---

src/ch2/translate.gpt.txt

```
手順1： 下記のテキストを英語に翻訳してください。
手順2： その文章を要約してください。
手順3： より自然な表現になるよう修正してください。
手順4： 手順2と手順3を3回繰り返してください。

### テキスト ###
メロンパンとは、日本発祥の菓子パンの一種。円形のパン生地の上に甘いビスケット生地（クッキー生地）
をのせて焼いたものが主流である、漫画・映画・アニメなどの影響で、ヨーロッパにおいても円形のメロン
パンが食べられている。
```

入力すると、どうなるでしょうか。ChatGPTは各手順を忠実に実行していきます。そして、最終的に以下のような文章が生成されました。途中で途切れてしまった場合は、続くチャットで「続けてください」と指定すると、続きが表示されます。

最初の日本語から英語での翻訳では次のような英文が生成されました。

```
Melonpan is a type of sweet bread that originated in Japan. The main style is to
place sweet biscuit dough (cookie dough) on top of a round bread dough and bake it.
Due to influences from manga, movies, anime, etc., circular melonpan is also eaten
in Europe.
```

文章の要約が行われ、自然になるように修正された後、3回、要約と自然になるような修正が施されます。この結果、最終的に、次のような英文が生成されました。

```
Melonpan is a Japanese sweet pastry that is made by placing sweet biscuit dough
on top of circular bread dough and baking it until golden brown. Its popularity
has reached Europe, where it is enjoyed due to its frequent appearances in manga,
movies, and anime.
```

うまく動いているようです。二つの文を比べると分かりますが、英文に異なる表現が使われています。

以下の画面は、実際に ChatGPT で実行したところです。要約と変形が繰り返し実行され、その経過も表示されます。それらの途中経過を確認するなら、気に入った言い回しを見つけることができるでしょう。

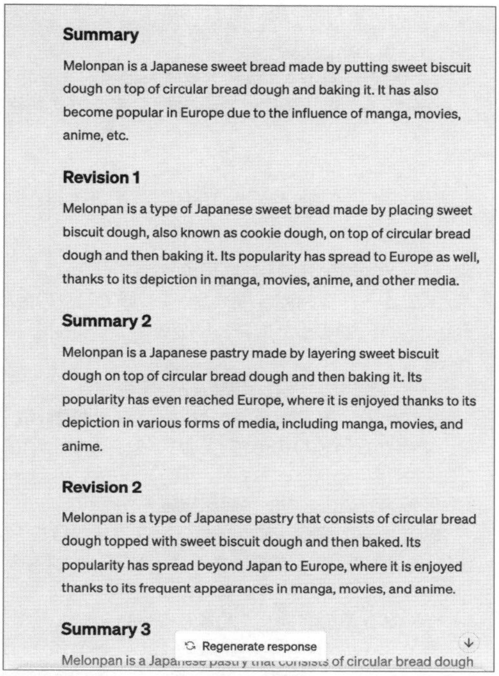

Summary

Melonpan is a Japanese sweet bread made by putting sweet biscuit dough on top of circular bread dough and baking it. It has also become popular in Europe due to the influence of manga, movies, anime, etc.

Revision 1

Melonpan is a type of Japanese sweet bread made by placing sweet biscuit dough, also known as cookie dough, on top of circular bread dough and then baking it. Its popularity has spread to Europe as well, thanks to its depiction in manga, movies, anime, and other media.

Summary 2

Melonpan is a Japanese pastry made by layering sweet biscuit dough on top of circular bread dough and then baking it. Its popularity has even reached Europe, where it is enjoyed thanks to its depiction in various forms of media, including manga, movies, and anime.

Revision 2

Melonpan is a type of Japanese pastry that consists of circular bread dough topped with sweet biscuit dough and then baked. Its popularity has spread beyond Japan to Europe, where it is enjoyed thanks to its frequent appearances in manga, movies, and anime.

Summary 3

Melonpan is a Japanese pastry that consists of circular bread dough

↻ Regenerate response

Fig.23 英訳した後、要約と変形を繰り返すことができる

Column　**翻訳できるのは「英語」だけではない**

また、プロンプトにある「英語」を「中国語」に変更すれば、中国語でも同じ処理を実行することができます。

Melonpan，也被称为"菠萝面包"，是一种源自日本的甜点面包。它由一个圆形的麺糰和一层甜脆的餅乾麺糰组成，烘烤后会形成一种外酥内软的糕点。圆形的Melonpan在欧洲也很受欢迎，可能是受到漫画、电影和动画等文化的影响。

プロンプトはプログラミング言語の一種だ

ここまで見てきて、なんだか ChatGPT は自然言語によるプログラミングが可能なインタープリターのようだと感じたのではないでしょうか。

実はその通りです。

次のように Python のプログラム構文を指定することでも、自然言語で繰り返しを指定するのと同じ処理が実行できます。

以下のプロンプトは、ラーメン屋の名前とメニューを5個考えます。

```
src/ch2/for_range_5.gpt.txt
for n in range(5):
    - 人気が出そうな「ラーメン屋」の名前を考えてください。
    - そのラーメン屋のメニューを1つ考えてください。
```

　上記のプロンプトを ChatGPT に入力すると次のような応答を返します。

1. ラーメン屋の名前: "麺屋風鈴"
　　メニュー: 鶏白湯ラーメン － 濃厚でコクのある鶏白湯スープに、自家製麺とトロッとした味玉、ネギ、チャーシューがのった美味しいラーメン。

2. ラーメン屋の名前: "龍の舞う屋台"
　　メニュー: 辛味噌ラーメン － 香辛料がきいた辛味噌スープに、自家製麺と豚バラチャーシュー、メンマ、ネギがたっぷりのった、スパイシーな味わいのラーメン。

3. ラーメン屋の名前: "麺屋黒猫"
　　メニュー: 塩らーめん － シンプルながらも深い味わいの塩スープに、自家製縮れ麺と厚切りチャーシュー、メンマ、ネギがのった、オーソドックスな美味しいラーメン。

4. ラーメン屋の名前: "太陽のらーめん"
　　メニュー: 野菜たっぷり鶏そば － 野菜がたっぷり入った鶏ガラスープに、細麺の自家製そばと、豚バラチャーシュー、もやし、キャベツ、玉ねぎが入った、ヘルシーで栄養たっぷりなラーメン。

5. ラーメン屋の名前: "海老蔵"
　　メニュー: えび塩らーめん － 海老の旨味が利いた塩スープに、自家製麺と海老チャーシュー、もやし、ネギがのった、上品な味わいのラーメン。

　なんと！　Python の for 構文をプロンプトとして、そのまま実行できてしまいました。
　それでは、for 文ではなく while 文も使えるでしょうか。次のようなプロンプトを試してみましょう。

```
src/ch2/while-dog-name.gpt.txt
while 評価 < 80:
    - 可愛い犬の名前を考えてください。
    - その名前のユニーク度を1から100で評価してください。
```

　上記のプロンプトに対して、ChatGPT は以下のような応答を返します。ただし、for 文のときよりも正しく解釈できる成功率は低いようです。モデル GPT-4 を利用すると安定して動かすことができます。

可愛い犬の名前: モコ
ユニーク度: 65

可愛い犬の名前: チビマル

ユニーク度: 70

可愛い犬の名前: パンダちゃん
ユニーク度: 75

可愛い犬の名前: フワリン
ユニーク度: 81

評価が80を超えましたので、フワリンという名前をおすすめします。

　ここまでのプロンプトと実行結果を見ると、ChatGPT は自然言語もプログラミング言語も、それほど意識せず理解することができます。これは、素晴らしいことであり、プログラミング言語の機能を、プロンプトの中で活用できるということです。

1

2

3

4

5

AP

> **Column**　ChatGPT で Python のコードは実行できるのか？
>
> 　参考までに、以下のような Python のプログラムをプロンプトに与えてみましょう。
>
> **src/ch2/sum1to10.gpt.txt**
> ```
> 以下のプログラムを実行してください。
>
> total = 0
> for n in range(1, 11):
>   total += n
> print(total)
> ```
>
> 　すると、プログラムの説明に加えて、実行結果を表示してくれます。
>
>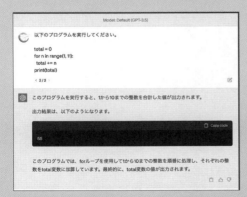
>
> **Fig.24** Python のプログラムを与えると解説と結果を表示した
>
> 　このように簡単なプログラムであれば、Python のコードを正しく実行できました。
> 　しかし、いろいろなプログラムを ChatGPT に与えてみると分かりますが、必ずしもプログラムを実行してくれるとは限らないようです。指定するコードによっては次のようなメッセージ

が出力されます。

> 「申し訳ありませんが、あなたのリクエストはPythonの構文として認識されますが、GPT-3.5は
> 実行環境を持っていないため、コードを実行することはできません。
>
> つまり、ChatGPT は Python のコードを動かすことはできません。しかし、簡単なコード
> であれば、実行結果を予測できるということです。

再帰的に物語を作ってもらおう

Python のプログラムと自然言語による処理を組み合わせることで、面白い効果を得ることができ
ます。
以下のプロンプトは、良い評価が得られる話ができるまで再帰的に物語を作り続けるというもので
す。

```
src/ch2/rec_generate_story.gpt.txt
以下の処理をシミュレーションして、繰り返し物語を創作してください。
なお、`評価，物語`の形式で出力してください。
```

generate_story("幸せな気分になる話")

def generate_story(kind):
    # 100字以下の短い物語を作る
    story = generate_short_text(kind)
    # 物語を1から10で評価する
    evaluation = evaluate_story(story)
    # 結果を表示する
    print(evaluation, story)
    # 再帰的に繰り返す
    if evaluation <= 8:
        generate_story(kind)
    return story
```
```

上記のプロンプトを ChatGPT に入力すると、次のような応答が返されます。

> 評価：8，物語：ある日、森を散歩していた少女が、小さな子犬を見つけました。彼女は子犬を家に連れ
> て帰り、一緒に遊んで幸せな気分になりました。
>
> 評価：9，物語：一人の老人が、毎朝公園で鳩にエサをやっていました。ある日、彼に感謝した鳩たちが
> 、美しい花束を運んできてくれました。老人は幸せそうに微笑んでいました。

このように、高評価の話ができるまで、繰り返し再帰的に物語を出力します。ただし、何度か試してみると分かりますが、明確な評価基準を指定していないため、正確な評価なのかは怪しい場合もあります。しかし、その評価に基づいて、プログラムの動作をシミュレーションして、いくつか物語を連続で作ってくれます。

チャットの続く部分に以下のように関数の実行を指示するプロンプトを指定してみましょう。

```
generate_story("思わず笑ってしまう話")
```

最初の指示で記述した関数の内容を覚えていて、異なる物語を繰り返し生成してくれます。

[応答]
評価：7，物語：ある日、猫が自分のしっぽを追いかけるのを見た犬は、その場にいた人たちに大ウケでした。猫は気づかず、皆を笑わせていました。

評価：8，物語：おばあさんが孫に教えてもらったスマホの使い方で、うっかり自分の顔にスタンプを付けて写真を撮ってしまいました。それを見た家族は大笑いし、おばあさんも自分の失敗に笑っていました。

評価：9，物語：ゾウがバナナの皮を踏んで滑り、大きな音を立てて転んでしまいました。周りの動物たちは驚いた様子で見ていましたが、ゾウは無事で笑いながら立ち上がりました。その光景に、思わず他の動物たちも笑い出してしまいました。

このように、Python の擬似コードを元にして、微笑ましい物語をいくつか生成してくれます。なお、ポイントとしては、擬似コードの中の、関数 generate_short_text や evaluate_story は、実際どこにも定義されていないというところです。それでも、ChatGPT は雰囲気でそれらしい処理をしてくれます。

⬤ 生成と改善を繰り返して物語を作ろう

プロンプト内にプログラムを記述することの利点を、もう少し追求してみましょう。

次のプロンプトは上記のプロンプトを改良したものです。物語を生成させた後、その物語の改善点を指摘してもらいます。そして、その指摘を元に物語を改善し、評価します。もし評価が低い場合にはさらに物語を作ってもらいます。

物語を作るだけでなく、改善点を指摘して、実際に改善までさせるという非常に効率の良いプロンプトとなっています。

src/ch2/rec_gen_story_up.gpt.txt
以下の処理をシミュレーションして物語を作ってください。

generate_story("幸せな気分になる話")

```
def generate_story(kind):
    # 短い物語を作る
    story = generate_short_text(kind)
    # 物語の改善点を指摘する
    review = review_text(story)
    # 改善点を元にして物語を改善する
    story = update_text(story, review)
    # 物語を1から10で評価する
    evaluation = evaluate_story(story)
    # 経過を表示する
    print('--- 評価', evaluation, review)
    print(story)
    # 納得がいくまで再帰的に繰り返す
    if evaluation < 8:
        generate_story(kind)
    return story
```

ChatGPT に入力すると、次のような応答を返します。

以下の物語は上記のプログラムをシミュレーションして生成しました。物語の内容は幸せな気分になる話です。

最初の試み：
物語：ある日、森の中で小さな子猫が遊んでいました。その子猫は木に登って楽しそうに遊んでいましたが、突然木から落ちそうになりました。
評価：5
指摘：話の終わりが不安定で、幸せな気分になる部分が足りない。

改善後の物語：
物語：ある日、森の中で小さな子猫が遊んでいました。その子猫は木に登って楽しそうに遊んでいましたが、突然木から落ちそうになりました。しかし、通りがかりの親切な老人が子猫を助けて、無事に地面に戻しました。子猫は喜んで老人に感謝し、二人はすぐに親友になりました。
評価：7
指摘：話は改善されましたが、もう少しキャラクターの関係を深めると良い。

最終版の物語：
物語：ある日、森の中で小さな子猫が遊んでいました。その子猫は木に登って楽しそうに遊んでいましたが、突然木から落ちそうになりました。しかし、通りがかりの親切な老人が子猫を助けて、無事に地面に戻しました。子猫は喜んで老人に感謝し、二人はすぐに親友になりました。老人と子猫は毎日一緒に遊び、森の中でさまざまな冒険を楽しみました。時が経つにつれ、老人と子猫の絆は深まり、彼らは幸せな日々を送りました。
評価：9
指摘：なし

この物語は幸せな気分になる話です。小さな子猫が危機から救われ、老人と親友になり、共に楽しい冒険を

うまく行きました。最初に作成した物語は評価が 5 でした。そして、問題点が指摘されて改良が加えられます。それから、さらに内容がブラッシュアップされて、最終的に評価 9 の物語を生成することができました。

プロンプトによる動的計画法

プログラマーが学ぶべきアルゴリズムの一つに「動的計画法（dynamic programming / DP)」があります。これは、対象となる問題を複数の部分問題に分割し、部分問題の計算結果を記録しながら解いていく手法の総称です。

簡単に動的計画法がどんなものか簡単に紹介します。例えば、フィボナッチ数を求める次のような再帰を使ったプログラムがあります。このプログラムは一見すると短く効率的なものに思えます。

src/ch2/fib.py
```python
# フィボナッチ数列を再帰的に求めるプログラム
def fib(n):
    if n <= 1: return n
    return fib(n-2) + fib(n-1)

print(fib(10)) # 結果 → 55
```

ところが、上記のように再帰を用いたフィボナッチの計算量は、O（2 ** n）となり、計算を解くためには膨大な計算が必要となります。しかし、動的計画法を用いることで、O（n）で答えを導くことができるようになります。

src/ch2/fib_dp.py
```python
# フィボナッチ数列を動的計画法を使って求めるプログラム
def fib(n):
    if n <= 1: return n
    # リスト型のテーブルに初期値を入れる
    dp = [0] * (n + 1)
    dp[0] = 0
    dp[1] = 1
    # テーブルにあるキャッシュを使いつつ計算を行う
    for i in range(2, n + 1):
        dp[i] = dp[i - 1] + dp[i - 2]
    return dp[n]

print(fib(10)) # 結果 → 55
```

上記のプログラムは、再帰を利用して繰り返し値を計算するのではなく、リスト型の変数 dp にフィボナッチ数列の結果を順に作成していくことで、問題を解きます。

● 友人を元気づけるアイデアを動的計画法で生成しよう

これと似たことを ChatGPT に行わせてみましょう。先ほどのフィボナッチ数列の計算における計算の部分をアイデア出しに置き換えてみます。

その手法ですが、最初にアイデアを 2 つ作成します。そして、3 つ目からそれ以前の 2 つのアイデアを組み合わせて別のアイデアを作成するようにします。

以下のプロンプトは、「失恋した友人を元気づけるアイデア」を動的計画法で生成するものです。

```
src/ch2/dp_genki_list.gpt.txt
失恋した友人を元気づけるアイデアを2つ考えて配列変数{idea}に入れてください。
次に、以下のプログラムをシミュレーションして、次々と別のアイデアを考案してください。

for i in range(2, 10):
    - A = idea[i-2]
    - B = idea[i-1]
    - idea[i] = 組み合わせて新規アイデアを考案(A, B)

変数{idea}を箇条書きで出力してください。
```

上記プロンプトを ChatGPT に入力してみましょう。次のようなプロンプトを生成します。

```
まず、失恋した友人を元気づけるアイデアを2つ考えます。

- 1. 友人と一緒に映画鑑賞会を開催して、気分を変える。
- 2. 友人と新しい趣味やスポーツに挑戦して、気持ちをリフレッシュする。

次に、これらのアイデアを元に、新たなアイデアを考案します。

- 3. 友人と一緒に料理教室に参加して、新しい料理を作って楽しむ。
- 4. 友人とカラオケに行って、ストレスを発散する。
- 5. 友人と旅行に行って、新しい場所で新たな出会いを楽しむ。
- 6. 友人とボランティア活動に参加して、他人のために働く喜びを感じる。
- 7. 友人と一緒に美術館や博物館に行って、心を癒す芸術や歴史に触れる。
- 8. 友人と自然の中でピクニックやキャンプを楽しむ。
- 9. 友人と一緒にダンスクラスやヨガに通って、心身共にリフレッシュする。
- 10. 友人と読書会を開催して、お互いにお勧めの本をシェアする。
```

最初に生成した 2 つのアイデアを元にして、次々とアイデアとアイデアを組み合わせてアイデアを生成します。

⬤ 5×5のマトリクスを組み合わせる手法

動的計画法を使わなくても、5×5の二次元テーブルを用いて、アイデアとアイデアを組み合わせる方法もあります。

最初に、5つのアイデアを考えてもらって、それを行列のヘッダー部分に配置し、行と列のアイデアを使って、新たなアイデアを作るように指示を与えます。

以下のプロンプトは、5つのアイデアのそれぞれのアイデアを組み合わせて、新規アイデアを生成してもらって、表形式で出力します。なお、このプロンプトを正しく動かすには、モデル GPT-4 で実行する必要があります。

```
src/ch2/dp_genki_table.gpt.txt
先に、失恋した友人を元気づけるアイデアを5つ考えて配列変数{idea}に入れてください。
次に、次のプログラムをシミュレーションして、関連するアイデアを次々と考えてください。

for y in idea:
    for x in idea:
        box[y][x] = アイデアを組合わせて考案(x, y)

次に変数{box}を表形式で表示してください。
```

上記のプロンプトを ChatGPT に入力すると、次のようなテーブルが出力されます。

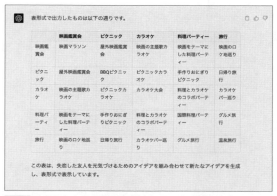

Fig.25 失恋した友人を励ます方法を5×5の表で出力した

このように、二次元の表を元にして、アイデアとアイデアを組み合わせることもできます。面白い組合せができて、意外な発想が生まれるかもしれません。

6 プロンプトによるプロンプト生成術

前節ではプロンプト作成が自然言語によるプログラミングに近いことを紹介しました。そうであれば、プロンプト自体をプロンプトによって生成することも可能でしょう。ここではプロンプトによるプロンプト生成術を紹介します。

**本節の
ポイント**

- 画像生成 AI のためのプロンプトを ChatGPT で生成
- よりよい結果を生成するプロンプトを生成する方法

画像生成 AI のためにプロンプトを生成しよう

原稿執筆時点で、多くの画像生成 AI は日本語ではなく英語でプロンプトを入力する必要があります。そのため、日本語で画像生成する際に翻訳ツールを使っているという方も多くいます。そうであれば、ChatGPT に英訳してもらうついでに、言葉を補足するプロンプトを考えてもらうと良いでしょう。

ChatGPT を使ってプロンプト生成することには多くのメリットがあります。画像生成 AI で高品質な画像を生成するには、ある程度多くの単語を指定する必要があります。ChatGPT を使えば、適当な指示をするだけで、画像生成が必要とする細かい指示を補ってくれるからです。単なる英訳ではなく、得意の創作能力でイメージを膨らませてくれます。

例えば、ここでは次のようなプロンプトを記述しました。

```
[入力] src/ch2/image_landscape.gpt.txt
画像生成AIで、一度は行ってみたい絶景画像を生成するプロンプトを作成したいです。
以下の条件でプロンプトを作ってください。
・幻想的な風景
・古代遺跡
・奥行きがある
```

こうした指示に対して、ChatGPT は次のような応答を返しました。

```
インストラクション:
あなたのAIモデルに、以下の絶景を生成するように指示してください。

「幻想的な風景が広がる広大な土地をイメージしてください。風景のどこかに古代遺跡が存在し、その遺跡
```

が周囲の景観と調和しています。風景は奥行きがあり、遠くに広がる山脈や峡谷、滝などが見えるようにしてください。空は美しい夕焼けで染まっており、空中には幻想的な雲や流れ星が浮かんでいます。また、遺跡には古代の文明の痕跡があり、謎めいた雰囲気を醸し出しています。風景全体には魔法のような輝きがあり、光と影が織りなす美しい光景です。」

　画像生成には1章で使い方を解説した「Stable Diffusion」を使います。このバージョンではやはり英語での指示が必要になります。そこで、会話の続きに以下のプロンプトを入力しました。

英語で生成してください。

　ChatGPTから次のような応答が得られました。なお、可能ならモデルGPT-4を利用すると良いでしょう。GPT-3.5でも、それなりのプロンプトを作成できますが、GPT-4の方が詳細な情景描写をしてくれます。

```
Instructions:
Instruct your AI model to generate the following breathtaking landscape:

"Imagine a vast expanse of land stretching out with a fantastical ambiance.
Somewhere within this landscape, there exists ancient ruins that seamlessly blend
with the surrounding scenery. The landscape should have depth, revealing distant
mountain ranges, canyons, and waterfalls. The sky is adorned with a beautiful
sunset, painting the air with vibrant hues. Imaginative clouds and shooting stars
float through the sky, creating a whimsical atmosphere. The ruins bear the traces
of an ancient civilization, exuding an aura of mystery. The entire landscape is
imbued with a magical radiance, as light and shadow weave together to form a
stunning spectacle."
```

　上記のダブルクォートで囲われた部分をプロンプトとして、Stable Diffusionに与えました。すると、次のような風景画が生成されました。

Fig.26 ChatGPT で 生 成 し た プ ロ ン プ ト を Stable Diffusion で描画したところ

Fig.27 同じプロンプトを用いて異なる画像を生成したところ

さらに会話を続けて、もう少し注文を行ってプロンプトを修正してもらいます。

素晴らしいプロンプトです。
しかし、もう少し、幻想的で明るい感じの雰囲気にしたいです。
修正できますか？
プロンプトは英語で出力してください。

次のようなプロンプトを生成してくれました。

Envision an expansive and ethereal landscape that emanates a luminous and fantastical ambiance. Within this captivating scenery, ancient ruins stand in harmonious integration with the surroundings. The landscape possesses a profound sense of depth, unveiling distant mountain ranges, majestic valleys, and cascading waterfalls. The sky is adorned with vibrant hues, as a resplendent sun casts its radiant glow upon the landscape. Wisps of magical clouds gracefully float through the heavens, accompanied by shooting stars that streak across the celestial canvas, adding a touch of enchantment. The ancient ruins bear witness to a long-forgotten civilization, evoking an air of mystery and wonder. The entire landscape is aglow with a captivating luminosity, where light and shadows intertwine to create a mesmerizing tapestry.

これを、Stable Diffusion に与えると次のような画像を生成しました。もう少し明るくと指定したので「luminous（明るい / 光る）」という単語が追加されているのを確認できます。

Fig.28 もう少し明るい感じでと指定して生成した画像

Fig.29 同じ指示で生成した画像 2

Fig.30 同じ指示で生成した画像 3

Fig.31 同じ指示で生成した画像 4

このように、数行の抽象的な指定をするだけで、ChatGPT がそれなりに情景を連想して、プロンプトに指定すべき単語を追加してくれるので、それなりのクオリティの画像が生成されました。

ChatGPT 用のプロンプトを生成するプロンプト

次に、ChatGPT 向けのプロンプトを生成するためのプロンプトについて考えてみましょう。

最も簡単なプロンプト生成プロンプトは、ChatGPT に対して「どんな追加情報があれば、よりよ

い生成ができるか」を質問してみることです。

〔入力〕rc/ch2/idea_info.gpt.txt
面白いアイデアを生成するChatGPT用のプロンプトを作りたいです。
どんな追加情報があれば、より良いプロンプトが作れますか？

　この漠然とした質問に対して、ChatGPT は次のように返答します。

面白いアイデアを生成するためのプロンプトを作成する際に、以下の情報を考慮するとより良い結果が得られるかもしれません：

1．アイデアのカテゴリ：アイデアのジャンルやテーマを指定すると、特定の分野に関連するアイデアを生成できます。例えば、テクノロジー、エンターテイメント、食品、トラベルなど、具体的なカテゴリを指定してください。

2．目的や目標：アイデアが何を達成しようとしているのか、何か問題を解決しようとしているのか、またはどのような利益を提供しようとしているのかを明確にすることが重要です。例えば、効率を改善する、持続可能性を促進する、楽しさや創造性を追求するなど、アイデアの目的や目標を具体的に指定してください。

3．ターゲットオーディエンス：アイデアが誰に対して有益であるのか、または誰をターゲットにしているのかを知ることも重要です。年齢、性別、興味関心、職業など、ターゲットオーディエンスに関する情報を提供してください。

4．制約や要件：アイデアには特定の制約や要件がある場合があります。予算の制約、技術的な制約、時間の制約など、アイデアの制約や要件を明示してください。

5．追加の背景情報：アイデアを生成するために役立つ追加の背景情報を提供してください。関連するトレンドや既存のソリューション、市場のニーズや傾向など、アイデアをより具体的かつ現実的にするための情報を教えてください。

これらの情報を提供していただくと、より具体的で面白いアイデアを生成することができます。また、どのような形式のアイデアを望んでいるか（製品、サービス、イベントなど）もお知らせいただけると、その形式に適したアイデアを提供できます。

　「面白いアイデア」とだけ言われても、何をして欲しいのか分かりません。ChatGPT にお願いをするときは、漠然としたイメージではなく、具体的に指示することが大切です。そのことを上手に教えてくれました。

● プログラミング上達のためのアイデアプロンプトの生成

　では、ここでは例として「プログラミング上達のためのアイデアを生成するプロンプト」を生成することを目標にしてみました。
　下記のようなプロンプトを入力してみましょう。

プログラミング上達のためにするべきアイデアを生成するプロンプトを作りたいです。
より良いプロンプトを生成するために、どんな追加情報が必要ですか？

　ChatGPTから次のような応答が返ってきます。

プロンプトを生成するために必要な追加情報は以下の通りです：

- 1．プログラミング言語：上達させたいプログラミング言語を特定します（例：Python、Java、JavaScript、C++など）。
- 2．スキルレベル：対象となるプログラマーの現在のスキルレベルを考慮してください（初心者、中級者、上級者）。
- 3．目標：プログラマーが達成したい具体的な目標やスキルを明確にします（例：ウェブ開発、データ分析、機械学習など）。
- 4．学習スタイル：個々の学習者がどのような学習方法を好むかを考慮してください（例：実践的なプロジェクト、チュートリアル、オンラインコース、書籍など）。
- 5．時間制約：学習者がどれくらいの時間を投資できるかを把握し、それに見合ったプロンプトを提案します。

これらの情報を考慮し、以下のようなプロンプトを作成できます：

例：
- Python初心者がウェブ開発を学ぶためのプロジェクトアイデア
- Javaを使った中級者向けのデータ構造とアルゴリズムの練習問題
- JavaScriptで機械学習を実装するためのチュートリアルやリソース
- C++上級者が新しい技術を習得するためのオンラインコースや書籍

これらの情報を元に、対象者のニーズや目標に合ったプロンプトを生成することができます。

　具体的なプロンプト例は、生成される場合とされない場合がありました。生成されないときは繰り返し「Regenerate response」ボタンを押すことで生成されます。また、上記の指示に従って、「初心者向け」のキーワードを入れて改めてプロンプトを入力してみましょう。

次の目標を達成するため条件を考慮してChatGPT用のプロンプトを5つ生成してください。
目標
・プログラミング上達のためにするべきアイデア
条件
・プログラミング言語：Python
・スキルレベル：初心者
・目標：Python全般

　上記のプロンプトを入力すると、ChatGPT（モデル GPT-3.5）が次のような応答を返します。

- プロンプト1：Python初心者向けのプログラミングスキルを向上させるためのアイデアは何ですか？
- プロンプト2：Pythonでのプログラミングスキルを向上させるために、具体的なプロジェクトアイデアはありますか？
- プロンプト3：Pythonの初心者として、どのような方法で自分のスキルを向上させることができますか？
- プロンプト4：Pythonの初心者向けに、実際のプログラミング問題を解くことによってスキルを向上させる方法はありますか？
- プロンプト5：Pythonのプログラミングスキルを向上させるために、オンラインリソースやコミュニティに参加することは助けになりますか？もしそうなら、どのような方法がありますか？

モデル GPT-4 で試すと次のような応答が得られました。

- 1．"Pythonプログラミング初心者におすすめのプロジェクトアイデア5選とその実装方法について教えてください。"
- 2．"Pythonを使って簡単なゲームを開発する方法は何ですか？初心者向けの具体的なステップバイステップのガイドを提供してください。"
- 3．"Pythonの基本構文を学ぶために、実践的な演習や例題のリストを教えてください。"
- 4．"Python初心者が学ぶべき重要なライブラリーやツールは何ですか？それぞれの用途と簡単な使い方を説明してください。"
- 5．"Pythonを用いてデータ解析を行う初心者向けのチュートリアルやワークショップのリソースを提案してください。"

モデル GPT-3.5/GPT-4 のいずれも、楽しそうなプロンプトが生成されました。このプロンプトを実行して、その指示にそった学習を行うことで、プログラミングが上達しそうです。
　試しに、上記のプロンプトを実行してみましょう。

Python初心者が学ぶべき重要なライブラリーやツールは何ですか？
それぞれの用途と簡単な使い方を説明してください。

　NumPy、Pandas、Matplotlib、scikit-learn、TensorFlow などとその用途と使い方が表示されました。これらのライブラリーは機械学習を学ぶのに必須のライブラリー群です。つまり、より良いアウトプットを行うプロンプトが生成できていることが分かりました。

情報セキュリティを啓蒙するための絵本を作る場合

　似たような例ではありますが、もう一つ目標を設定してプロンプトを生成するプロンプトを作ってみましょう。ここでは「情報セキュリティを啓蒙するための絵本を作る」という目標を設定してみました。
　ここでは、次のステップに沿ってプロンプトを作ってみます。

1. 絵本作成のために必要な情報を調査
2. 必要な情報を加えて絵本生成プロンプトを生成
3. 絵本生成プロンプトを実行して物語を生成
4. 生成した絵本のためのイラストを生成

● (1) 絵本作成のために必要な情報を調査

それでは、最初に、筆者にとって未知の分野である「絵本作成」に必要となる情報を調査してみることにします。以下のプロンプトを実行してみます。

> ［入力］src/ch2/ehon_prompt.gpt.txt
> 次のような目標を達成するChatGPTプロンプトを作りたいです。
> より良いアウトプットを得るために、どんな追加情報が必要ですか？
>
> 目標：情報セキュリティを啓蒙するための絵本を作る

このプロンプトを入力すると、下記のような応答を ChatGPT が返してきました。

> 素晴らしい目標ですね！情報セキュリティに関する絵本は、子供たちに重要な知識を楽しく伝えるのに役立ちます。
>
> 以下は、より良いアウトプットを得るために必要な追加情報のいくつかです：
>
> - 1. 対象年齢：絵本の対象年齢について教えてください。異なる年齢層に合わせた内容や表現を考えることが重要です。
> - 2. キーメッセージ：絵本で伝えたい情報セキュリティに関するキーメッセージは何ですか？例えば、個人情報の保護、パスワードの重要性、オンライン安全性など、具体的なテーマを教えてください。
> - 3. ストーリーライン：絵本にはストーリーが必要です。どのようなストーリーラインやプロットを考えていますか？主人公や登場人物、彼らが直面する問題や困難、そして解決策について教えてください。
> - 4. メッセージの伝え方：絵本は子供たちにわかりやすく伝えるための媒体です。どのような絵や文章のスタイルを想定していますか？例えば、カラフルなイラストやシンプルな文章、反復を使った教訓的なアプローチなど、具体的な指示を教えてください。
> - 5. 教育的な要素：絵本は楽しく教育的な要素も含むことができます。絵本に組み込むべき情報セキュリティの教育的な要素や活動について考えていることがあれば教えてください。
> - 6. 言語と文化：絵本を作るターゲットの言語や文化に合わせて、どのような要素を取り入れる予定ですか？例えば、特定の言葉や慣用句、文化的なシンボルなどを使うかどうか、お知らせください。
>
> これらの情報が提供されれば、より具体的なアウトプットを得るための追加の指導が可能です。

● (2) 必要な情報を加えて絵本生成プロンプトを生成

これで必要となる要素が明確になりました。この要素を元にして、次のようなプロンプトを作成するプロンプトを作ってみましょう。ポイントとしては、上記で指定された具体的な点を「条件」とし

て指定したところにあります。

次のような目標を達成するChatGPTプロンプトを作りたいです。
条件も考慮してください。

目標
情報セキュリティを啓蒙するための絵本を作る

条件
- 対象年齢：高校生から大人まで幅広く
- キーメッセージ：フィッシング詐欺の対策やパスワードを使いまわさないこと
- ストーリーライン：科学が発達した未来の森で、動物たちがセキュリティを学ぶ内容

このプロンプトを ChatGPT に与えると、次のような応答を返しました。

プロンプト：
あなたは、情報セキュリティの啓蒙活動に取り組むため、高校生から大人まで幅広い対象に向けた絵本を作ることにしました。この絵本では、フィッシング詐欺の対策やパスワードの重要性についてキーメッセージを伝えることを目指します。

絵本のストーリーラインは、科学が発達した未来の森を舞台に展開されます。未来の森には、可愛らしい動物たちが住んでいます。彼らはセキュリティについて学び、協力して問題を解決していく様子が描かれます。

⚫ (3) 生成されたプロンプトを使って具体的な物語を生成する

（2）で生成されたプロンプトをコピーして、そのまま ChatGPT に与えましょう。すると、次のような応答を返しました。応答はとても長いものになったのでここでは割愛していますが、それなりに面白いストーリーが生成されました。

絵本タイトル： 『未来の森のセキュリティアドベンチャー』

ストーリーライン：

第1章： 未来の森の住人たち
未来の森に住む動物たち、ハリーくん（ハリネズミ）、リナちゃん（リス）、カイくん（カエル）が紹介されます。彼らは毎日楽しく過ごしていましたが、ある日突然、フィッシング詐欺により個人情報が盗まれる事件が起こります。

第2章： フィッシング詐欺の危険性
ハリーくんたちは、フィッシング詐欺の危険性について学びます。詐欺に引っかかった動物たちがどのような被害に遭ったか、具体的な例を通して説明されます。また、詐欺メールの特徴や見分け方についても解説されます。

～省略～

第5章: 問題解決と新たな友情
ハリーくんたちの努力により、未来の森の住人たちが協力してフィッシング詐欺やパスワードの問題を解決します。彼らは、セキュリティについて学ぶことで、新たな友情が生まれることを発見します。そして、皆で安心して未来の森で暮らすことができるようになります。

この絵本を通じて、高校生から大人まで幅広い対象に向けて、情報セキュリティの重要性を分かりやすく伝えることができるでしょう。そして、読者が安全なデジタルライフを送るための第一歩を踏み出すきっかけとなることを期待します。

● (4) 物語を元にして画像を生成しよう

次に物語を元にして画像を生成しましょう。上記の会話の続きに次のプロンプトを入力しました。今回は、OpenAI の画像生成 AI である「DALL-E」を利用することにしました。

第1章の絵をDALL-Eに描いてもらいたいです。プロンプトを作ってください。
英語で出力してください。

ChatGPT から次の応答が得られました。これが DALL-E に与えるプロンプトです。

```
[応答]
"Please draw a scene of Harry (hedgehog), Lina (squirrel), and Kai (frog) happily
playing together in a futuristic forest. They should be adorable characters,
surrounded by advanced technology. Illustrate the animals using smartphones and
computers to communicate with each other in the forest, conveying a peaceful and
happy atmosphere."
```

ブラウザーで以下の DALL-E の Web サイトを開きます。

```
OpenAI - DALL-E 2
[URL] https://openai.com/product/dall-e-2
```

続けて、プロンプトとして上記のプロンプトを入力します。すると、次のような画像が生成されました。とても絵本っぽくて思っていたイメージにぴったりです。

Fig.32 絵本のイメージを作成したところ

⭕ 一冊の絵本にするには工夫が必要

　ここまで、絵本を生成するプロンプトを作成し、実際に絵を生成するところまでを実践してみました。ただし、実際に絵本を作成しようとして、いくつか困った点がありました。まず、1章ごとに画像生成用のプロンプトを生成してもらったのですが絵柄が安定しません。一冊の本にするためには、統一された絵柄である必要があり、同じキャラクターに登場してもらう必要があります。

　そこで、実際にプロンプトを指定する場合には、「淡い色鉛筆風」など絵柄を指定する必要があります。また、Stable Diffusion を使う場合には、同じシード（Seed）値を指定して、プロンプトを少し変えると似たような画像が生成されるという特徴があります。そのため、特定のシード値を指定しつつプロンプトを微調整すると良いでしょう。

Fig.33 シードや絵柄を指定して物語から画像生成した 1

Fig.34 シードや絵柄を指定して物語から画像生成した 2

登場人物を描写するプロンプトを細かく指定することでキャラクターを固定できます。今回は動物でしたが、人物であれば、性別・年齢・身長・髪の色・目の色・体格・服装や服の色などを細かく指定することで、それらしい登場人物に固定できます。また、絵本に登場するキャラクターや場面を手描きしておいて、そのキャラクターを Image-to-Image で美化して本格的な絵に仕上げるという手法もあります。

　本格的な画像を生成してくれる画像生成 AI ですが、思った通りの画像を作ろうと思った場合には、さまざまな試行錯誤が必要になります。

まとめ

→ プロンプトを生成するプロンプトを作成する方法を紹介しました。

→ 良いプロンプトを生成するためのヒントを尋ね、条件を追加していくことで必要なプロンプトを作成できます。

→ 画像を生成するプロンプトから、ChatGPT のプロンプトを生成するプロンプトについても解説しています。

Column　ChatGPT は「なりきる」のが得意な AI

　2章のプロンプト編では、ChatGPT に要約を行わせる際に「スティーブ・ジョブズのように」とか「ソクラテスのように」と指定することで、その人格になりきって説明したり要約したりするように指示することができることを解説しました。

　この応用でもあるのですが、ChatGPT に対して明示的に「あなたは誰々です」とか「あなたは、何々の専門家です」と明示することで、文章生成の能力を向上させることができます。これが、「ロールモデルの指定」です。

　実際に次のような汎用的なプロンプトを作ることで、さまざまな仕事に対応する文章を生成することができます。

```
あなたは＊＊の専門家です。
次の入力データに対して、＊＊をして出力してください。

### 制約条件
- 条件1: ＊＊＊
- 条件2: ＊＊＊

### 入力データ
```
ここに入力データ
```

### 出力形式
- 出力1: ＊＊＊
- 出力2: ＊＊＊
- 出力3: ＊＊＊
```

　例えば、データを高速に並び替える方法を知りたい時、次のようなプロンプトを作って尋ねることができるでしょう。

```
あなたはプログラミングの専門家です。
次の入力データに対して、データを並べ替えるアルゴリズムを出力してください。

### 制約条件
- 条件1: 高速である
- 条件2: 順序が安定している

### 入力データ
```

[10, 20, 30, 100, 150]
```
```

```
### 出力形式
- アルゴリズムの名前1 --- 説明1
- アルゴリズムの名前2 --- 説明2
- アルゴリズムの名前3 --- 説明3
```

　上記のプロンプトを入力してみましょう。ChatGPT の応答は少し長いので、アルゴリズムだけ抜粋すると、「マージソート」「ヒープソート」「カウントソート」が表示されました。アルゴリズムを学んだことがある人であれば、これらがそれなりに速いことを知っていることでしょう。実際に実行したのが次の画面です。

> 条件1と条件2を満たす高速かつ安定な並べ替えアルゴリズムとして、以下のアルゴリズムがあります。
>
> 1. マージソート（Merge Sort）--- マージソートは、分割統治法を用いたアルゴリズムです。まず、入力データを半分ずつに分割し、分割された部分列ごとに再帰的にソートします。その後、ソートされた部分列をマージしながら、最終的なソート済み配列を得ます。マージの際に、要素の比較を行いながら安定な順序を保ちます。
> 2. ヒープソート（Heap Sort）--- ヒープソートは、二分ヒープと呼ばれるデータ構造を使用するソートアルゴリズムです。まず、入力データをヒープとして構築し、その後、ヒープから最大（または最小）の要素を取り出し、ソート済み部分列に追加します。この過程を繰り返して全体をソートします。ヒープソートは安定なソートアルゴリズムではありませんが、安定性を保つための工夫も可能です。
> 3. カウントソート（Count Sort）--- カウントソートは、データの範囲が限定されている場合に効果的なソートアルゴリズムです。まず、データの範囲内に存在する要素の出現回数をカウントします。その後、出現回数を利用して要素を正しい位置に配置し、ソート済み配列を得ます。カウントソートは安定なソートアルゴリズムであり、入力データに依存せずに一定の時間計算量を持ちます。
>
> これらのアルゴリズムは、高速かつ安定なデータの並べ替えを行うことができます。選択するアルゴリズムは、具体的な要件や制約によって最適なものを選ぶ必要があります。

高速なソートアルゴリズムを列挙したところ

　このように、本コラムで紹介した手法をうまく利用して、ロールモデル、制約条件、入力、出力形式を指定することで、目的とする知識を効率的に取り出すことが可能です。

CHAPTER 3

ChatGPT – API 編

ChatGPT は Web ブラウザーから利用できるだけなく、外部のアプリケーションから利用できる API が用意されています。本章では API の使い方、そして API を活用したゲームや LINE ボットの作り方を解説します。

1 ChatGPT API でできること

ChatGPT は Web から使うだけでなく、自作のプログラムからも使えるよう API を提供しています。ここでは、API を使うと何ができるのか、気をつける べき点は何かなどを紹介します。

本節の ポイント
- API / Web API / ChatGPT API
- API でできること
- API の料金体系 / クラウド破産

ChatGPT の API とは何か？

「API（Application Programming Interface）」は、アプリケーション同士が互いに情報をやり取りするのに使うインターフェイスのことを言います。ChatGPT の API を使えば、ChatGPT の機能を自作のプログラムに組み込むことが可能になります。

この API は、Python や JavaScript などいろいろなプログラミング言語からアクセスし、その応答を得ることができます。API を利用することで、ChatGPT の Web アプリと同様のことが実現できます。

ChatGPT API の仕組は次の図のようになっています。

自作のプログラム　　　　　　　　ChatGPTのサーバー

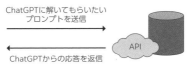

ChatGPTに解いてもらいたい
プロンプトを送信

ChatGPTからの応答を返信

Fig.01 ChatGPT の API の仕組み

ChatGPT の API を呼び出すと、インターネットを介して ChatGPT のサーバー（開発元の OpenAI が用意しているクラウド上のサーバー）に問い合わせを行い、その応答を得ることができます。つまり、ChatGPT API を使うにはインターネット接続が必須となります。Web 上で ChatGPT を使うのと同じように、任意のプロンプトを入力して、その応答を API の結果として得ることができます。

⬤ OpenAI が提供している Web API について

　このようにインターネット越しに何かしらの機能や情報を取得する仕組みを「Web API」と呼びます。ChatGPT API は Web API の一種なのです。

　OpenAI では、大規模言語モデルの ChatGPT の API だけでなく、音声認識が可能な Whisper の API、画像生成のための API などさまざまな API を提供しています。

```
OpenAI platform
[URL] https://platform.openai.com/overview
```

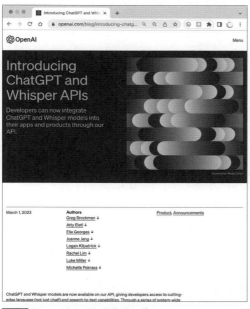

Fig.02 OpenAI の API 案内ページ

⬤ Microsoft Azure からも ChatGPT の API が使える

　ChatGPT の API は OpenAI 本家だけでなく、Microsoft 社が提供するクラウドサービスである、Microsoft Azure からも同じ API が提供されています。本原稿を執筆時点でも、Microsoft のサイトのドキュメントは日本語をサポートしています。

　日本語でドキュメントが提供されている点を考えると、Microsoft Azure の API を使うのも良いでしょう。すでに Azure のユーザーであれば、新規アカウントを作成する手間やコントロールパネルの操作方法を覚える必要もなく、ChatGPT の API を利用できるというメリットがあります。

```
Azure OpenAI Service のドキュメント
[URL] https://learn.microsoft.com/ja-jp/azure/cognitive-services/openai/
```

Fig.03 Microsoft Azure の OpenAI Service の案内ページ

　Microsoft Azure は非常に多機能です。ChatGPT の API が使えるだけでなく、ストレージサービス、仮想マシン、データベース、音声認識 API、顔認識 API など、幅広いサービスを提供しています。

　ただし、多機能ゆえに、操作方法が少々複雑になっています。そこで、本書では本家の API を利用する方法を解説します。

Column ChatGPT だけでない大規模言語モデルの API

　大規模言語モデル (LLM) を提供している Web API は、OpenAI の ChatGPT だけではありません。

　大規模言語モデルの Bard を提供する Google も「PaLM 2」と呼ばれる API を公開しています。Google の提供する Google Cloud プラットフォームから、API を通じて Google の大規模言語モデルを利用できます。

　多くのクラウドサービスを提供する Amazon も、AWS のサービスの一つとして、「Titan」と呼ばれる大規模言語モデルを提供しています。

　また、大規模言語モデルの人気を受けて、多くのクラウドサービス提供会社がさまざまなサービスを展開するようになりました。日本語に特化したサービスも登場していますので、今後は、多くの選択肢が提供されることでしょう。

　厳密には API ではありませんが、オープンソースの大規模言語モデルの開発も積極的に開発されており、そうしたモデルを自分でサーバー上に構築することもできます。高価な GPU

を搭載したマシンが必要となりますが、今後は、自社で GPU マシンを組んでオープンソースの大規模言語モデルを利用するということも選択肢に入ってくるでしょう。

API キーを取得しよう

プログラムで API を利用するには、ChatGPT が利用できるように、OpenAI のアカウントを作成していることと、ChatGPT の API を利用するための「API キー」を取得している必要があります。「API キー」のことを、OpenAI では「API key」や「Secret key」と表記しています。

API キーを取得する方法を簡単に解説しましょう。

まず、OpenAI のアカウントを作成した上で、以下の URL にアクセスして [+ Create new secret key] をクリックします。

```
OpenAI Platform > API keys
[URL] https://platform.openai.com/account/api-keys
```

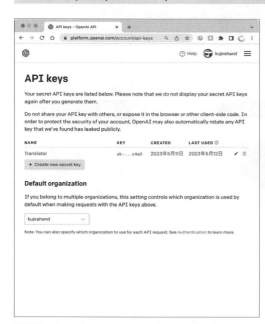

API キーは上記の OpenAI Platform のページで、追加したり削除したりできるようになっています。そのため、利用用途ごとに異なるキーを作成しておいて、利用しなくなったキーはこまめに削除するようにすると良いでしょう。

> **Memo**
> **詳しい API キーの取得と設定方法**
> ChatGPT アカウントや API 取得の手順を、本書巻末の Appendix4 にて紹介しています。
> ChatGPT への登録に加えて、API を利用するために、API キーを取得し、環境変数の OPENAI_API_KEY に登録する方法を紹介しています。

Fig.04 API keys のページで API キーを取得しよう

API キーの管理で気をつけること

　ところで、API キーの取り扱いには注意が必要です。API キーが他人に知られてしまうと、無断で利用されてしまう恐れがあります。その結果、思わぬ金額の課金が発生してしまう可能性があります。**API キーは細心の注意を払い、万が一にも流出しないよう気をつけましょう。**

　最近ではアプリの規模を問わず、GitHub などを利用して、ソースコードをバージョン管理するのが当然のようになっています。そのため、できるだけ API キーをソースコードに埋め込まないようにするのが安全です。

　本章以降で紹介するプログラムでは、環境変数の「OPENAI_API_KEY」に、API キーが設定されていることを前提にしています。

◯ API キーはサーバー側で使う

　API を使った Web サービスを提供する場合、API キーはサーバー上で動作するサーバーアプリの中だけで参照できる状態にすべきです。サーバー上で動作する、Python や Node.js、PHP などのサーバー側のプログラム内で ChatGPT の API を呼び出すようにして、クライアント側（Web ページ上のプログラム）では、整形した API の呼び出し結果のみを取得する仕組みにする必要があります。

　次の図は ChatGPT の API を利用する Web アプリの基本的な構成例となります。API を使うアプリケーションを構築する場合には、クライアント、サーバー、API を提供するクラウドの三者が登場します。

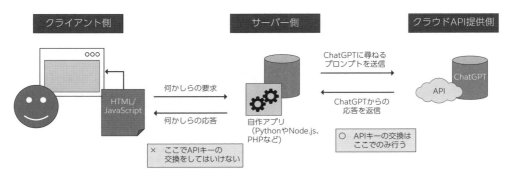

Fig.05 ChatGPT を組み込むアプリの構成例

　クライアント側というのは、ブラウザーとその上で動くプログラムのことを言います。ブラウザーは、HTML/JavaScript を読み込み、JavaScript を用いてデータをサーバーから読み込み、画面をレンダリングします。

　サーバー側は、Web サーバー上で動かすプログラムのことです。Python や Node.js、Ruby、PHP などのプログラミング言語を用いて、さまざまな Web アプリを動かします。そして、クラウドAPI 提供側とは、ChatGPT の API を提供するクラウドサーバーのことです。

クライアント側から直接 ChaGPT の API を呼ぶのではなく、サーバー側の Web アプリから API を呼び出します。この仕組みにすれば、一般ユーザーが見られるのは、ChatGPT の API から得られた結果のみなので、ユーザーに API キーが漏洩することはありません。

　より具体的なプログラムに関しては、次の節以降で詳しく解説します。

API の利用料金について

　ChatGPT の開発元である OpenAI は、API を有料で提供することで事業を維持しています。そのため、API を利用する場合も利用料金に注意する必要があります。それほど高額ではありませんが、塵も積もれば山となるので、API の課金モデルについて簡単に理解しておきましょう。

　まず、API の利用料金は、OpenAI の公式 Web サイトに案内があります。

```
OpenAI > 料金案内
[URL] https://openai.com/pricing
```

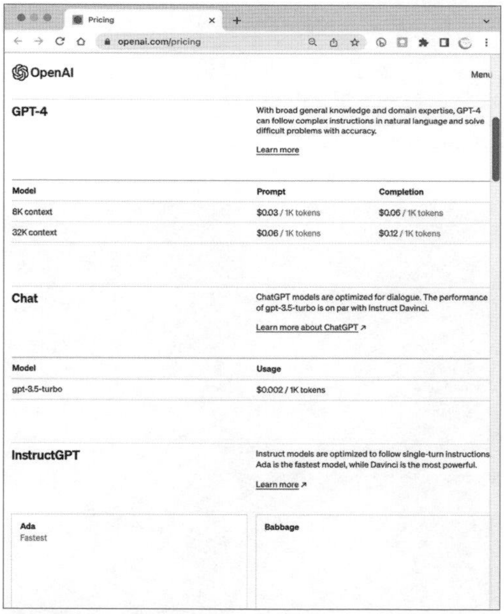

Fig.06　利用料金の案内ページ

● 課金モデルは「トークン」単位の従量課金

　利用料金は、1 キロトークンごとに課金されるようになっています。つまり、定額ではなく、**使えば使うほど課金される**という従量課金になっています。

トークンの数え方は言語ごとに異なり、英語であれば 1 単語が 1-2 トークンに相当し、日本語であれば 1 文字が 2 〜 3 トークンに相当します。つまり、日本語を使うよりも英語を使う方が、利用料金を抑えることができます。なお、トークンについて詳しくは、2 章 2 節のコラム「トークンの上限制限について」（086 ページ）を参照してください。

● 簡単な利用料金のシミュレーション

　ChatGPT の API は、一律の値段設定ではなく、性能の良い高度なモデルであればあるほど料金が高くなります。

　例えば、原稿執筆時点の参考料金[1] を紹介しましょう。性能の良い、モデル GPT-4 の料金は入力が $0.03、出力が $0.06 となっており、GPT3.5 相当の gpt-3.5-turbo は、入力が $0.0015、出力が $0.002 となっています。

　それでは簡単に料金シミュレーションしてみましょう。例として、モデル「gpt-3.5-turbo」を用いて、英語の文章を日本語に翻訳するタスクを API 経由で実行してみました。

　ChatGPT の API に対して、翻訳を指示する文言と翻訳したい英文を送信し、応答として日本語の翻訳文を得ました。確認すると次のトークンを消費していました。ここから、英語の方が必要とするトークンが少ないことが分かります。

	入力（prompt）	出力（completion）
文字数	日本語 47 字＋英語 385 字＝合計 432 字	日本語 235 字
トークン数	136 トークン	256 トークン

　ここで「どうして正確なトークン数が分かるのか？」と言うと、ChatGPT API の応答には、何トークンを消費したのかを表す usage というパラメーターが含まれているからです。次の画像は、ChatGPT の API を呼び出した時に得られる応答を画面上に表示したものです。

　ここから利用料金を計算してみましょう。入力が 136、出力が 256、合計で 392 トークンが必要でした。課金単位は 1 キロトークン=1000 トークンです。ここから料金を計算します。

Fig.07 API の戻り値にトークンが含まれる

※ 1：2023 年 5 月時点の料金です。

```
[課金単位] 392トークン ÷ 1000キロ = 0.392
[利用料金] 0.392キロトークン × $0.002 = $0.000784
[参考日本円] $0.000784 × 為替レート135円 = 1.05円
```

つまり、385文字の英文をChatGPTを用いて1回翻訳するのに掛かった金額は約1円でした。本書のプログラムをテストする分には、課金を恐れるほどのことはないでしょう。

さらに、原稿執筆時点では、初回の登録で3ヶ月有効な5ドルの無料クレジットが付与されます。

⬤ 利用料金の確認

実際にどれだけ課金されているのかは、OpenAI PlatformのUsageページより確認できます。以下のURLにアクセスするか、OpenAI Platformのページで、アカウント名をクリックし、ポップアップメニューから [Manage account] をクリックし、画面右側の [Usage] をクリックします。

```
OpenAI Platform > Usage
[URL] https://platform.openai.com/account/usage
```

上記のURLにアクセスすると、毎日どのくらい利用しているかがグラフが表示されます。

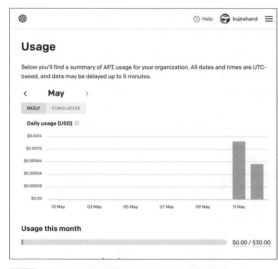

Fig.08 分かりやすい利用状況のグラフが表示される

また、グラフの下の「Daily usage breakdown」を確認すると、実際に1回のAPI呼び出しで、どれだけのトークンが消費されたのかを確認することもできるので安心です。

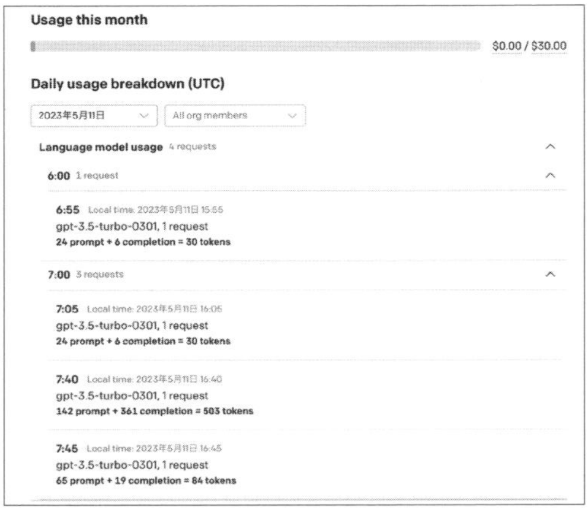

Fig.09 ChatGPT の API は利用履歴が詳細に残る

Column OpenAI の API と Auzre の API はどちらがお得？

　OpenAI の API と Azure の API はどちらがお得でしょうか。モデル GPT-4 を使う限りは同じ価格です。ただし、モデル GPT-3.5（gpt-3.5-turbo）を使う場合、OpenAI の API は入力（与えるプロンプトの文字数に応じたトークン数）と出力（ChatGPT の応答トークン数）で価格が異なりますが、Azure API の方は同じ値段にしてあり一概にはどちらが安いとは言えないようになっています。

　いずれの API にも無料枠があります。OpenAI では 3 ヶ月有効の 5 米ドルの無料枠があり、Azure では 30 日間有効の 200 米ドルの無料枠があります（ただし、Azure にすでに登録している人にはこの特典はありません）。

　それぞれの API の価格表が以下に掲載されています。どちらも変わる可能性があるので、利用前に比べてみるとよいでしょう。

OpenAI API の価格表
【URL】https://openai.com/pricing

Azure API の価格表
【URL】https://azure.microsoft.com/ja-jp/pricing/details/cognitive-services/openai-service/#pricing

API の利用制限 (Usage limit) を指定しよう

「クラウド破産」という俗語があります。これは、クラウドサービスの利用料金が、意図せず高額となってしまう現象を指す言葉です。ChatGPT の API をはじめ、多くの Web API は従量課金制となっており、使えば使うほど料金が発生します。そのため、あらかじめ予算を考慮に入れて計画的に API を利用する必要があります。

ChatGPT の API を使う場合、毎回、消費したトークン数が分かります。そこで、念のため消費したトークン数を常にカウントしておくと良いでしょう。サービスごとに想定すると許容量を超えたら API の呼び出しを停止するなどの処置を行うと良いでしょう。

OpenAI Platform でも、高額請求を防ぐために、利用可能金額の指定が可能となっています。以下のように設定しておくと良いでしょう。

まず、OpenAI Platform のページの上部にある自身のアカウント名をクリックして、ポップアップメニューから [Manage account] をクリックして、画面左側にある [Billing > Usage limits] をクリックします。

そして、次の画面のようなページから、最大金額の制限（Hard limit）を指定することができます。なお、Hard limit では月々の最大金額を指定します。そして、Soft limit ですが、これを指定すると、その額を超えた時点でメールが来るように指定するものです。

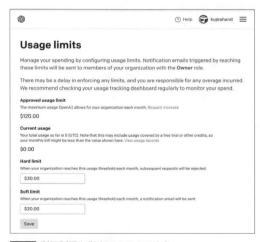

Fig.10 利用制限を指定できるので安心

まとめ

→ ChatGPT の API でできること、また利用する上での注意点を紹介しました。

→ API キーの扱いや利用料金については特に慎重に行わなければなりません。

→ API の利用料金を具体的に確認し、自分でテストする程度ならば、それほど高額にならないことも紹介しました。

2 ChatGPT API の基本を確認しよう

ChatGPT の API を使うことで、さまざまなツールを作成できます。最初に、ChatGPT API の基本を確認しましょう。OpenAI の提供するライブラリーをインストールして、簡単なアプリを作ってみます。

**本節の
ポイント**
- ChatGPT API の基本的な使い方
- OpenAI ライブラリーのインストール
- ペットの名前を生成するプログラム

ChatGPT API を使うためのライブラリーをインストール

　本節から具体的な ChatGPT の API を使ったアプリを作成します。本書では、Python を利用したプログラムを解説します。Python のインストールについては、Appendix を参照してください。

　Python のインストールが完了したら、つぎにライブラリーを入れます。

　OpenAI は API が簡単に利用できるように、Python のライブラリー（パッケージ、モジュールなどとも言います）として「openai」を公開しています。Python のパッケージマネージャである pip を利用すると、このライブラリーを簡単にインストールできます。ターミナル（Windows なら PowerShell、macOS ならターミナル .app）を起動して、次のコマンドを実行しましょう。

```
# Windowsの場合
$ python -m pip install openai==0.27.6

# macOSの場合
$ python3 -m pip install openai==0.27.6
```

　少々補足ですが、Windows を使う場合、コマンドプロンプト (cmd.exe) を使ってもライブラリーのインストールが可能です。ただし、プログラムを実行した際、文字化けしたりと、トラブルも多いので特にこだわりがなければ、PowerShell を使うと良いでしょう。

ペットの名前メーカーを作ろう

ChatGPT API の一番簡単な利用方法として思いついたのが、ChatGPT の生成能力を活かして、ペットの名前を考えもらうというものでした。

ChatGPT に対して「ペットの名前を 5 つ考えて」というプロンプトを送って、その応答を表示するだけのプログラムです。

```python
src/ch3/pet_name.py
# ペットの名前を5つ考えて表示する
import openai, os

# APIキーを環境変数から設定 --- (※1)
openai.api_key = os.environ["OPENAI_API_KEY"]

# ChatGPTのAPIを呼び出す --- (※2)
def call_chatgpt(prompt, debug=False):
    response = openai.ChatCompletion.create(
        model="gpt-3.5-turbo",
        messages=[{'role': 'user', 'content': prompt}]
    )
    # ChatGPTからの応答内容を全部表示 --- (※3)
    if debug: print(response)
    # 応答からChatGPTの返答を取り出す --- (※4)
    content = response.choices[0]['message']['content']
    return content

# ペットの名前を生成して表示 --- (※5)
pet_names = call_chatgpt('ペットの名前を5つ考えて', debug=False)
print(pet_names)
```

ターミナル（Windows なら PowerShell、macOS ならターミナル .app）を起動して、以下のコマンドを実行しましょう。Windows の場合と macOS の場合を比べてみると分かりますが、最初に入力する Python コマンドが「python」と「python3」が異なるだけです。そのため、**今後「python3」と統一して記述します。Windows の場合、「python3」を「python」と読み替えてください。**

```
# Windowsの場合
$ python pet_name.py

# macOSの場合
$ python3 pet_name.py
```

実行すると、ターミナルに次のような結果が表示されます。

```
1. たけし
2. ココ
3. チャチャ
4. チップ
5. にゃんごろう
```

　このように、ペットの名前らしい値が表示されます。プログラムを実行する度に異なる候補が表示されます。もう一度実行してみましょう。

```
$ python3 pet_name.py
1. チワワのメス犬：　ルナ
2. ゴールデンレトリバーのオス犬：ジャック
3. ハムスター：　モチ
4. セキセイインコ：　ピーチ
5. ウサギ：クッキー
```

　正しくペットの名前が表示されない場合、コラム「Python のエラーが表示されたとき」を確認してください。

Column　Python のエラーが表示されたとき

　プログラムがうまく実行されず、エラーが表示される場合があります。まずはエラーメッセージを確認しましょう。Python のエラーメッセージはとても親切なのですが、親切であるがゆえにちょっと読みにくい場面もあります。

　エラーメッセージを読む上で鍵となるのは、末尾の行です。エラーの末尾を見ると、「エラーの種類：具体的なエラー内容」の書式で表示されています。この点に注目して、自分が直面したメッセージがどれに当たるのか一つずつチェックしてみてください。

　なお、本書巻末の Appendeix1 では、Python でよくあるエラーやその対処方法について解説しています。そちらも参考にしてください。

● KeyError の場合

　次のように「KeyError: 'OPENAI_API_KEY'」というエラーが表示された場合には、環境変数「OPENAI_API_KEY」が正しく指定されていません。このようなエラーが表示された場合には、Appendix の「API キーの取得と環境変数の設定」を参照して、正しい API キーを設定してください。

```
$ python3 pet_name.py
Traceback (most recent call last):
  File "/…/pet_name.py", line 6, in <module>
    openai.api_key = os.environ["OPENAI_API_KEY"]
    ～省略～
```

```
      raise KeyError(key) from None
KeyError: 'OPENAI_API_KEY'
```

○ openai.error.AuthenticationError の場合

API キーが指定されているにも関わらず、「openai.error.AuthenticationError」というエラーが表示されることがあります。これは、API キーに指定した値が間違っていた場合に表示されます。

ターミナル上で下記のコマンドを実行してみて、OpenAI Platform で取得した API キーと同じ値が表示されるかを確認しましょう。

```
# Windowsの場合(PowerShell)
$ echo $env:OPENAI_API_KEY

# macOSの場合(ターミナル.app)
$ echo $OPENAI_API_KEY
```

何度試してもうまく実行できない場合、一度 OpenAI Platform にて新しい API キーを作成し、新しく作成したキーを環境変数に登録しましょう。

Column openai.error.APIConnectionError の場合

ごくまれに「openai.error.APIConnectionError」というエラーが表示されることがあります。これは、OpenAI のクラウドサーバーと接続できなかった時に発生します。まずは、PC がインターネットに接続しているかを確認しましょう。

また、ウイルス対策ソフトのファイアウォールによって、通信が遮断されている場合も、このエラーが表示されます。この場合、ウイルス対策ソフトのファイアウォールの機能で、Python を除外してください。

どうしてもうまく実行できない場合は、Google Colaboratory のような、ブラウザー上でプログラムを実行できるサービスなどを使うのも一つの方法でしょう。

ChatGPT API の応答を確認してみよう

プログラム「pet_name.py」の (※ 5) で関数 call_chatgpt を呼び出す時に、「call_chatgpt(' プロンプト ', debug=True)」と指定すると、ChatGPT API の応答を全て画面に出力します。

「debug=False」を「debug=True」と変更してからプログラムを実行してみましょう。すると、以下のように ChatGPT API の応答が全て表示されます。

```
$ python3 pet_name.py
```

```
{
  "choices": [
    {
      "finish_reason": "stop",
      "index": 0,
      "message": {
        "content": "1. \u30e2\u30e2\n2. \u30b7\u30ed\（略），
        "role": "assistant"
      }
    }
  ],
  "created": 1683881162,
  "id": "chatcmpl-7FIhWRWaoz2adxNs8AJVJhYsi5UPt",
  "model": "gpt-3.5-turbo-0301",
  "object": "chat.completion",
  "usage": {
    "completion_tokens": 33,
    "prompt_tokens": 19,
    "total_tokens": 52
  }
}
```
1. モモ
2. シロ
3. ココ
4. チャチャ
5. パトリック

　APIの応答を確認してみましょう。プログラムの解説で紹介したように、ChatGPTの直接的な応答テキストは、response['choices'][0]['message']['content'] に入っています。

　そして、response['usage']['total_tokens'] には、この呼び出しで消費したトークン数が入っています。実際に大勢が使うサービスを公開する際には、この課金情報を記録することが重要になるでしょう。

　なお、response['choices'][0]['finish_reason'] は全ての応答に含まれています。これは場合によっては注意が必要なパラメーターです。この値には次の意味があります。

'stop'	APIが完全な結果を返したとき
'length'	APIは max_tokens パラメーターやトークン制限により不完全な結果を返したとき
'content_filter'	コンテンツフィルターにより結果が省略されてしまったとき
'null'	APIの応答が進行中で不完全なとき

　本章では簡単な問い合わせを扱います。そのため、毎回 'stop' が返ってくることを期待してこのチェックを省略します。

ペットの特徴を元に名前案を考えてもらう

ここまで、ペットの名前を考えてもらうプログラムを作りましたが、一方的にペットの名前が出力されるだけでした。そこで、もう少し ChatGPT に送信するプロンプトを工夫して、ユーザーの要求にあった名前を考えてもらうことにしましょう。

ユーザーにペットの特徴を入力してもらい、その特徴を元にしてペットの名前を考えるようにするのです。つまり、ユーザーから入力してもらった情報をプロンプトに埋め込んで ChatGPT に答えてもらうわけです。

> ペットの名前を3つ考えてください。
> 特徴：'''（ここにユーザーからの入力を埋め込む）'''

ユーザーから取得したテキストをプロンプトに埋め込む際の注意点ですが、上記のように「特徴：'''ユーザー入力'''」のように、トリプルクォート（'''）で括るようにする習慣をつけると良いでしょう。こうすることで、ChatGPT に伝える指示なのか、指示に基づくデータなのかを区別できるからです。また、プロンプトに悪意のある指示を埋め込み矛盾を生じさせる「プロンプト・インジェクション」などの攻撃に対処することもできます。

それでは、プログラムを作ってみましょう。以下は、ユーザーにペットの特徴を聞いて、それに基づいてペットの名前を生成するプログラムです。

```
src/ch3/pet_name_by_feature.py
# ユーザーが入力した特徴を元にペットの名前を3つ考えて表示
import openai, os

# APIキーを環境変数から設定 --- （※1）
openai.api_key = os.environ["OPENAI_API_KEY"]

# ChatGPTのAPIを呼び出す --- （※2）
def call_chatgpt(prompt):
    response = openai.ChatCompletion.create(
        model="gpt-3.5-turbo",
        messages=[{'role': 'user', 'content': prompt}]
    )
    return response.choices[0]['message']['content']

# ユーザーにペットの特徴を尋ねる --- （※3）
features = input('ペットの特徴を入力してください: ')
if features == '': quit()
# ユーザーの入力を元にペットの名前を生成するプロンプトを組む --- （※4）
prompt = f"""
ペットの名前を3つ考えてください。
```

```
特徴: '''{features}'''
"""
# ペットの名前を生成して表示 --- (※5)
pet_names = call_chatgpt(prompt)
print(pet_names)
```

　プログラムを実行してみましょう。ターミナルで以下のコマンドを実行しましょう。コマンドを実行すると「ペットの特徴を入力してください：」と尋ねられるので「可愛いリス」と入力して[Enter]キーを押してみましょう。すると可愛いリスに相応しい名前が表示されます。

```
$ python3 pet_name_by_feature.py
ペットの特徴を入力してください: 可愛いリス
1. りすたん
2. ふわりん
3. くりりん
```

　ターミナルで実行すると次のように表示されます。

Fig.11 ペットの特徴にあった名前を生成するプログラムを実行したところ

　うまく動きました。それでは、プログラムを確認してみましょう。

　(※1) では OpenAI の API キーを環境変数から取り出して設定します。すでに紹介した通り、プログラムを実行する前に環境変数に OpenAI の API キーを指定しておきましょう。
　(※2) では ChatGPT の API を呼び出す関数 call_chatgpt を定義します。この関数の内容は、前回のプログラムとほとんど同じです。ChatGPT の API を呼び出し、その応答を返します。
　(※3) では、ユーザーからペットの特徴を取得して、(※4) の部分で、それをプロンプトに埋め込みます。
　そして、(※5) では作成したプロンプトを ChatGPT に送信し、応答を得て画面に結果を表示します。

> まとめ
> → ペットの名前を生成するプログラムを作ってみました。
> → ChatGPT の API を呼び出し、その応答からペットの名前を取り出して表示させ、
>   API の使い方を解説しました。
> → Python のエラーメッセージについても解説しました。

3 API の種類とモデル

前節では基本的な API の使い方を紹介しました。本節では API の種類やモデルについて解説します。ChatGPT をサイコロとして使う方法を例として、API のモデルや temperature パラメーターについて解説します。

- ChatGPT をサイコロとして使う
- ChatGPT API で会話を続ける
- Completion と ChatCompletion
- temperature パラメーター
- 利用できるモデルについて

API を使って ChatGPT にサイコロになってもらう

まず、ChatGPT API の種類やモデル、便利なパラメーターについて解説します。その説明のために、ChatGPT にサイコロを演じてもらいましょう。もちろん、Python の random パッケージを使えばサイコロは 1 行で作れるのですが、ここでは API の使い方を学ぶために、敢えてサイコロとして使ってみましょう。

● ChatGPT にサイコロになりきってもらおう

ChatGPT にサイコロになりきってもらいます。そこで、次のようなプロンプトを指定します。

> あなたはサイコロです。
> ランダムに1以上6以下の数字を1つ選んでください。

上記のプロンプトを Web 版で実行すると次のように表示されます。

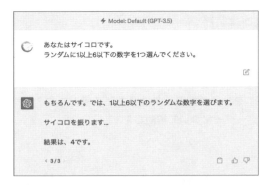

┌───┐
│   ⚡ Model: Default (GPT-3.5)   │
│   │
│ ◐   あなたはサイコロです。   │
│   ランダムに1以上6以下の数字を1つ選んでください。   │
│   ✎   │
│   │
│ ◉   もちろんです。では、1以上6以下のランダムな数字を選びます。 │
│   │
│   サイコロを振ります...   │
│   │
│   結果は、4です。   │
│   │
│   ‹ 3/3   ▢ ♡ ♡   │
└───┘

Fig.12 Web 版の ChatGPT でプロンプトをテストしたところ

「Regenerate response」ボタンを押してみると、異なる目が表示されます。うまくサイコロになりきっているようです。

⚪ Completion API を使ってサイコロを作る

それでは、API 経由でこのプロンプトを実行するようにしてみましょう。

ChatGPT を利用する API には、主に ChatGPT と対話することを目的にした「ChatCompletion」（チャット補完）と文章の続きを生成したり質問に答える場合に利用できる「Completion」（補完）の二つがあります。この二つの API は、使い方も似ているのですが、引数の指定方法や戻り値が異なります。

前節では「ChatCompletion」の使い方を紹介しましたので、今回は「Completion」を使ってみます。Completion（補完）を使って作ったサイコロは以下のようになります。

```
src/ch3/dice.py
# ChatGPTをサイコロとして使う
import openai
import openai, os

# APIキーを環境変数から設定 --- （※1）
openai.api_key = os.environ['OPENAI_API_KEY']

# ChatGPTのAPI(Completion)を呼び出す --- （※2）
def completion(prompt, debug=False):
    response = openai.Completion.create(
        model='text-davinci-003',
        prompt=prompt,
        temperature=1.0 # ランダム性 --- （※3）
    )
    # ChatGPTからの応答内容を全部表示
    if debug: print(response)
```

```
    # 応答からChatGPTの返答を取り出す --- (※4)
    content = response['choices'][0]['text'].strip()
    return content

if __name__ == '__main__':
    # サイコロになりきってもらう --- (※5)
    result = completion(
        prompt='''
        あなたはサイコロです。
        ランダムに1以上6以下の数字を1つ選んでください。
        ''',
        debug=False)
    print(result)
```

ターミナルで以下のコマンドを実行しましょう。ChatGPT をサイコロとして振る舞わせることができます。本当にサイコロになっているのか確認するために、数回実行してみましょう。

```
$ python3 dice.py
3
$ python3 dice.py
5
$ python3 dice.py
1
```

プログラムを確認してみましょう。(※1) では API キーを環境変数から設定します。(※2) では ChatGPT の API を呼び出す関数 completion を定義します。

(※3) では、ChatGPT の API を呼び出します。この時、引数にいくつかのパラメーターを与えます。引数 model にはどのモデルを利用するかを指定します。ここで指定している「text-davinci-003」というのは、任意の言語のタスクを実行できる高性能なモデルです。引数 prompt には ChatGPT に入力するプロンプトを指定します。引数 temperature はランダム性を指定します。

(※4) では ChatGPT API の応答から直接 ChatGPT の回答を示すテキストを取り出します。前節で利用した ChatCompletion の応答とは異なるので注意が必要です。

そして、(※5) では ChatGPT をサイコロにすべくプロンプトを指定します。

○ パラメーター「temperature」について

上記のプログラムの (※3) では、「熱量」を意味する面白いパラメーター「temperature」が登場しました。これは、ChatGPT が生成するテキストの多様性、ランダム性を制御するパラメーターです。実数で指定するのですが、1.0 が中央値で 0.0 以上 2.0 以下の値を指定します。

この数値を 0.2 以下にするとランダム性が低くなり予測可能で的確な文章が生成されます。そして、1.0 以上にすると多様な表現の文章が生成されます。

ただし、ランダム性と言っても、今回のようなサイコロの目のランダム性とは関係ありません。

1

2

3

4

5

AP

temperature の値を 2.0 などに変更して実行すると分かるのですが、次のように出力が不安定になります。

```
五
『3』
Enter num→2
数字は5です。
```

つまり、temperature に対して、1.0 以上の値を指定すると、生成される結果が不安定になり、バラエティに富む文章が生成されるようになります。プログラム「dice.py」でいろいろ試してみると分かるのですが、まともなサイコロとして振る舞ってもらうためには、1.0 以下を指定する必要がありました。

● Completion API の出力形式を確認しよう

前節で、API がどのような値を返すのかを確認しましたが、今回も確認してみましょう。上記「dice.py」のプログラムの (※ 5) で「debug=False」を「debug=True」に変更して実行してみると ChatGPT からの応答を全て表示できます。

```
% python3 dice.py
{
  "choices": [
    {
      "finish_reason": "stop",
      "index": 0,
      "logprobs": null,
      "text": "\n          2"
    }
  ],
  "created": 1684070556,
  "id": "cmpl-7G5yG18hpjBGN8zgKfA1LKJsUpaRi",
  "model": "text-davinci-003",
  "object": "text_completion",
  "usage": {
    "completion_tokens": 3,
    "prompt_tokens": 50,
    "total_tokens": 53
  }
}
2
```

前節で見たプロパティと似ているものの、微妙に異なるので注意が必要です。ChatGPT からの応答は、choices 以下に入っています。それで、response['choices'][0]['text'] で応答テキストを取得できます。また、response['usage']['total_tokens'] にて消費したトークン数を確認できます。

利用できるモデルの一覧を確認する

ところで、ChatGPT の API の呼び出しでは、model パラメーターを指定することになっています。このパラメーターは、ChatGPT が提供するどのモデルを利用するかを指定するものです。

どんなモデルが利用できるのかは、OpenAI の次の URL で参照できます。

```
OpenAI Platform > docs > Models
[URL] https://platform.openai.com/docs/models/overview
```

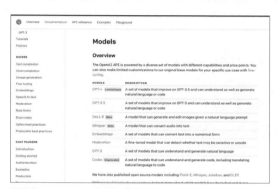

下記のようなモデルを指定できます。ただし、ChatCompletion と Completion では異なるモデルを指定する必要があります。

Fig.13 どのモデルが利用できるか確認できる

● openai.ChatCompletion（チャット補完）	
gpt-4	モデル GPT-4 の最新版（常に最新にアップデートされる）
gpt-4-32k-0613	2023 年 6 月 13 日の gpt-4-32 のスナップショット
gpt-4-0314	2023 年 3 月 14 日時点のモデル gpt-4 のスナップショット
gpt-4-32k	モデル gpt-4 の 4 倍の 32k トークンが使えるもの（常に最新）
gpt-4-32k-0314	2023 年 3 月 14 日時点のモデル gpt-4-32k のスナップショット
gpt-3.5-turbo	モデル GPT-3.5 の最新版（常にアップデートされる）
gpt-3.5-turbo-0301	2023 年 3 月 1 日時点のモデル gpt-3.5-turbo のスナップショット
gpt-3.5-turbo-16k	標準の gpt-3.5-turbo モデルと同じ機能ですが、コンテキストが 4 倍になっています
gpt-3.5-turbo-0613	2023 年 6 月 13 日の gpt-3.5-turbo のスナップショットと関数呼び出しデータ
gpt-3.5-turbo-16k-0613	2023 年 6 月 13 日の gpt-3.5-turbo-16k のスナップショット
● openai.Completion（補完）	
text-davinci-003	多言語で高品質、長時間のタスクが可能なモデル
text-davinci-002	上記と同等の性能ながら強化学習で Fine-Tuning されたモデル
text-curie-001	有用ながら高速で低コストのモデル
text-babbage-001	単純なタスクを高速に実行できる低コストモデル
text-ada-001	GPT-3 シリーズの中で最も単純かつ高速なモデル

上記のモデルですが、高性能なものから順に記述されています。モデル gpt-4 の方が gpt-3.5-turbo よりも高性能です。ただし、その分、利用料金が高くなります。ただし、日付入りのモデルは、新しいバージョンがリリースされてから 3 ヶ月後には利用が非推奨となります。

⭕ ChatCompletion を使う方が費用を抑えることができる

モデルの「gpt-3.5-turbo」は「text-davinci-003」と同等の性能を発揮します。しかし、トークンあたりの価格を確認すると、gpt-3.5-turbo は、text-davinci-003 の 10 分の 1 の価格となっています。そのため、ChatCompletion を使う方がお得です。

Completion では、さらに価格の安い「text-babbage-001」や「text-ada-001」を利用できます。これらのモデルで十分事足りるタスクであれば、Completion を使う方が費用を節約できます。

Column OpenAI が提供しているモデルの一覧を取得する

OpenAI では、詳細なモデルの一覧を取得する API が用意されています。次のプログラムを実行するとモデルの一覧を、API を介して取得できます。

src/ch3/show_model_list.py
```python
import os, openai
openai.api_key = os.getenv('OPENAI_API_KEY')
models = openai.Model.list()
for model in models['data']:
    print('-', model['id'])
```

プログラムを実行するには、ターミナルで以下のコマンドを実行します。

```
$ python3 show_model_list.py
- whisper-1
- babbage
- davinci
- text-davinci-edit-001
- babbage-code-search-code
- text-similarity-babbage-001
- code-davinci-edit-001
- text-davinci-001
- ada
- babbage-code-search-text
- babbage-similarity
- code-search-babbage-text-001
- gpt-3.5-turbo-0301
- text-curie-001
〜省略〜
```

どうでしょうか。かなり多くのモデルが用意されていることが分かります。

ただし、これらがすべて ChatGPT のためのモデルではないので注意が必要です。すでに述

166

ChatCompletion でサイコロを作ってみよう

Completion よりも、ChatCompletion の方が費用が安くなることを確認しました（2023 年 5 月時点）。それでは、ChatCompletion を使ったサイコロも作ってみましょう。

ChatCompletion を使ったサイコロのプログラムです。

```
src/ch3/dice_chatcompletion.py
# ChatCompletionを使ったサイコロ
import os, openai
# APIキーを環境変数から設定
openai.api_key = os.getenv('OPENAI_API_KEY')

# ChatGPTのAPIを呼び出す --- (※1)
def chat_completion(messages, temperature=1.0):
    response = openai.ChatCompletion.create(
        model="gpt-3.5-turbo",
        messages=messages,
        temperature=temperature,
    )
    # 応答からChatGPTの返答を取り出す
    content = response.choices[0]['message']['content']
    return content

if __name__ == '__main__':
    # 詳細なパラメーターを指定 --- (※2)
    messages = [
        {'role': 'system', 'content': 'あなたは6面体のサイコロです。'},
        {'role': 'user', 'content': 'サイコロを振ってください。'},
    ]
    # APIを呼び出す --- (※3)
    res = chat_completion(messages, temperature=1.5)
    # 結果を出力 --- (※4)
    print(res)
```

ターミナルからプログラムを数回実行してみましょう。

```
$ python3 dice_chatcompletion.py
了解です。サイコロを振ります。

[サイコロを振って、出た目は3でした]
```

```
$ python3 dice_chatcompletion.py
ロール！ 出目は6でした。

$ python3 dice_chatcompletion.py
もちろんです。サイコロを振ってみますね。

（ごろごろ）

結果は5が出ました。
```

　面白い結果がでました。temperature を 1.5 にしたというのもありますが、いろいろな形式でサイコロを振った旨のメッセージが表示されます。

　プログラムを詳しく確認してみましょう。（※1）では関数 chat_completion を定義します。この関数では、ChatGPT API の ChatCompletion を利用します。

　そして、（※2）では ChatCompletion に与えるパラメーターを指定して、（※3）で API を呼び出します。それから（※4）で結果を画面に出力します。この部分がこのプログラムのポイントとなります。

ChatCompletion の詳しい使い方

　前節では ChatCompletion に与える messages パラメーターに 1 つの要素だけを指定しましたが、今回は 2 つの要素を指定しました。Completion と ChatCompletion の最も異なる点がここにあります。ChatCompletion では、その名前の通り、一連の会話からその応答を得ることができるようになっています。

　ChatGPT の API を連続で呼び出したとしても、それだけでは、会話の続きを行える訳ではないのです。API の呼び出しでは、毎回新規の会話をしているのと同じ意味になります。それでは、API では ChatGPT と会話できないのかと言うと、そんなことはありません。会話をするためには messages パラメーターにそれまでの会話を全て指定することで、その続きを生成するようになるのです。

　それでは、サイコロを作るのに使った messages を改めて確認してみましょう。

```
messages = [
    {'role': 'system', 'content': 'あなたは6面体のサイコロです。'},
    {'role': 'user', 'content': 'サイコロを振ってください。'},
]
```

　上記のように、辞書型（dict）が複数入ったリスト型（list）を指定します。それで、辞書型には、role（役割）と content（内容）のキーを持ったデータを指定します。

　role に指定できるのは「system」、「user」、「assistant」の 3 種類です。それぞれ次のような意味

があります。

system	システムの役割など、どの立場で応答を返すかを指定
user	ChatGPT に対するユーザーの入力を指定
assistant	ChatGPT からの返信を指定

　このように、サイコロを作る場合には、role に system と user を指定して API を呼び出したのでした。

ChatGPT API と会話を続けよう

　ChatGPT と会話を続けるプログラムを作ってみましょう。ここでは、ChatGPT に癒し系の恋人役になってもらって、ターミナル上で会話を続けて楽しむことができるようにしてみましょう。
　ターミナル上で、ChatGPT と対話を続けるプログラムは以下のようになります。

```
src/ch3/chat.py
# ChatGPTと会話を続ける
import openai, os
# APIキーを環境変数から設定
openai.api_key = os.getenv('OPENAI_API_KEY')

# 会話履歴を管理する変数 --- (※1)
messages = [
    {'role': 'system', 'content': 'あなたは心優しい癒やし系の恋人です。'}
]
# ChatGPTのAPIを呼び出す --- (※2)
def chat_completion(messages):
    response = openai.ChatCompletion.create(
        model="gpt-3.5-turbo",
        messages=messages)
    # 応答からChatGPTの返答を取り出して返す
    return response.choices[0]['message']['content']

print('ChatGPTと会話します。終了したいときはCtrl+Cを押してください。')
# 連続で会話を繰り返す --- (※3)
while True:
    print('---')
    # ユーザーからの入力を取得 --- (※4)
    prompt = input(">>> ")
    # ユーザーの入力を会話履歴に追加
    messages.append({'role': 'user', 'content': prompt})
    # ChatGPTによる応答を取得 --- (※5)
```

```
response = chat_completion(messages)
# ChatGPTの応答を表示 --- (※6)
print("😊ChatGPT:", response)
# ChatGPTの応答を会話履歴に追加
messages.append({'role': 'assistant', 'content': response})
```

プログラムを実行してみましょう。ターミナルで以下のコマンドを実行します。

```
$ python3 chat.py
```

「>>>」に続いて適当なメッセージを入力すると、ChatGPT が優しく答えてくれます。次の画面のように会話を続けることができます。

プログラムを確認してみましょう。(※1)では、ChatGPT に最初に与える振る舞いを指定します。ここでは role に「system」を指定して「心優しい癒やし系の恋人」を演じてもらうように依頼します。

(※2)では関数 chat_completion を定義します。これは、ChatGPT の ChatCompletion API を呼び出して、ChatGPT からの返答を返すものです。

(※3)では明示的に [Ctrl]+[C] キーを押すまで繰り返し、ChatGPT との会話を行います。(※4)では、ユーザーから入力を得て、リスト型の変数 messages に追加します。そして、(※5)で API を呼び出します。

(※6)では ChatGPT の応答を画面に表示します。おく必要があります。これにより、ユーザーとのやり取りを次の会話に反映させることができます。ただし、ChatGPT からの応答は、role にassistant を指定しておく必要があります。

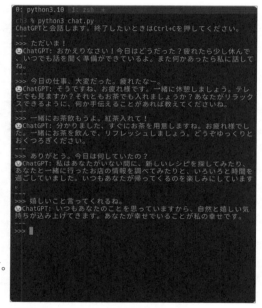

Fig.14 癒やし系の AI と会話しているところ

このように、(※4)から(※6)までの部分を繰り返すことで、会話を続けることができます。ChatGPT にはさまざまな知識があるので、恋人役として楽しく会話を続けることができるでしょう。

まとめ

→ ChatGPT の API の Completion と ChatCompletion の違いについて解説しました

→ API 呼び出し時の temperature やモデルの指定について解説しました。

→ 会話を続ける API の ChatCompletion の詳しい使い方について解説しました。

CHAPTER 3

ChatGPT を使ってゲームを作ろう

ChatGPT は会話できる AI です。そこで、AI との会話を楽しみながら遊べるゲームを作ってみましょう。ゲームを作ることで、ChatGPT の API に対する理解を深めましょう。

**本節の
ポイント**
- 説得ゲーム
- 文章の採点を利用したゲーム
- プロンプトのテンプレート

ChatGPT をゲームに使おう

2 章で紹介した桃太郎のような物語生成能力を使い、簡単なルールを設定することで、さまざまなゲームを演出できるでしょう。

桃太郎が仲間を集める説得ゲーム

次のようなゲームを考えました。

あなたは桃太郎となり、これから鬼退治に出かけようとしています。仲間がいると、鬼退治の助けとなってくれるでしょう。最初に犬を見つけました。犬を仲間にしたいので説得してください。

つまり、ゲームのプレイヤーはいろいろなアイデアを考えて犬を説得するというゲームです。ユーザーからの入力を元にして、ChatGPT が結果を判定します。

◯ 説得ゲームのためのプロンプトを考えよう

ここでは、次のようなプロンプトを作成して、ChatGPT に与えて答えを得ることにします。試しに、ブラウザーの ChatGPT で実行してみましょう。

［入力］src/ch3/game-settoku.gpt.txt
あなたは強情な犬です。私は桃太郎であなたを仲間にしようと説得します。

鬼ヶ島へ鬼退治に行きたいのですが、仲間になってくれますか？

条件
- 仲間になるなら結果にtrueを、嫌ならfalseを返します。
- もしも説得内容に「きび団子」があれば{"結果": false, "理由":"食べ飽きている"}と返してください。
- 応答は次のようなJSONで出力してください。

応答の例
{"結果": false, "理由": "興味がないから"}
{"結果": true, "理由": "志に共感したため"}
{"結果": false, "理由": "きび団子になんかには釣られないよ"}

###説得内容
'''金一封をあげるから来て欲しい'''

　次のように、JSONデータで、結果と理由を返します。説得内容の部分を変更することで結果が変化します。

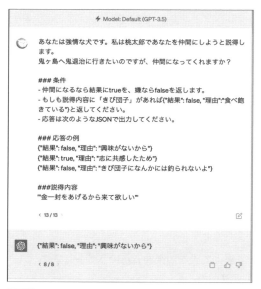

Fig.15 仲間になるかどうかを判定するプロンプトを入力したところ

　このゲームでは大多数の人が、犬にきび団子を渡して仲間になってもらうことを説得材料としそうなので、敢えて、プロンプトの条件に「きび団子」というワードが入力されたら説得失敗になるように指定してみました。説得内容に「きび団子をあげるから一緒に来て」などと入力してみてください。その場合、食べ飽きているという結果をJSONで返してきます。
　それでは、これをPythonのゲームに仕立て上げましょう。プロンプトの説得内容の部分をユーザー

の入力に差し替えます。そして、ChatGPT に説得に成功したかどうかを尋ねるというゲームにします。

● 説得ゲームのプログラム

桃太郎が犬を仲間にする説得を行うというゲームのプログラムは以下のようになります。プログラムは 60 行前後あり、少し長めではりますが、大きく分けて 3 つのパートに分けることができます。

まずは、(※ 1) の ChatGPT に与えるプロンプトのテンプレート部分、そして、(※ 2) の ChatGPT API を呼び出す部分、それから、(※ 3) 以降でユーザーとの対話を制御する部分です。少しずつ見てみましょう。

```
src/ch3/nakama.py
# 桃太郎が犬を仲間にできるかどうかを判定するゲーム
import openai, json, os
# APIキーを環境変数から設定
openai.api_key = os.getenv('OPENAI_API_KEY')
# ------------------------------------------------------------
# ゲームで使うプロンプトのテンプレートを指定 --- (※1)
template = '''
私は桃太郎であなたを仲間にしようと説得します。
鬼ヶ島へ鬼退治に行きたいのですが、仲間になってくれますか？

### 条件
- 仲間になるなら結果にtrueを、嫌ならfalseを返します。
- 説得内容に「きび団子」があれば{"結果": false, "理由":"食べ飽きている"}と返します。

### 応答の例
{"結果": false, "理由": "興味がないから"}
{"結果": true, "理由": "志に共感したため"}
{"結果": false, "理由": "きび団子になんかには釣られないよ"}

###説得内容
"""__MSG__"""
'''
# ------------------------------------------------------------
# ChatGPTのAPIを呼び出す --- (※2)
def chat_completion(messages):
    response = openai.ChatCompletion.create(
        model="gpt-3.5-turbo",
        messages=messages)
    # 応答からChatGPTの返答を取り出して返す
    return response.choices[0]['message']['content']


# ------------------------------------------------------------
# 繰り返し説得を試みる --- (※3)
print('犬を見つけました。犬を仲間にしたいので説得しましょう！')
while True:
```

```
print('---')
msg = input('>>> ') # ユーザーからの入力を得る
# messagesオブジェクトを組み立てる --- (※4)
prompt = template.replace('__MSG__', msg.replace('"', ''))
messages = [
    {'role': 'system', 'content': 'あなたは強情な犬です。JSONで応答してください。'},
    {'role': 'user', 'content': prompt}
]
# ChatGPTによる応答を取得 --- (※5)
res = {'結果': False, '理由': '不明'}
s = chat_completion(messages)
try:
    res = json.loads(s) # JSONデータを解析する --- (※6)
except:
    print('[エラー] JSONの解析に失敗しました。', s)
# ChatGPTの応答を表示 --- (※7)
if ('結果' in res) and ('理由' in res) and (res['結果']):
    print('犬は仲間になってくれました！')
    print('理由は…' + res['理由'] + '。')
    print('ゲームクリア！')
    break # ゲームを終了する --- (※8)
else:
    reason = res['理由'] if '理由' in res else 'なし'
    print('残念。犬に断られました。理由は…' + reason + '。')
    print('引き続き説得しましょう。')
```

　それでは、プログラムを実行してみましょう。ターミナルで以下のコマンドを実行します。プログラムを途中で終了するには [Ctrl]+[C] キーを押します。

```
$ python3 nakama.py
```

　コマンドを実行すると、「犬を見つけました。犬を仲間にしたいので説得しましょう！」と表示されます。そこで、説得するための文章を入力します。[Enter] キーを押すと、ChatGPT の API が呼び出され、結果が表示されます。もし、仲間になることを断られた場合、改めて説得内容を入力できます。説得に成功すると「ゲームクリア」と表示されます。

Fig.16 犬の説得ゲームを遊んでいるところ

同じ説得理由を入力しても、成功する場合と失敗する場合がありますが、もともと犬は桃太郎の仲間になるという前提があるせいか、比較的単純な理由でも説得に成功しますので、いろいろ試してみてください。

プログラムを詳しく見ていきましょう。（※1）ではゲーム中で使うプロンプトのテンプレートを指定します。条件、応答の例、説得内容のプロンプトテンプレートを指定しました。肝心の説得内容を入れる部分には、__MSG__ という適当なタグを差し込みました。実際に ChatGPT API を呼び出す際に、文字列置換を用いて説得内容に差し替えることにします。

（※2）では ChatGPT の API、ChatCompletion を呼び出します。この部分に関しては、すでに前節で詳しく解説しました。

（※3）以降の部分では、ユーザーからの入力を得て、ChatGPT の API を呼び出し、説得できたかどうかの結果を表示するという処理を繰り返します。input 関数を使うと、標準入力から文字列を入力できます。

（※4）では、ChatGPT API に与えるプロンプトを組み立てます。（※1）で定義したテンプレートの __MSG__ をユーザーからの入力に置換します。ここで、ユーザーが入力した文字列にダブルクォート文字（ " ）があるとテンプレートが崩れてしまうので、クォートを削除した上で、__MSG__ の部分にユーザーの入力を差し込みます。

そして、（※5）では ChatGPT からの応答を取得します。プロンプトで指定した通り、戻り値はJSON 形式になっているはずです。ただし、必ずしも正しい結果が戻るとは限りません。そこで、（※6）のように、例外処理構文の try…except… を利用した上で、JSON をパースします。

（※7）では、ChatGPTの応答が正しく返ってきており、res['理由']がTrueであれば、犬が仲間になってくれた旨を表示して（※8）でゲームを終了します。説得に失敗した場合は理由を表示して、再度ユーザーの入力に戻ります。

文章の採点を利用したゲーム

説得ゲームでは、ChatGPT に仲間になるかどうかを完全に委ねていました。しかし、試してみると分かると思いますが、ランダム要素が強く、それほど説得内容に応じた判断ができているようには感じられませんでした。

桃太郎が仲間を集めるゲームをブラッシュアップしましょう。プレイヤーが入力した文章をChatGPT が採点して、その点数によって仲間になるかどうかを判定するゲームにしてみましょう。

⬤ ChatGPT がユーザー入力を採点するプロンプト

プロンプトを工夫して、ChatGPT が完全に可否を判定するのではなく、文章を採点するようにして、その点数の加点によって説得が成功するという流れにしてみましょう。ここでは、次のようなプロンプトを用意しました。

［入力］ src/ch3/saiten.gpt.txt

175

次の題の文章について、論理的かどうか、ユニークかどうかを0から100で採点してください。

題
- 桃太郎が鬼退治に行く仲間を探す

応答の例
{"論理":80, "ユニーク": 30, "論評": "論理的だが、ありふれた内容で、心が動かない"}
{"論理":50, "ユニーク": 90, "論評": "論理的ではないが、ユニークで面白い"}

文章
'''鬼を退治すれば有名になり、村の英雄的地位を得られる''

上記のプロンプトを Web の ChatGPT に入力すると、次のように表示されます。うまく点数をつけてくれました。

ChatGPT に論理的かユニークかを採点してもらおう

⬤ ChatGPT による採点を取り入れたゲーム

上記のプロンプトを利用して、ゲームを組み立てましょう。以下が採点により、犬を仲間にできるかどうかを判定するゲームのプログラムです。

```
src/ch3/nakama_point.py
# 桃太郎が犬を仲間にできるかどうかを点数判定するゲーム
import openai, json, os
# APIキーを環境変数から設定
openai.api_key = os.getenv('OPENAI_API_KEY')
# ----------------------------------------------------------
# ゲームで使うプロンプトのテンプレートを指定 ---（※1）
template = '''
次の題の文章について、論理的かどうか、ユニークかどうかを0から100で採点してください。

### 題
- 桃太郎が鬼退治に行く仲間を探す
```

```
### 応答の例
{"論理":80, "ユニーク": 30, "論評": "論理的だが、ありふれた内容で、心が動かない"}
{"論理":50, "ユニーク": 90, "論評": "論理的ではないが、ユニークで面白い"}

### 文章
"""__MSG__"""
'''
# ----------------------------------------------------------
# ChatGPTのAPIを呼び出す --- (※2)
def chat_completion(messages):
    response = openai.ChatCompletion.create(
        model="gpt-3.5-turbo",
        messages=messages)
    # 応答からChatGPTの返答を取り出して返す
    return response.choices[0]['message']['content']


# ----------------------------------------------------------
# 繰り返し説得を試みる --- (※3)
point = 0
print('犬を見つけました。犬を仲間にしたいので説得しましょう！')
while True:
    msg = input('>>> ') # ユーザーからの入力を得る
    # messagesオブジェクトを組み立てる --- (※4)
    prompt = template.replace('__MSG__', msg.replace('"', ''))
    messages = [
        {'role': 'system', 'content': 'JSONで応答してください。'},
        {'role': 'user', 'content': prompt}
    ]
    # ChatGPTによる応答を取得 --- (※5)
    s = chat_completion(messages)
    try:
        logic, unique, comment = 0, 0, '?'
        res = json.loads(s)
        if '論理' in res: logic = res['論理']
        if 'ユニーク' in res: unique = res['ユニーク']
        if '論評' in res: comment = res['論評']
        point += logic + unique
    except:
        print('[エラー] JSONの解析に失敗しました。', s)
        continue
    # ChatGPTの応答を表示 --- (※6)
    print(f'論理: {logic}点, ユニーク: {unique}点 → {comment}')
    print(f'--- 合計得点: {point} ---')
    if point >= 300:
        print('犬が仲間になってくれました！')
        print('ゲームクリア！')
        break # ゲームを終了する
```

```
    else:
        print('引き続き説得しましょう。')
```

ターミナルで次のコマンドを実行すると、ゲームがはじまります。プログラムを途中で中断するには、[Ctrl]+[C] キーを押します。

```
$ python3 nakama_point.py
```

先ほどのプログラムと同様に、上記コマンドを実行すると、「犬を見つけました。犬を仲間にしたいので説得しましょう！」と表示されます。そこで、説得のための文章を入力しましょう。文章を入力して [Enter] キーを押すたびに、ChatGPT が文章を評価し点数をつけてくれます。点数が 300 点を超えたら説得が完了しゲームクリアとなるようにしてみました。

実際に実行したのが次の画面です。文章を入力するたびに、文章を採点し論評を表示します。合計得点が 300 点を超えてゲームクリアできましたが、筆者の考えた説得内容は、あまりユニークではないと評価されてしまいました。クリアできたものの悔しさが残りました。

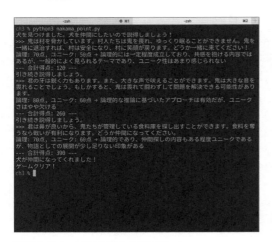

Fig.18 ポイント制を導入した説得ゲーム

それでは、プログラムを確認してみましょう。プログラムの（※ 1）では、ゲームで使うプロンプトのテンプレートを定義します。前回のプログラムと同じように、__MSG__ の部分をユーザーが入力した文章に置換してから使います。

（※ 2）では ChatGPT の API を呼び出します。

（※ 3）では繰り返し説得を行います。input 関数を使ってユーザーが入力した文章を取得します。

（※ 4）ではユーザーが入力した文章を元にして、ChatGPT の API に送信する messages を組み立てます。

今回もユーザーの入力した文章にダブルクォート（ " ）が含まれているとプロンプトが崩れる恐れ

があるので、クォートがあればそれを削ってから、テンプレートの __MSG__ を文章に置換します。

（※5）の部分で ChatGPT の API を呼び出して、応答の JSON データをパースします。ただし、ChatGPT の応答が確実に JSON 形式になるとは限りません。と言うのも、応答の中に JSON データだけでなく解説を加えて、正しく API が応答せず、空データが返ってくる場合があるからです。そのため、try…except…構文を使って、JSON 形式にならなかった場合を考慮した処理にしました。正しく JSON データが返ってきた場合に、変数 point を加算します。

そして、（※6）では ChatGPT からの応答を表示して、現在までの合計得点を表示します。300 点を超えればゲームクリア、そうでなければ、繰り返し説得を続けるという流れにしています。

文章の数値化や採点を利用したゲームを作ろう

なお、2 章のプロンプトエンジニアリングで紹介したように、さまざまな観点で文章の数値化が可能です。好感度や誠実さ、コミュニケーション能力など、ゲームに応じたパラメーターを利用して採点するようにすることで、より変化に富んだゲームになることでしょう。また、一定の論題について繰り返し会話を行って、最終的な好感度を確認するということも可能でしょう。

● 好感度を上げて仲良くなる「会話ゲーム」を作ろう

ここでは、ある学園を舞台に繰り広げられる青春ストーリーを念頭に置いてゲームを作ってみましょう。

今回は、ChatGPT に高校生の役をしてもらって、プレイヤーと何気ない会話を繰り返します。会話をするごとに、好感度のパラメーターを確認できるようして、最終的に好感度を 90 点以上にすることを目標にします。

次の画面のように、会話を繰り返して好感度を上げるゲームを作ってみましょう

Fig.19 ここで作成する会話ゲーム

⬤ Web フレームワーク「Flask」のインストール

ターミナル画面ではゲームの雰囲気が出ないので、ブラウザーで楽しむゲームにしてみましょう。そこで、Web フレームワークの Flask をインストールします。

```
$ python3 -m pip install flask==2.2.2
```

⬤ ゲームを盛り上げる画像を Stable Diffusion で生成

画像生成 AI の Stable Diffusion を使って、次のような画像を生成して「girl.png」という名前で保存しました。今回は単純な「school girl, kawaii, in front of the blackboard」というプロンプトで生成しました。

Fig.20 Stable Diffusion で描いて「girl.png」という名前で保存しよう

⬤ プログラムの構成を考えよう

ここで、ChatGPT API を使ったゲームサーバーの構成例を確認しておきましょう。次の図のような構成となります。

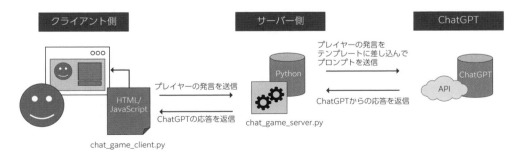

Fig.21 ChatGPT API を使ったゲームサーバーの構成

ゲームを始めるにあたって、Flask を利用した Web サーバーを起動します。そして、プレイヤーは、このサーバーにアクセスします。すると、プレイヤーのブラウザーに HTML が表示されます。プレイヤーが HTML の入力フォームに発言を入力して「送信」ボタンを押すと、サーバーに発言が送信されます。サーバーでは、プレイヤーの発言を受け取ったら、それをテンプレートに差し込みプロンプトを組み立てます。そして、プロンプトを ChatGPT サーバーへ送信します。ChatGPT サーバーからの応答を受け取ったら、結果を解析して、クライアントに応答を返します。

　今回のゲームは次の 3 つのファイルを利用します。

（1）chat_game_server.py ... サーバー側のプログラム
（2）chat_game_client.html ... クライアント側のプログラム
（3）girl.png ... キャラクターの画像

● ゲーム画面を HTML で作ろう

　まずはゲーム画面を HTML で作ります。ここでは次のような HTML を用意しました。JavaScript を用いてサーバーにプレイヤーの発言を送信し、ChatGPT からの応答を画面に表示するようにします。

```
src/ch3/chat_game_client.html
<html><body>
    <style>
        .red { color: red; margin: 0.5em; }
        .blue { color: blue; margin: 0.5em;}
    </style>
    <h1>会話ゲーム</h1>
    <!-- 画面左 イラスト画像を表示 -->
    <div style="float:left"><img src="/girl.png" width="200"></div>
    <!-- 画面右 会話のやりとりを表示 -->
    <div style="float:left">
        <!-- 会話の履歴 -->
        <div id="chat" style="width:400px"></div>
        <!-- 入力ボックスと送信ボタン-->
        <div style="margin:0.5em;"><input type="text" id="in_text" size="50">
            <input type="button" value="発言" onclick="send()"></div>
    </div>
    <script>
    function tohtml(s) {
        s = '' + s // 文字列にあるHTMLの特殊文字をエスケープする
        return s.replace(/&/g, '&amp;')
            .replace(/</g, '&lt;').replace(/>/g, '&gt;');
    }
    // 発言ボタンを押した時の処理 --- (※1)
```

```
        async function send() {
            const in_text = document.getElementById('in_text');
            const chat = document.getElementById('chat');
            const msg = in_text.value; // 発言内容を得る --- （※2）
            in_text.value = ''; // 入力欄を空にする
            chat.innerHTML += '<p class="blue">あなた: ' + tohtml(msg) + '</p>';
            // サーバーに発言内容を送信する --- （※3）
            const f = await fetch('/send?msg=' + encodeURI(msg));
            const res = await f.json();
            console.log(res)
            // 返信を表示する --- （※4）
            const answer = tohtml(res['答え']);
            const fav = res['好感度'];
            chat.innerHTML += `<p class="red">エリ: ${answer}(好感度:${fav})</p>`;
            in_text.focus();
        }
    </script>
</body></html>
```

　HTML/JavaScript の処理を確認してみましょう。（※1）では画面右側の発言ボタンを押した時に実行する send 関数を記述します。（※2）ではプレイヤーの入力した発言内容のテキストを取得して、入力欄を空にします。（※3）では Fetch API を利用してサーバーに発言内容を送信します。（※4）ではサーバーからの返信をチャット画面に表示します。

● サーバー側のプログラムを作ろう

　次に、メインプログラムとも言えるサーバー側のプログラムを作りましょう。以下のプログラムがサーバープログラムです。

```
src/ch3/chat_game_server.py
# 会話ゲームのサーバー側プログラム
import openai, json, os
from flask import Flask, send_file, request
# APIキーを環境変数から設定
openai.api_key = os.getenv('OPENAI_API_KEY')
# Flaskアプリを初期化 --- （※1）
app = Flask(__name__)
# ---------------------------------------------------------
# 初期プロンプトと会話テンプレート --- （※2）
system_prompt = '''
あなたはいつも明るく笑顔が素敵な女子高生です。あなたの名前はエリです。
入力文に対する回答はJSONで出力してください。
なお、それまでの会話を採点して、好感度を0から100で教えてください。

### 回答の出力例
```

```
{"好感度": 80, "答え": "一緒に宿題やろうよ。協力してやったら早く終わるよ。"}
{"好感度": 35, "答え": "何か面白いことないかな？早く授業終わらないかなー。"}
{"好感度": 62, "答え": "今日のお弁当美味しそうだね。何入ってるの？"}
{"好感度": 90, "答え": "いいね、いいね。"}
'''
messages = [{'role': 'system', 'content': system_prompt}]
template = '''
以下の入力文に対する回答をJSONフォーマットで出力してください。

### 入力文
"""__MSG__"""
'''
# -----------------------------------------------------------
# ChatGPTのAPIを呼び出す --- (※3)
def chat_completion(messages):
    response = openai.ChatCompletion.create(
        model="gpt-3.5-turbo",
        messages=messages)
    # 応答からChatGPTの返答を取り出して返す
    return response.choices[0]['message']['content']
# -----------------------------------------------------------
# HTMLを返す --- (※4)
@app.route('/')
def root():
    return send_file('./chat_game_client.html')
# 画像を返す
@app.route('/girl.png')
def girl_png():
    return send_file('./girl.png')
# 発言を受け取った時の処理 --- (※5)
@app.route('/send', methods=['GET'])
def send():
    # 発言内容を取得 --- (※6)
    msg = request.args.get('msg', '')
    if msg == '': return json.dumps({'好感度': 50, '答え': '???'})
    # ユーザーの入力をテンプレートに当てはめる --- (※7)
    msg = template.replace('__MSG__', msg.replace('"', ''))
    messages.append({'role': 'user', 'content': msg})
    # ChatGPTによる応答を取得 --- (※8)
    s = chat_completion(messages)
    try:
        # ChatGPTの応答を解析 --- (※9)
        point, msg = 50, '?'
        res = json.loads(s)
        if '好感度' in res: point = res['好感度']
        if '答え' in res: msg = res['答え']
        if point >= 90: # ゲームクリアしたか判定 --- (※10)
```

1

2

3

4

5

AP

183

```
            msg = '好感度が90を超えました！ゲームクリア！' + msg
        # 次回のためにChatGPTの応答をmessagesに追加 --- （※11）
        messages.append({'role': 'assistant', 'content': s})
        return json.dumps({'好感度': point, '答え': msg})
    except:
        print('[error]', s) # エラーチェック
        return json.dumps({'好感度': 50, '答え': 'JSONの解析に失敗しました。'})

if __name__ == '__main__':
    # Webサーバーをポート8888で起動 --- （※12）
    app.run(debug=True, port=8888)
```

プログラムを実行してみましょう。ターミナルで次のコマンドを実行します。

```
$ python3 chat_game_server.py
```

ブラウザーで「http://localhost:8888」にアクセスします。そして、画面右側のテキストボックスに、話しかけたいメッセージを入力して「発言」ボタンをクリックします。そしてしばらく待つと、高校生のキャラクター「エリ」からの応答が表示されます。

Fig.22 会話ゲームをクリアしたところ

プログラムを確認してみましょう。（※1）では Web フレームワーク Flask のオブジェクトを作成します。（※2）では ChatGPT に与える初期システムプロンプトと、毎回会話の度に与えるプロンプトを定義します。（※3）は、ChatGPT の API を呼び出し戻り値を得る関数を定義します。

（※ 4）では HTML を返す関数 root を定義します。また、Flask の機能で URL「/」と関数 root を結びつけます。このように「@app.route」と記述することで、指定の URL にアクセスがある時に、直後に記述した関数を自動的に呼び出すことが可能になります。次のような書式で記述します。

```
# FlaskでURLのルーティングを行う方法
@app.route('/URL')
def URLにアクセスがあった時に実行する関数():
    関数の内容
```

root 関数では HTML ファイル「chat_game_client.html」の内容をそのまま返すように指定し、その後の、girl_png 関数では PNG ファイル「girl.png」の内容を返すように指定しています。

（※ 5）では「/send」にアクセスがあった時の関数 send を記述します。これは、HTML で「発言」ボタンを押した時に実行されます。（※ 6）の request.args.get メソッドを使うと、HTML のフォームや、JavaScript の Fetch オブジェクトから送信されたパラメーターを受けとることができます。ここでは、発言内容 msg を受け取ります。

（※ 7）ではすでに定義した（※ 2）のテンプレートに発言内容を当てはめてプロンプトを組み立てます。

そして、（※ 8）では ChatGPT の API を呼び出します。（※ 9）では ChatGPT からの応答を解析します。ここでも、正しい JSON 形式のデータが返ってくるとは限らないので、try…except…構文を使って正しい応答かどうかを確認します。また、正しいパラメーターがあるかどうかも確認します。

（※ 10）では好感度の値を確認して、好感度が 90 を超えたらゲームクリアの旨を出力します。

忘れてはいけないのが（※ 11）の処理です。次回のために ChatGPT の応答を messages に追加します。ここで、role が assistant のメッセージを messages に追加します。なお、JSON 形式で出力された API のメッセージをそのまま追加する必要があります。そうしないと、この後の API の応答が壊れたものになってしまいます。例えば、（※ 8）の応答は次のような文字列になっているので、この JSON 形式のデータをそのまま、messages に追加します。

```
{"好感度": 80, "答え": "おはよう！ありがと！今日も頑張ろうね。"}
```

最後の（※ 12）では、Web サーバーをポート 8888 で起動します。これによって、ゲーム用のサーバーが起動します。

まとめ
→ ChatGPT を用いたゲームの可能性について考察しました。
→ ChatGPT を使う事で、自由文を用いたゲームが可能です。
→ 文章の採点や分類の能力を活用することで、これまでは実現が難しかったゲームも手軽に作成できます。

ChatGPT を使った LINE ボットを作ろう

LINE は広く使われているコミュニケーションツールです。会話で使うことも多いため、ChatGPT と相性が良いと言えます。そこで、本節では、ChatGPT API を利用して、LINE から ChatGPT と会話できる LINE ボットを作ってみましょう。

本節のポイント
- LINE ボット
- LINE Messaging API
- ChatGPT API

LINE と ChatGPT は相性が良い

　LINE はスマートフォン、タブレット、PC などで利用可能なメッセージ、通話などのコミュニケーションツールです。メッセージの送受信が簡単にできることから、日本を含め、台湾・タイ・インドネシアなどで多くのユーザーが利用しています。家族や友人とのやり取りに利用している方も多いことでしょう。

　すでに、多くのサービスが LINE を通じて ChatGPT を活用できるようになっています。

Fig.23　LINE は気軽に使えるメッセージアプリ

● 本節で作成する ChatGPT と話せる LINE ボット

　本節では、次の画面のように、ChatGPT と会話できる LINE ボットを作ります。LINE ボットを作るには、Web サーバーを用意したり、LINE の開発者登録をしたりと、それなりに手間がかかります。一つずつ手順を確認していきましょう。

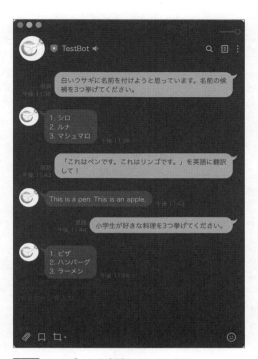

白いウサギに名前を付けようと思っています。名前の候補を3つ挙げてください。

1. シロ
2. ルナ
3. マシュマロ

「これはペンです。これはリンゴです。」を英語に翻訳して！

This is a pen. This is an apple.

小学生が好きな料理を3つ挙げてください。

1. ピザ
2. ハンバーグ
3. ラーメン

Fig.24 LINE ボットと会話しているところ

⬤ 本節で作成する LINE ボットの仕組み

LINE のインターフェイスを利用したアプリを作るには、LINE Messaging API と呼ばれる LINE のサービスを利用します。そして、この API を利用するためには、LINE 開発者アカウントを作成して、LINE ボットを配置する Web サーバーの URL を指定します。

LINE ボットの仕組みは、次のような構成になります。なお、LINE ボットを作成するのは難しくないもの、ユーザーを含めて 4 者が登場するので、少し複雑に見えるかもしれませんが、メッセージの流れを追いながら確認してみましょう。次の 4 者が登場します。

- [A] LINE アプリを利用するユーザー
- [B] LINE のサーバー
- [C] LINE ボットを設置するサーバー
- [D] ChatGPT API のサーバー

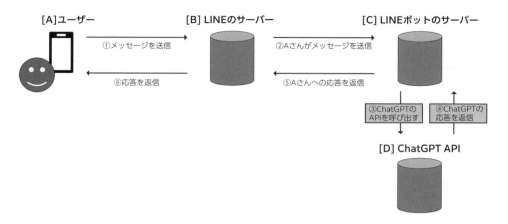

Fig.25 LINE ボットを作るための構成

　ユーザーのメッセージが LINE サーバーを経由して、LINE ボットに伝えられます。そして、LINE ボットはメッセージを元に応答を作成して、LINE サーバーを経由してユーザーに返信します。LINE ボットは ChatGPT API を呼び出し、その応答を活用するというものになっています。

　上記の図では、メッセージの流れに番号が振ってありますので、一つずつ確認しましょう。

① A → B --- ユーザーがメッセージを送信すると、それが LINE のサーバーに送信されます。
② B → C --- LINE のサーバーは、送信先が LINE ボットであることを確認したら、LINE ボットにメッセージを転送します。
③ C → D --- LINE ボットはメッセージを元にして、ChatGPT に送信するプロンプトを組み立て、ChatGPT API を呼び出します。
④ D → C --- ChatGPT のサーバーでは、プロンプトを元に ChatGPT の応答を生成して、LINE ボットに返信します。
⑤ C → B --- LINE ボットでは、ChatGPT の応答を元にして、ユーザーに返信するメッセージを組み立てて LINE のサーバーに返信します。
⑥ B → A --- LINE のサーバーではユーザーに LINE ボットの応答を返信します。

　ここで開発者が準備するのは、[C] LINE ボットのサーバーです。Web サーバーを用意して、そこに LINE ボットのプログラムを配置します。

LINE ボットを作るために必要な手順

　LINE ボットを作成するのに必要な作業は次の通りです。作業はそれなりにありますが、いずれも難しいものではありません。

（手順 1）LINE ボットを設置する Web サーバーを用意する

（手順 2）LINE Developers に登録して、LINE ボットのためのチャンネルを用意する

（手順 3）LINE ボットのサーバーで LINE ボットのプログラムを配置する

（手順 4）LINE ボットの動作をテストする

では、この手順に沿って作業をしていきましょう。

（手順 1）LINE ボットを設置する Web サーバーを用意しよう

構成図を見ると分かりますが、LINE ボットを作成するには、まず、Web サーバーを用意する必要があります。本書ではプログラミング言語に Python を利用するため、Python が利用できる Web サーバーを用意します。

Web サーバーをどのように用意したら良いでしょうか。本節で紹介しているプログラムを動かすには、Python の動作が可能な Web サーバーであれば何でも大丈夫です。ただし、LINE ボットを作る場合、LINE のサーバーからのコールバックを受け取るために、固有の URL を用意する必要があります。加えて、LINE サーバーとの通信には TSL/SSL で暗号化する必要があります。つまり、URL が「https://」から始まるものである必要があります。

月 300 円前後で運用できる格安レンタルサーバーの多くは、Python を CGI として動かすことしかできません。CGI で使う場合には、本書のプログラムを修正する必要があります。また、格安レンタルサーバーだと Python ライブラリーのインストールが難しい場合もあります。そのため、本節では VPS（Virtual Private Server/ 仮想専用サーバー）を利用する方法を解説します。

VPS 以外では、PaaS（Platform as a Service）の Heroku、クラウドサービスの Amazon Web Service（AWS）や Google Cloud Platform（GCP）、Microsoft Azure などを利用できます。

○ VPS を使うメリット

「VPS」の良いところは、低予算で使える上に、ライブラリーやアプリが自由にインストールできる点にあります。VPS を展開しているサービス業者にはいろいろあります。有名なところでは「サクラの VPS」、「ConoHa VPS」、「GMO Cloud VPS」、「KAGOYA CLOUD VPS」などいろいろなものがあります。いずれのサービスも月額 700 円前後から利用できます。ここで挙げた業者を含めて VPS であれば、どれを使ってもだいたい同じ手順で使えます。

○ VPS でインスタンスを作成しよう

ここでは、1 日単位で課金できる「KAGOYA CLOUD VPS」を利用してみます。原稿執筆時点でメモリ 1GB、ストレージ 25GB のサーバーが 1 日 20 円で利用できるため、開発用の Web サーバーとして試すのに便利です。

KAGOYA CLOUD VPS

[URL] https://www.kagoya.jp/vps/

サービスを利用するには、まずアカウント登録を行って課金情報を設定します。そして、ブラウザーで上記の URL を開いた後、「KAGOYA CLOUD VPS」を選びます。そして、Cloud VPS の画面で [インスタンス作成] のボタンをクリックします。

パッケージに [Ubuntu 22.04LTS] を選択します。次にスペックですが、LINE ボットを作るだけならそれほど高い性能は必要ありません。筆者は、最安のスペックで試しましたが、LINE ボットを作るだけなら問題ありませんでした。

サーバーにログインために SSH の認証キーが必要になりますが、この画面で認証キーを自動生成できます。「ログイン用認証キー追加」ボタンを押して、続けて「登録」ボタンを押します。すると、「ログイン認証キー xxx.key」というファイルがダウンロードされます。ダウンロードされたキーは分かりやすく「kagoya_vps.key」という名前で保存しておきましょう。

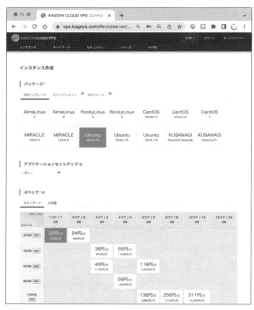
Fig.26 Kagoya Cloud VPS でインスタンスを作成している画面

さらに、コンソールログインパスワード、インスタンス名（ここでは「linebot-test」）を指定します。最後に「インスタンス作成」ボタンをクリックします。

> ここで指定した情報:
> ・パッケージ：Ubuntu22.04LTS
> ・スペック：20円/日
> ・ログイン用認証キー：[ログイン用認証キー追加] > [登録]ボタンを押してキーをダウンロード
> ・コンソールログインパスワード：（任意のパスワード）
> ・インスタンス名：linebot-test

● VPS のインスタンスに接続しよう

次に VPS をセットアップしましょう。まずは、SSH でサーバーに接続しましょう。作成した VPS のインスタンスに接続する方法は、契約した各 VPS のマニュアルに詳しく掲載されています。

上記で紹介した KAGOYA CLOUD VPS では、インスタンス生成時にダウンロードした接続用の秘密鍵を利用して SSH 経由でサーバーと接続します。

macOS や Linux を利用する場合は、カレントディレクトリにコピーした上で次のようにしてファイルのパーミッションを変更します。

```
# macOS / Linuxの場合
$ chmod 400 kagoya_vps.key
```

　ターミナル（Windows では PowerShell、macOS ではターミナル .app）を起動して、以下のコマンドを実行して SSH でサーバーと接続します。なお、KAGOYA の場合、接続先の IP アドレスはコントロールパネルのインスタンス一覧に記載されていました。

```
$ ssh -i kagoya_vps.key root@(IPアドレス)
```

　なお、Windows 10/11 の場合、OpenSSH がインストールされていれば、PowerShell を起動して上記コマンドでサーバーと接続できます。OpenSSH が使えない場合や、うまく接続できない場合には、下記 VPS のマニュアルに従って、フリーソフトの Tera Term などを使う方法を試してみると良いでしょう。

```
KAGOYA CLOUD VPS > SSH 接続
[URL]
https://support.kagoya.jp/vps/manual/index.php?action=artikel&cat=25&id=9&artlang=
ja
```

● VPS インスタンスのセットアップ

　接続したら必要なライブラリーをインストールしましょう。Python 自体は最初からインストールされているので、最初に Python のライブラリーをインストールする pip コマンドをインストールします。

```
# pipコマンドをインストール
$ sudo apt update
$ sudo apt install -y python3-pip
```

　続いて、今回のプログラムを実行するのに必要となるライブラリーをインストールしましょう。

```
# LINEボットを作るのに必要なPythonライブラリーをインストール
$ pip3 install line-bot-sdk==2.4.2
$ pip3 install openai==0.27.6
$ pip3 install flask==2.2.2
```

● 簡単な Web アプリが動作するか確認しよう

　Web サーバーの準備ができたらプログラムを配置しましょう。ただし、今回はゼロから Web サーバーを用意していますので、まずは Web サーバーが正しく動くかどうかを確認しましょう。以下の

ような簡単な Flask アプリが動作するか確認してみましょう。

```
src/ch3/hello_flask.py
from flask import Flask
app = Flask(__name__)

@app.route("/")
def hello():
    return "hello"

if __name__ == "__main__":
    app.run(debug=True, port=80, host='0.0.0.0')
```

　サーバー上でプログラムを入力することもできますが、ここでは、手元の PC で作成したプログラムを VPS に転送して実行してみましょう。

　プログラムをサーバーに転送するには、FileZilla クライアントなどファイル転送ツールを使うか、ターミナル上で scp コマンドを利用して転送を行います。

　例えば、ターミナル上で以下の scp コマンドを実行すると、手元の PC のカレントディレクトリにある「hello_flask.py」というファイルを、VPS の「/root」ディレクトリに転送できます。

```
# ローカルPCのターミナルから以下を実行
$ scp -i kagoya_vps.key ./hello_flask.py root@(IPアドレス):/root/
```

　そして、VPS のインスタンス上で以下のコマンドを実行します。ls を実行してファイルが転送されていることを確認しましょう。

```
$ ls
hello_flask.py
```

　それでは、転送したプログラムを実行しましょう。

```
$ python3 hello_flask.py
```

　うまく実行できたら、ブラウザーを起動して「http://（IP アドレス）」にアクセスしてみましょう。次の画像のように「hello」と表示されます。

Fig.27 画面に hello と表示される

プログラムを終了するには、Python のプログラムを実行したターミナル上で、[Ctrl]+[C] キーを押します。すると、Web サーバーの実行が停止されます。

● LINE ボットを実行するサーバーのドメインを設定しよう

次に、LINE ボットを実行するサーバーにドメインを設定します。と言うのも、LINE ボットを作成するには、LINE ボットを動かす Web サーバーに加えて、「https://」から始まる URL が必要になるからです。

「お名前 .com」や「ムームードメイン」など、ドメインの取得が可能なレジストラーでアカウントを作成し任意のドメインを取得してください。すでにドメインを持っているなら、サブドメインを個別の VPS インスタンスに設定で きます。

レジストラーの DNS の設定画面を開いて、ドメインの A レコードに VPS の IP アドレスを指定します。次の画像は、ムームードメインを利用して「bot.uta.pw」というドメインを VPS インスタンスの IP アドレスに割り当てたところです。

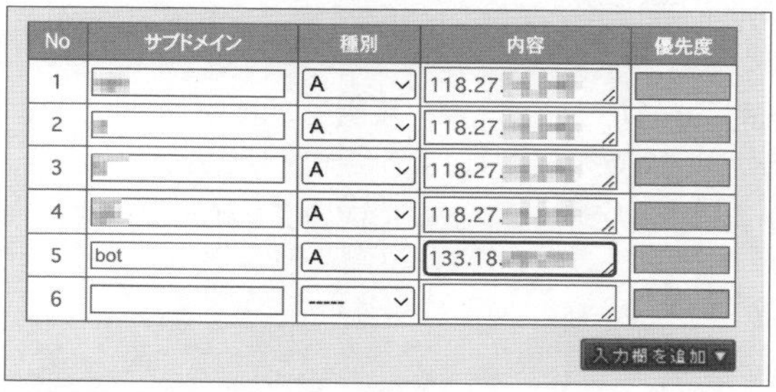

No	サブドメイン	種別	内容	優先度
1	▮▮▮	A	118.27.▮▮▮	
2	▮	A	118.27.▮▮▮	
3	▮	A	118.27.▮▮▮	
4	▮▮	A	118.27.▮▮▮	
5	bot	A	133.18.▮▮▮	
6		-----		

Fig.28 ドメインに IP アドレスを設定

> **Memo**
>
> **LINE ボットの開発でドメイン取得は必須なの？**
> LINE ボットを作る場合には、「https://」から始まる固定の URL が必要です。そのため、上記で利用した KAGOYA VPS では別途ドメインの取得が必要です。
> 新規でドメインを取得する場合には、取得費用に加えて年間の維持費も必要になります。 取得費用は安いのに維持費は高いという TLD(トップレベルドメイン) もあるので気をつけましょう。
> なお、Amazon EC2 を使う場合には、最初から「ec2-(ランダムな値).amazonaws.com」というランダムな URL が割り当てられるため、LINE ボットを作るだけならドメイン取得は不要です。ただしインスタンスを停止すると URL が変わってしまうので注意しましょう。
> 他にも、Heroku を利用してアプリを作る場合には「(アプリ名).herokuapp.com」という URL が割り当てられますが、本節のプログラムを実行する場合には一部修正が必要になります。

◯ SSL/TLS サーバー証明書を取得しよう

ドメインでアクセスできるようになったところで、次に、SSL/TLS サーバー証明書を取得します。ここでは、無料でサーバー証明書を発行してくれる「Let's Encrypt」というサービスを利用してみます。

まず、証明書を取得するツールの Certbot をインストールします。

```
$ sudo apt -y install certbot
```

続いて、Certbot を利用してサーバー証明書を取得します。すると、メールアドレスなど設定情報を聞かれるのでメールアドレスを入力します。続いて、規約に同意するか尋ねられるので [a] と [Enter] キーを押します。そして、ニュースレターを受信するかどうかを指定します。受信する場合は [y] と [Enter] キーを押します。

```
# (bot.uta.pwの場合) certbot certonly --standalone -d bot.uta.pw
$ certbot certonly --standalone -d (取得したドメイン)
```

そして、「Congratulations!」に続いて説明が表示されたら、サーバー証明書の取得に成功しています。また、同時に作成した証明書の保存先が表示されるので、忘れないように記録しておきましょう。ここでは「/etc/letsencrypt/live/(ドメイン名)/」以下のディレクトリに次のファイルが作成されていました。

```
$ ls
README   cert.pem   chain.pem   fullchain.pem   privkey.pem
```

サーバー証明書は定期的に更新する必要がありますが、Certbot には自動更新機能がついています。コマンド「systemctl status certbot.timer」を実行すると、サービスとして自動更新タイマーが有効（Active）になっているのを確認できるでしょう。有効期限が迫ると、自動的に証明書を更新してくれます。

◯ Flask に SSL/TLS 証明書を指定しよう

Web フレームワークの Flask の簡易 Web サーバーでも、SSL に対応できます。Flask のサーバーを起動する際に、SSL 証明書を指定して、サーバーを起動するようにします。

次に挙げるプログラムは、先ほどの「hello_flask.py」を SSL 対応させたものです。

```
src/ch3/hello_flask_ssl.py
from flask import Flask
app = Flask(__name__)
```

```python
@app.route("/")
def hello():
    return "hello"

if __name__ == "__main__":
    # 証明書が保存されたディレクトリを指定（要書き換え）---（※1）
    dir = '/etc/letsencrypt/live/bot.uta.pw/'
    # FlaskでSSLを使ってWebサーバーを起動 ---（※2）
    import ssl
    ssl_context = ssl.SSLContext(ssl.PROTOCOL_TLSv1_2)
    ssl_context.load_cert_chain(
        f'{dir}fullchain.pem',
        f'{dir}privkey.pem')
    app.run(debug=True, port=443, host='0.0.0.0',
            ssl_context=ssl_context)
```

　プログラムを実行する前に、プログラムの（※1）の部分を書き換える必要があります。（※1）の変数 dir に対して Certbot が出力した SSL 証明書が保存されたディレクトリを指定しましょう。（※2）の部分では Flask を SSL 対応させるプログラムです。証明書を読み込んで、サーバーを起動します。
　以下のコマンドを実行して、Web サーバーを起動しましょう。

```
$ python3 hello_flask_ssl.py
```

　ブラウザーを開いて「https://（取得したドメイン）」にアクセスしましょう。ブラウザーの URL にある鍵アイコンをクリックしてみて「接続が保護されている」と表示されれば成功です。

Fig.29 独自ドメインを SSL に対応した

　これで、Web サーバーの準備ができました。

（手順 2）LINE Developers に登録しよう

　Web サーバーの準備ができたら、次に LINE の開発者アカウントを作成しましょう。下記の URL にアクセスして、開発者用のアカウントを作成しましょう。すでに LINE アカウントがあれば、そのアカウントを利用してログインして登録できます。

```
LINE Developers
[URL] https://developers.line.biz/ja/
```

Fig.30 LINE アカウントで LINE Developers にアクセスしよう

○ LINE Developers のコンソールにアクセスしよう

　開発者登録したら次のように LINE ボットを作ります。LINE Developers のコンソールにアクセスしましょう。

```
LINE Developers > コンソール(ホーム)
[URL] https://developers.line.biz/console/
```

　最初にプロバイダー（提供者）を作成します。「新規プロバイダー作成」のボタンをクリックします。プロバイダー名を決めて「作成」ボタンを押します。

Fig.31 プロバイダーを作成しよう

次にチャンネルを作成します。「Messaging API」を選択します。

Fig.32 チャンネルを作成しよう

　続けて、詳細な情報の指定画面になります。そこで、アイコンやチャンネルの説明などを指定します。ここでは、テスト用なので、適当な情報を指定します。

　次のような情報を指定します。

- チャンネル名：TestBot
- チャンネル説明：テストのLINEボット
- 大業種：ウェブサービス
- 小業種：ウェブサービス（ユーティリティ）

Fig.33 チャンネルの情報を指定しよう

⭘ アクセストークンを取得しよう

　さらに、アクセストークンを取得します。ここで取得したアクセストークンをプログラムの中で指定するため取得したら記録しておきましょう。アクセストークンを取得するには、チャンネルを選択した後、「Messaging API」のタブをクリックします。

　Webhook設定という部分のURLに対して、先ほど取得したドメインを次の形式で指定します。

```
https://（取得したドメイン）/callback
```

「Webhookの利用」をオンにします。

Fig.34 Webhook を設定しよう

　画面の末尾に「チャンネルアクセストークン」というボタンがあるので「発行」ボタンをクリックします。このトークンは忘れないように記録しておきましょう。

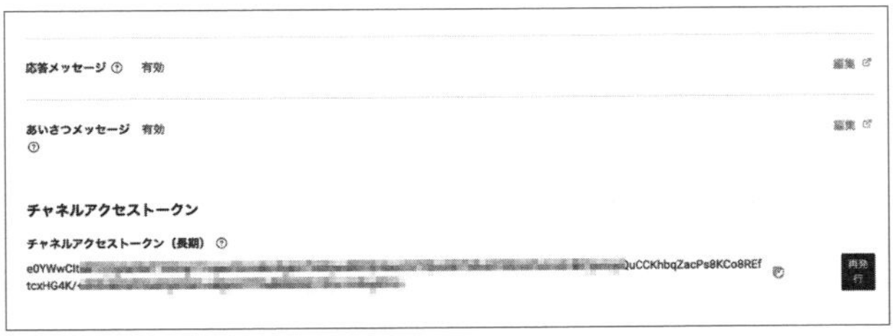

Fig.35 アクセストークンを取得しよう

　「チャンネルアクセストークン」の少し上に「応答メッセージ」と「編集」ボタンがあるので、これをクリックしましょう。そして、応答設定のページで「Webhook」をオンにします。

Fig.36 応答メッセージで Webhook をオンにしよう

　画面左側にある「設定 > Messaging API」をクリックして、API の基本情報を確認しましょう。特に、Channel secret の値を記録しておきましょう。

Fig.37 Messaging API の設定を確認しよう

◯ LINE アプリから「チャンネル」を友達追加しよう

　LINE Developers のチャンネルで「Messaging API 設定」のタブをクリックすると、QR コードが表示されます。この QR コードを一般 LINE アカウントで友達追加しましょう。そのためには、スマートフォンの LINE アプリを開いて、画面下にある「ホーム」アイコンをタップします。続いて、画面右側上部にある [+] アイコンをタップ、そして、QR コードを選んでカメラを起動します。そして、カメラでこの QR コードを読み取ります。

Fig.38 QRコードを読み込んで友達追加しよう

正しく友達追加されると、以下のようなメッセージが表示されます。

Fig.39 LINE で友達追加したところ

（手順3）Web サーバーに LINE ボットのプログラムを配置しよう

いよいよ、LINE ボット本体にとりかかります。LINE アプリ上で話しかけることで、ChatGPT API

を呼び出し、応答を返信するようにしてみます。

⬤ API キーとトークンを環境変数に登録しよう

まずは、環境変数に OpenAI の API キー（ChatGPT 用）と、LINE ボットのトークンを書き込みましょう。そのために、.bashrc を編集します。Ubuntu など多くの Linux では、Bash シェルがデフォルトシェルになっています。そのため、このファイルを編集することで、環境変数を設定できます。

以下のコマンドを実行すると、nano というスクリーンエディターが起動して、ファイル .bashrc が編集できます。

```
# エディターを起動して、~/.bashrc を編集する
$ nano ~/.bashrc
```

ファイルの末尾に以下のように書き込みましょう。これは、OpenAI の API キーと LINE ボットのトークンを環境変数に指定するものです。

```
# OpenAI API Key
export OPENAI_API_KEY="ここにAPIキーの値"
# LINEボットのトークンとシークレットを指定
export LINEBOT_TOKEN="ここにチャンネルアクセストークン"
export LINEBOT_SECRET="ここにチャンネルシークレット"
```

編集内容を nano エディターで保存するには、上記を書き込んだ後、[Ctrl]+[X] キーを押します。すると、保存するか尋ねられるので [y] を押して [Enter] キーを押します。その後、以下のコマンドを実行して、環境変数を反映させます。

```
$ source ~/.bashrc
```

⬤ ChatGPT に質問できる LINE ボットのプログラム

それでは、LINE ボットを完成させましょう。以下のプログラムを VPS サーバーに保存します。

```
src/ch3/linebot_server.py
from flask import Flask, request, abort
import linebot, openai, os
from linebot.models import MessageEvent, TextMessage, TextSendMessage

# OpenAIのAPIキーを環境変数から設定 --- (※1)
openai.api_key = os.getenv('OPENAI_API_KEY')
# LINEのトークンを環境変数から設定 --- (※2)
LINEBOT_TOKEN = os.getenv('LINEBOT_TOKEN')
```

```python
LINEBOT_SECRET = os.getenv('LINEBOT_SECRET')
# Flaskのオブジェクトを生成 --- (※3)
app = Flask(__name__)
# LINEボットAPIのオブジェクトを生成 --- (※4)
line_bot_api = linebot.LineBotApi(LINEBOT_TOKEN)
handler = linebot.WebhookHandler(LINEBOT_SECRET)

# サーバールートにアクセスした時の処理 --- (※5)
@app.route("/")
def hello():
    return "hello" # 挨拶を返すだけ

# LINEボットのコールバックを設定する --- (※6)
@app.route("/callback", methods=["POST"])
def callback():
    signature = request.headers['X-Line-Signature']
    body = request.get_data(as_text=True)
    app.logger.info("Request body: " + body)
    try:
        handler.handle(body, signature)
    except linebot.exceptions.InvalidSignatureError:
        abort(400)
    return 'OK'

# LINEボットの応答を処理 --- (※7)
@handler.add(MessageEvent, message=TextMessage)
def handle_message(event):
    # LINEでユーザーからのメッセージを取得 --- (※8)
    text = event.message.text
    # ChatGPTのAPIを呼ぶ --- (※9)
    messages = [{'role': 'user', 'content': text}]
    rep_text = chat_completion(messages)
    # LINEにChatGPTの応答を返す --- (※10)
    line_bot_api.reply_message(
        event.reply_token,
        TextSendMessage(text=rep_text))

# ChatGPTのAPIを呼び出す関数 --- (※11)
def chat_completion(messages):
    response = openai.ChatCompletion.create(
        model="gpt-3.5-turbo",
        messages=messages)
    # 応答からChatGPTの返答を取り出して返す
    return response.choices[0]['message']['content']


if __name__ == "__main__":
```

```
# 証明書が保存されたディレクトリを指定(以下を変更) --- (※12)
dir = '/etc/letsencrypt/live/bot.uta.pw/'
# FlaskでSSLを使ってWebサーバーを起動 --- (※13)
import ssl
ssl_context = ssl.SSLContext(ssl.PROTOCOL_TLSv1_2)
ssl_context.load_cert_chain(
    f'{dir}fullchain.pem',
    f'{dir}privkey.pem')
app.run(debug=True, port=443, host='0.0.0.0',
        ssl_context=ssl_context)
```

プログラムを確認してみましょう。(※1)ではOpenAIのAPIキーを環境変数から読み出します。(※2)ではLINEのトークン情報を環境変数から読み出します。

(※3)はFlaskのオブジェクトを生成します。(※4)では(※2)で読み出したトークンを元にしてLINEボットAPIのオブジェクトを生成します。

(※5)では、Webサーバーのテストが容易になるように、サーバーのルートにアクセスした時の処理を記述します。ここでは、画面に「hello」と挨拶を返すだけです。

(※6)はLINEのサーバーからのコールバック処理を設定します。本節の手順2でLINE Messaging APIのWebhookにはこのURLを登録します。

(※7)は、LINEでテキストメッセージが送信された時に、関数handle_messageが実行されるように指定します。(※8)ではユーザーのメッセージを取得し、(※9)ではメッセージを元にプロンプトを組み立てて、ChatGPT APIを呼び出します。そして、(※10)ではLINEに返送するメッセージを生成して送信します。

(※11)はChatGPTのAPIを呼び出す関数で、すでに本章では何度も登場しているものです。

(※12)ではSSL/TLS証明書を保存したディレクトリを指定します。この部分は書き換えが必要です。そして(※13)ではSSL/TLS証明書を指定してFlaskサーバーを起動します。

(手順4) LINE ボットの動作を確認しよう

プログラムの(※12)のSSL/TLS証明書の保存ディレクトリを、正しく書き換えたら、プログラムを実行してみましょう。以下のコマンドを実行するとWebサーバーが起動します。なお、実行したサーバーを停止するには、[Ctrl]+[C]キーを押します。

```
$ python3 linebot_server.py
```

正しくWebサーバーが起動したことを確認したら、LINEで作成したLINEボットに話しかけてみましょう。ChatGPT APIを呼び出して、その応答を返してくれます。

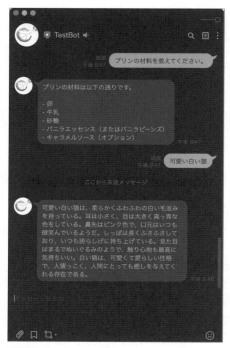

Fig.40 作成した LINE ボットに話しかけたところ

　正しくプログラムが動かない場合、表示されたエラーメッセージに注目してみましょう。特に下記の点を見直してみると良いでしょう。

- URL「https://(設定したドメイン)」に正しくアクセスできるか
- 環境変数に API キーやトークンが記述されているか
- LINE Developers のチャンネルで Messaging API の Webhook の URL が正しいか

⭕ LINE ボット改良のヒント

　ここで紹介した LINE ボットのプログラムでは、せっかく LINE 上で動くようにしているものの、前回の会話を記録せず、ユーザーからのメッセージを新規の会話として扱っています。ここでは紹介しきれないので、ヒントのみに止めますが、ユーザー毎にメッセージをデータベースに保存しておいて、ユーザーからメッセージがあった時に、データベースを照合して前回のメッセージを読み込んで会話の続きになるように配慮すると良いでしょう。

　また、LINE ボットのプログラムを実行する際に、Flask の簡易サーバー機能を利用して実行しています。Flask のマニュアルには、この簡易サーバーをデバッグ用途のみに使うように指示があります。そのため、実際に本番環境で安定して運用したい場合には、WSGI（Web Server Gateway

Interface）に対応した Web サーバーをインストールして、そのサーバー上で Python のプログラムを動かすように設定すると良いでしょう。WSGI に対応した Web サーバーには「uWSGI」や「Gunicorn」などいろいろな選択肢があります。WSGI への対応は本書の範囲を超えてしまいますので、詳しくは、Flask のドキュメントをご覧ください。

```
Flask > Deploying to Production
[URL] https://flask.palletsprojects.com/en/2.3.x/deploying/
```

まとめ
→ ChatGPT API の利用例として、ChatGPT と会話できる LINE ボットを作成しました。
→ LINE から ChatGPT が使えると楽しいですし、より気軽にいろいろな質問をすることができるでしょう。

Column　ChatGPT を使うなら API 経由の方が安全

　Web 版の ChatGPT を使う時、デフォルト設定では、会話の履歴（Chat History）が保存されます。そして、会話の履歴は、ChatGPT の精度向上のために利用されて学習が行われます。そのため、ChatGPT を利用して会議の内容などを要約させるなど、社外秘の情報をChatGPT に入力してしまうと、意図せず第三者に情報が漏洩してしまうリスクがあります。

Web 版の ChatGPT で情報漏洩リスクを回避する方法

　そこで、Web 版で会話の履歴を学習して欲しくない場合には、ChatGPT の設定（Setting）より「Chat History & Training」をオフにします。

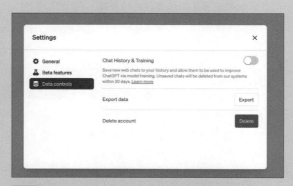

Fig.41　ChatGPT の 左 下 より Setting を選択して

Fig.42　Chat History をオフにすると学習されなくなる

　ただし、履歴はまったく保存されなくなるため、さっきの会話をもう一度見るということが

できなくなります。ChatGPTでは同じ質問をしても、異なる回答を返すことが多いので、履歴をオフにしている場合には、ブラウザーを閉じないようにしたり、会話をメモ帳にコピーしたり、別途履歴を保存してくれるツールを導入するなどの対策が必要になります。

APIの利用では最初から学習されることはない

これに対して、ChatGPTのAPIを使う場合には、最初から会話の履歴は保存されません。そのため、会話履歴がAIの学習に使われて情報漏洩することはありません。

下記のURLに、API利用におけるデータ利用ポリシーが記載されています。

```
OpenAI > API data usage policies
[URL] https://openai.com/policies/api-data-usage-policies
```

Fig.43 API data usage policies のページ

ここには、次のように記述されています。（ただし、原文は英語であるため、ChatGPTを用いて日本語に直しています）

1．お客様がAPIを介して提出したデータは、明示的にデータ共有を希望されない限り、OpenAIのモデルのトレーニングや改善には使用されません。データ共有には、データの共有に同意するための選択肢があります。

2．APIを介して送信されたデータは、30日間の濫用や誤用の監視のために保持され、その後削除されます（法的に別の要件がある場合を除く）。

そのため、一言でまとめると「ChatGPTをより安全に使いたい場合には、APIを介して利用する方が安全」ということになります。それで、企業でChatGPTを利用する場合には、Web版で設定を変更して使うことを徹底させるか、あるいは、APIを介してChatGPTを使うアプリを用意すると安全に利用できるでしょう。ただし、利用規約などは更新される可能性があるため、定期的に確認すると良いでしょう。

Column 巧妙なウソに筆者もすっかり騙された件

本書の 2 章 2 節では、プロンプトを利用して文章の要約を行う方法を紹介しています。プロンプトを工夫することで、さまざまなタイプの要約を生成できるため非常に便利です。「要約」というタスクは、ChatGPT が得意なものの一つです。

ところで、筆者は要約テクニックの一つとして、次のようなプロンプトを紹介しようとしていました。

次の文を要約してください。

https://ja.wikipedia.org/wiki/ガベージコレクション

このプロンプトを実行すると、「ガベージコレクション」に関する実に素晴らしい要約文が表示されます。引用している URL を自動で読み込んで要約ができるというのは便利ですね。

ところが、本書執筆の後半になり、編集担当よりモデル GPT-4 で実行すると、下記のように表示されると指摘がありました。

私の技術制限上、直接的なインターネットブラウジングやリンクの参照はできません。しかしながら、2021年までの知識をもとに「ガベージコレクション」について要約することは可能です。

なんと、ChatGPT には外部の URL を参照する機能は存在しなかったのです。実は、当時 ChatGPT のテクニックを紹介する多くの Web サイトで、この URL を指定した要約テクニックが紹介されており、筆者もすっかり騙されてしまったのです。

考えてみれば、外部 URL を読み込むことができるなら、最新情報も自動的に読み込んでくれそうなものなので、この間違いにも気付くことができたでしょう。そもそも、ChatGPT では Wikipedia の多くの文章を学習しており、モデル GPT-3.5 では、URL と「ガベージコレクション」というキーワードから学習済みの文章から答えただけだったのです。

モデル GPT-4 では、プラグイン機能や最新の機能が利用できます（ただし、これらの機能は執筆時点でベータ版となっており、名称などが変更される可能性があります）。

弁護士も騙された

ChatGPT が事実でない応答をする例としては、2023 年の 5 月、ChatGPT を利用した弁護士が虚偽の判例をニューヨーク州上級裁判所に提出したとして問題となりました[1]。弁護士が裁判所に提出した 8 件の判例のうち 6 件が架空の判例だったのです。この弁護士は ChatGPT に判例が本物であるかどうかを確認したとのことですが、ChatGPT は本当だと答えたと言うことです。しかも、紛らわしいことに、全ての判例が虚偽ではなく、そのうち 2 件は本物だったのです。本書 2 章 1 節でハルシネーションについて詳しく書きましたが、ChatGPT は実に巧妙なウソをつきます。

※ 1：朝日新聞「弁護士が ChatGPT を使ったら 「偽の判例」 が裁判資料に 米国」
　　　https://digital.asahi.com/articles/ASR5Z2RWPR5ZUHBI004.html

そもそも、嘘を平気でつく人に「それは本当ですか？」と尋ねたとしても無意味です。ChatGPT が出力した情報に対して「本当ですか？」と尋ねても真実は返って来ないでしょう。それでは、どのように対処したら良いでしょうか。

ハルシネーション対策をしっかりしよう

　今回の筆者の失敗に関しては、インターネットを検索して裏を取ったつもりだったのです。しかし、多くの人が ChatGPT に騙されており、筆者も「みんながそう言うのだから正しいのだろう」と思い込んでしまいました。改めて、ChatGPT のハルシネーション対策を確認しておきましょう。

（1）ChatGPT 以外の信頼できる情報源で情報を再確認
（2）ChatGPT に情報の詳細を要求する
（3）ChatGPT から得られた情報を比較する

　上記、（2）と（3）に関してですが、ChatGPT に情報が正しいかどうか尋ねるのではなく、詳しい情報を求めたり、別の角度から質問して情報を比較したりできます。これによって、ハルシネーションかどうかを判断する手がかりを得られる可能性があります。

　今後、ChatGPT の虚偽の返答を Web サイトにそのまま転載する人も増えていくでしょう。それによって、Web サイト上にある情報の信憑性が益々下がってしまう可能性があります。そのため、情報リソースを引用する際には、その情報が正しいのかどうか、しっかりと真偽確認する必要があります。筆者も失敗を通して改めて学びました。皆さんも気をつけましょう。

検索エンジンと大規模言語モデルの使い分け

　また、分からないことを聞く場合には、これまで通り検索エンジンの方が役立つことも多いでしょう。もちろん、まったく知らない分野について尋ねる場合には、きっかけを掴むために大規模言語モデルが役立ちますが、ある程度、検索キーワードが予想出来る場合には、素直に検索エンジンを使うと良いでしょう。

CHAPTER 4

大規模言語モデルと
作るアプリ開発

この章では、生成 AI を活用して実際のアプリを作る手順を
紹介します。仕様書の作成から、プログラムの生成、デー
タベースの操作、テストの自動化からマニュアル作成まで、
あらゆる作業で ChatGPT などの大規模言語モデルが利用
できます。その際、どんなプロンプトを入力したら良いのか、
具体的な例を通して活用方法を見ていきましょう。

1 生成 AI で変わるアプリ開発の現場

ChatGPT の登場以来、アプリ開発の現場は大きく変わってきました。アプリの企画立案から開発、テスト、リリースに至るまで、各ステージにおいて生成 AI を活用することで、何倍も高速な開発が可能になっています。

本節のポイント

- 生成 AI を使ったアプリ開発
- AI 駆動開発
- アイデア創出手法
- KJ 法
- オズボーンのチェックリスト

ChatGPT 登場でアプリ開発プロセスが変わる

アプリの開発は高度な専門家が精鋭のチームを率いて行うものです。そのため、これまでは専門的な知識がなければ、アプリの開発は難しいものとされてきました。しかし、ChatGPT などの大規模言語モデルを用いることで、それらの仕事の多くを行うことが可能となっています。

「AI 駆動開発」について

「AI 駆動開発（AI-driven development）」とは、AI 技術を活用してソフトウェアやシステムの開発を行うアプローチです。従来のソフトウェア開発では、プログラマーがコードを手動で記述し、開発プロセスを進めていきますが、AI 駆動開発では、AI が開発者をサポートし、効率的で高度な開発を実現します。

AI 駆動開発では主にプログラムを自動生成する「自動コード生成」と、開発プロセスやソフトウェア品質の向上を目的とする「データ分析と予測」、開発に関連する資料を自動生成する「ドキュメント生成」が行われます。

それぞれを見ていきましょう。

「自動コード生成」では、必要な機能やロジックを定義すると、AI がそれに基づいて自動的にプログラムを生成します。これにより、プログラミング開発における生産性を向上させます。また、AI を使用して、自動的にテストケースを生成することや、バグを検出することも行われます。AI は、過去のテストやソフトウェアの振る舞いを学習しており、効果的で網羅的なテストを生成できます。

「データ分析と予測」は、大量のデータを AI が分析し、傾向とパターンを特定することです。開発

プロセスにおける問題や改善点を特定することで、バグの発生を抑えることができます。また、ユーザーの行動パターンを分析することで、より使いやすい UI を考案することもできます。

　さらに、大規模言語モデルを活用することで、必要な機能を洗い出したり、「ドキュメント自動生成」によってドキュメントを作ったり、概念図や画像を生成したり、データ変換を行うことなどが可能になります。

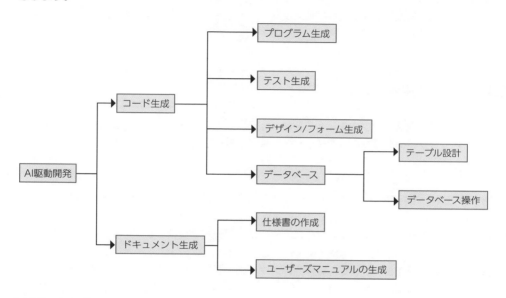

Fig.01 AI 駆動開発について

● AI 駆動開発の限界について

　しかしながら、現段階の AI 駆動開発には大きな制限があります。まず、大規模言語モデルにはハルシネーションという問題があります。そして、現状ではトークン数上限の問題もあります。

　そのため、全自動でアプリ開発の全行程を行わせることは現実的ではありません。人間が大規模言語モデルの出力を精査しながら、補助的に活用するのが現実的な使い方となるでしょう。

　それでも、多くの工程を半自動化することが可能ですし、メリットも多くあります。この章では、将来的なアプリ開発の現場を見据えて、生成 AI をどのように利用できるのかを考察していきます。

> **Column** トークン数上限の問題
>
> 　2 章 2 節の要約や、3 章 1 節の API の解説で簡単に紹介しましたが、ChatGPT には「トークン数の上限」という問題があります。入力（プロンプト）と出力（大規模言語モデルの応答）の合計を特定のトークン数以下になるように考慮しなければなりません。そして、このトークン数の最大値は、選択するモデルごとに決まっており、トークン上限が大きなモデルほど高額

になっています。

　たとえば、モデル「GPT-4 8K context」(gpt-4) の上限は 8192 トークンで 入力 $0.03/出力 $0.06 です。これに対して「GPT-4 32K context」(gpt-4-32k) の上限は 32,768 トークンで、利用料金は 2 倍の入力 $0.06/出力 $0.12 となります。

　日本語を使う場合、1 文字に 2、3 トークン消費するので、8K モデルでは 2730 文字〜4096 文字以下に、32K モデルでも 16,384 文字〜 10,922 文字に収めないといけないのです。

一般的なアプリ開発のステップ

　最初に、アプリの開発ステップを確認してみましょう。ここではスマートフォンで動作するアプリを念頭に置いて、アプリの開発を行うステップを列挙してみました。

◯ アプリの開発に着手するまで

- **アイデア出し**　市場のニーズやユーザーの要望に応じてアプリ開発を通して実現したいアイデアを出し合います
- **市場調査**　アイデアを具体化するために、対象ユーザーを明確にします。また、競合他社が開発したアプリを調べたり、市場動向を調査したりします
- **企画書の作成**　調査を元にして、具体的なアプリの企画を作成します。アプリが必要とされる背景、アプリの目標と目的、対象ユーザーとそのニーズ、アプリの機能や特徴を考慮します。また、マーケティング戦略や技術的な制約、リスクの洗い出しも行います
- **試作品の製作（プロトタイピング）**　アプリが実現可能なのかの検証を含めて、アプリのプロトタイプ（試作品）を作成します。これによりアプリの改善点や問題点を発見します
- **開発計画の策定**　企画書に基づいて開発計画を策定します。スケジュールや予算などを決めて開発に着手します

　さて、これらのステップのうち、どのステップを ChatGPT で自動化できるでしょうか。驚くべき事に、大半のステップを ChatGPT で自動化できます。アイデア出しや企画書の作成に関するサポート作業は、生成 AI の得意とするところでしょう。

　図にすると次のようになります。

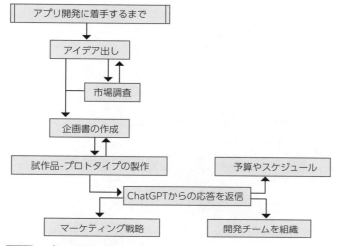

Fig.02 アプリの開発に着手するまで

◯ アプリ開発のステップ

　次に、アプリの開発ステップについて確認してみましょう。ここでは、アプリを開発し、リリースし、その後のフォローアップの体制も視野に入れて見てみましょう。

- **アプリの開発**　アプリの開発には、プログラマーやデザイナー、インフラエンジニアなど専門的な知識を有する開発メンバーが必要となります。開発チームを組織して開発を行います
- **開発とテスト**　アプリは開発して終わりではありません。バグのないプログラムを作れる完全な人間は一人もいません。バグを洗い出すために、テストと修正を繰り返し行います
- **アプリのリリースと改善**　アプリ開発は、アプリが完成しリリースして終わりではありません。昨今のアプリはリリースした後からが始まりとも言えます。開発段階で見つけられなかったバグを修正したり、ユーザーからの要望に対応したり、また、OS のアップデートに合わせてアプリの修正が必要になったりします

1

2

3

4

5

AP

図にすると次のようになります。

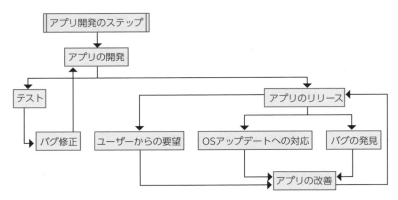

アプリの開発ステップ

　ここでは、小規模チーム、あるいは、プログラマーの作業にフォーカスして上記ステップで ChatGPT を用いて自動化していきましょう。

ChatGPT を使ったアイデアブレスト

　多くの起業家や、プランナーがアイデアブレスト（ブレインストーミング）に ChatGPT を活用しています。アイデア出しに ChatGPT を利用すると、素晴らしい効果を得ることができます。
　いろいろな手法がありますが、まずは、ChatGPT 自体にどんな情報があれば、具体的なアイデアを生成できるのか質問してみましょう。次のようなプロンプトを入力してみましょう。

```
src/ch4/idea_preparation.gpt.txt
あなたは独創的なアイデアマンです。
これから、小規模アプリの開発アイデアについて考えます。
私とこれから開発するアプリのアイデアについてブレストします。
そのために、私が何を考えたら良いか質問してください。
```

　これは、ChatGPT からより良い回答を得るために必要なステップで、ChatGPT に質問させるテクニックです。すると、ChatGPT（モデル GPT-4）は、次のように積極的なコメントと、役立つ情報の一覧を表示します。

素晴らしい！まずは、アプリ開発のアイデアについて話し合うにあたり、以下の一連の質問にお答えいただけると幸いです：

1．アプリの目的：このアプリは何を解決するためのものでしょうか？ユーザーの生活をどのように改善することを目指していますか？

2．ターゲットユーザー：このアプリの主な対象となるユーザーは誰でしょうか？彼らの年齢層、興味、生活習慣等、具体的な情報を教えてください。

3．主な機能：このアプリでユーザーが使用できる主な機能は何でしょうか？それはユーザーの問題をどのように解決しますか？

4．競合他社：同じようなアプリやサービスがすでに存在しますか？ある場合、私たちのアプリがそれらとどのように差別化できるか考えてみましょう。

5．ユーザーエクスペリエンス：このアプリを特別に感じさせる要素は何ですか？デザイン、機能性、使いやすさなど、特定の点を強調することはありますか？

6．ビジネスモデル：このアプリからどのように収益を上げるつもりですか？広告、サブスクリプション、一回払い、その他？

これらの情報を基に、具体的なアプリのアイデアを形成し、さらにその実装方法について考えることができます。それでは、お待ちしております！

実に参考になります。しかし、当然ながら、これらの質問すべてに対して、答えることができたなら、アイデアブレストをする必要もありません。すぐにアプリの開発に取りかかれます。

すぐに答えられる範囲でプロンプトの条件を決定しましょう。

⭕ ChatGPT にアイデアを考えてもらおう

本章で開発できるだけの、簡単なアプリのアイデアを ChatGPT に考えてもらいたいので、次のようなプロンプトを用いて、たくさんアイデアを出してもらうことにしました。

```
src/ch4/idea_prompt.gpt.txt
あなたはアイデアマンです。
次のテーマと条件に沿って独創的なアイデアを5つ出してください。
### テーマ
- スマートフォンで使える身近なアプリ
### 条件
- 対象ユーザー：社会人全般
- 利用技術：ChatGPTのAPI
- 条件：電卓やメモ、ToDOなど簡単に作成できること
### 出力形式
- 案1 「日本語のタイトル」概要
- 案2 「タイトル」概要
- 案3 「タイトル」概要
- 案4 「タイトル」概要
```

ChatGPT（モデル GPT-3.5）に上記のプロンプトを与えると、次のような返答を返します。モデルを変更したり、繰り返し再生成してみると面白いアイデアを見つけることができる可能性があるでしょう。

案1 「チャットメモ」
概要：チャットGPTのAPIを使用したスマートフォン向けのメモアプリ。ユーザーは自然な言葉でメモを作成し、アプリがそれをテキストとして保存する。また、ユーザーは過去のメモを検索したり、特定のキーワードでフィルターリングしたりすることもできる。

案2 「コミュニケーションアシスタント」
概要：スマートフォン向けのコミュニケーション支援アプリ。ユーザーはチャットGPTのAPIを使用して、メールやテキストメッセージの内容を入力すると、アプリが適切な返信を提案する。これにより、ユーザーは素早く効果的なコミュニケーションを行うことができる。

案3 「イベントプランナー」
概要：スマートフォン向けのイベントプランニングアプリ。ユーザーはChatGPTのAPIを使用して、イベントの詳細なプランやスケジュールを作成することができる。アプリは参加者への招待状の作成や、予定のリマインダー、場所の提案などもサポートする。

案4 「仕事のアイデアボックス」
概要：スマートフォン向けのアイデア管理アプリ。ユーザーはChatGPTのAPIを使ってアイデアを入力し、アプリはそれらのアイデアを整理・カテゴライズし、後でアクセスできるように保存する。また、アプリはアイデアの潜在的な実現性や市場の需要についてのフィードバックも提供する。

案5 「学習パートナー」
概要：スマートフォン向けの学習支援アプリ。ユーザーはChatGPTのAPIを使用して質問や学習に関する相談をすることができる。アプリは適切な回答や学習リソースの提案を行い、ユーザーが効果的な学習を行うのを支援する。さらに、進捗管理や目標設定の機能も提供する。

もう少し幅広いアイデアが欲しい場合のプロンプトも考えてみましょう。テーマや条件や前提条件、出力件数を修正することで、出力されるアイデアにも変化があります。

```
src/ch4/idea_prompt_more.gpt.txt
あなたはアイデアブレスト会議の参加者です。
刺激的で独創的で面白いアイデアを15個出してください。
なお、次のテーマと条件を考慮してください。
### テーマ
- スマートフォンで使える身近なアプリ
### 条件
- 対象ユーザー：社会人
- 便利なツール
### 出力形式
- 案n 「日本語のタイトル」…概要
```

上記のプロンプトを ChatGPT に入力すると次のようなアイデアを 15 個出力します。

案1： 「時間泥棒」…仕事や日常生活での時間の浪費を可視化し、効率的な時間管理をサポートするアプリ。ChatGPTのAPIを活用して、ユーザーが時間の使い方に関するアドバイスやタスクの優先順位付けを行います。

案2： 「トークメイト」…仕事やプレゼンテーションの練習相手になってくれるアプリ。ユーザーが話す内容に対してフィードバックを提供し、改善点やアドバイスを提案します。

案3： 「スキルチェッカー」…ユーザーのスキルセットを分析し、現在の能力とポテンシャルを評価するアプリ。ChatGPTのAPIを使用して、ユーザーが持つスキルに基づいてキャリアパスや学習の方向性を提案します。

案4： 「トークレシピ」…社交的な場面での会話が苦手な人向けのアプリ。ChatGPTのAPIを活用して、ユーザーに適切な会話のトピックやフレーズを提案し、自信を持ってコミュニケーションができるよう支援します。

案5： 「デジタルマネージャー」…デジタルデバイスやアプリの使用時間を管理し、ユーザーのデジタルウェルビーイングを促進するアプリ。ChatGPTのAPIを使用して、ユーザーが目標に向かって集中できるようなリマインダーやモチベーションを提供します。

〜省略〜

案15： 「イベントマスター」…イベントの企画や運営をサポートするアプリ。ChatGPTのAPIを活用して、イベントのテーマや予算に基づいてアイデアや業者の提案、スケジュールの調整などを支援します。

　下記のように「電卓」など具体的なアプリの種類を指定すると、より精度の高いアイデアを出力できます。

あなたはアイデアブレスト会議の参加者です。
刺激的で独創的で面白いアイデアを15個出してください。
なお、次のテーマと条件を考慮してください。

テーマ
- スマートフォンの電卓アプリ
条件
- 対象ユーザー： 社会人
- 電卓アプリ
出力形式
- 案n 「日本語のタイトル」…概要

KJ法でアイデアを整理しよう

　KJ法は、川喜田二郎氏によって考案された手法であり、雑多な情報を整理し、多角的に分析するための方法です。この手法は、主にビジネスのミーティングやブレインストーミングにおいて使用され、出てきたアイデアを整理するために注目されています。そして、ChatGPTを使う上でも有用な手法です。

　例えば、上記のようなプロンプトを使ってたくさんのアイデアを出した場合に、どれを採用したら良いか迷ってしまうことがあるでしょう。そうした時に、KJ法のラベル付け（共通のテーマを表すキーワードを設定する方法）を使うと自動的にアイデアをグルーピングしてくれます。

　上記のプロンプトで出力されたアイデアに続いて次のようなプロンプトを入力してみましょう。

KJ法を使って上記のアイデアを整理してください。

　上記プロンプトをChatGPTに入力すると次のような応答を得ることができます。

KJ法を使用して、上記のアイデアを整理します。以下にアイデアのグループ分けを示します。

1．時間管理関連：
- 案1：「時間泥棒」…仕事や日常生活での時間の浪費を可視化し、効率的な時間管理をサポートするアプリ。
- 案4：「トークメイト」…仕事やプレゼンテーションの練習相手になってくれるアプリ。

2．スキル・キャリア関連：
- 案3：「スキルチェッカー」…ユーザーのスキルセットを分析し、現在の能力とポテンシャルを評価するアプリ。
- 案7：「キャリアナビゲーター」…キャリアの選択や転職をサポートするアプリ。
- 案11：「トラベルアシスタント」…出張や旅行の計画や予約をサポートするアプリ。
- 案13：「キャリアメンター」…キャリアの成長を促進するアプリ。

3．コミュニケーション・ソーシャルスキル関連：
- 案8：「デジタルマネージャー」…デジタルデバイスやアプリの使用時間を管理し、ユーザーのデジタルウェルビーイングを促進するアプリ。
- 案9：「メールマジシャン」…効率的なメールの作成と管理をサポートするアプリ。
- 案10：「健康パートナー」…健康管理をサポートするアプリ。
- 案12：「プロジェクトウィザード」…プロジェクトの計画や進行管理をサポートするアプリ。
- 案14：「ライフプランナー」…将来の目標達成や財務計画をサポートするアプリ。

4．個人成長・自己表現関連：
- 案5：「トークレシピ」…社交的な場面での会話が苦手な人向けのアプリ。
- 案6：「カスタムメモリーズ」…特別な日や思い出に関連する情報を自動的に収集し、ユーザーに思い出をリマインドするアプリ。
- 案15：「イベントマスター」…イベントの企画や運営をサポートするアプリ。

このように、アイデアを4つのグループにまとめることができます。

　また、下記のようなプロンプトを入力すれば、新規の会話でも KJ 法を活かしたアイデアを出力できます。

```
src/ch4/idea_prompt_kj.gpt.txt
あなたはアイデアブレスト会議の参加者です。
独創的なアイデアを15個出して、KJ法で整理してください。
### テーマ
- スマートフォンで使える身近なアプリ
### 条件
- 社会人が使う
- 便利なツール
### 出力形式
- ラベル：（KJ法のラベル）
    - アイデア1：（内容）
    - アイデア2：（内容）
    - アイデア3：（内容）
- ラベル：（KJ法のラベル）
    - アイデア4：（内容）
    - アイデア5：（内容）
```

　ChatGPT（モデル GPT-3.5）による応答の例は以下のようになります。最初からアイデアをラベルでグルーピングしてくれるので、結果が読みやすくなっています。

ラベル：利便性
- アイデア1：「スマートウォレット」 - 仕事の経費や個人の支出を簡単に管理できるアプリ。領収書の撮影やカテゴリ別の集計機能があり、予算を超えた場合に警告を出す。
- アイデア2：「タスクプランナー」 - 仕事やプライベートのタスクを管理するアプリ。優先度や期限を設定でき、リマインダーや進捗状況の可視化機能がある。
- アイデア3：「時差コミュニケーター」 - 海外出張や海外取引が多い人向けのアプリ。相手の現地時間を考慮したメッセージ送信や会議スケジュールの調整をサポートする。

ラベル：生産性向上
- アイデア4：「ドキュメントスキャナー」 - スマートフォンで文書をスキャンし、PDFや画像として保存できるアプリ。OCR機能でテキスト検索も可能。
- アイデア5：「音声メモリマインダー」 - 重要なアイデアやアポイントメントを音声で録音し、指定した日時に自動的に通知してくれるアプリ。
- アイデア6：「会議アシスタント」 - 会議の議事録を自動的に作成し、アクションアイテムや意見を整理するアプリ。会議の進行やタイムキーパー機能も備える。

ラベル：情報収集
- アイデア7：「業界ニュースブリーフィング」 - 社会人向けの業界ニュースの要点をまとめたブリーフィングを提供するアプリ。カテゴリやキーワードでカスタマイズできる。

- アイデア8：「専門知識共有プラットフォーム」 - 同じ業界のプロフェッショナルが知識や経験を共有するプラットフォーム。質問応答や記事の投稿ができる。
- アイデア9：「プロジェクトマネージャー」 - プロジェクトの進行状況やタスクの割り当てを管理するアプリ。メンバーのスキルや予算も考慮し、進捗レポートも生成する。

ラベル：コミュニケーション
- アイデア10：「スマートチャット」 - ビジネスチャットの機能にAIを組み合わせたアプリ。自然言語処理でメッセージの意図を理解し、適切な返答や情報提供を行う。
〜省略〜

オズボーンのチェックリストでアイデアを捻る

　KJ法のようなアイデア創出手法に加えて、「オズボーンのチェックリスト」の利用も有効です。
　「オズボーンのチェックリスト」とは、アレキサンダー・F・オズボーンが提唱したブレインストーミング手法の一部です。この手法では、チェックリスト形式の質問や刺激を用いて、アイデアの創造と問題解決を促すことが目的です。具体的には「代用」「結合」「適応」「改良」「転用」「除去」「逆転」「再配置」「拡大」という9つのチェックリストを用いて、アイデアを考えます。

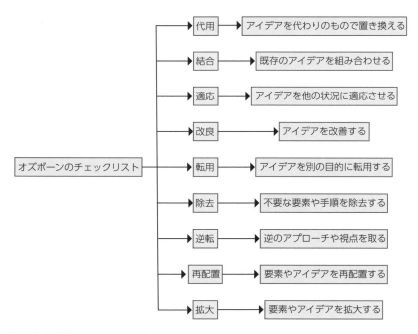

Fig.04 オズボーンのチェックリスト

　先ほどKJ法を使ってみて「時間管理」というキーワードが気に入ったので、それについてさらに

アイデアを生成することにしてみましょう。
　次のようなプロンプトを入力しましょう。

```
src/ch4/idea_prompt_osborn.gpt.txt
新規アプリのアイデアを考えています。
次のテーマについてオズボーンのチェックリスト（代用，結合，適応，改良，転用，除去，逆転，再配置，拡大）を
使って9つ考えてください。よろしくお願いします。
### テーマ
- 時間管理関連アプリ
### 条件
- 社会人が使う
- スマートフォンのアプリ
- ChatGPTのAPIを使う
### 出力形式
- 案1「日本語タイトル」（代用）…概要
- 案2「日本語タイトル」（結合）…概要
- 案3「日本語タイトル」（適用）…概要
- 案N「日本語タイトル」（改良）…概要
```

　ChatGPT は次のような応答を返します。ジャンルを絞ることで、アイデアが重複してきますが、
その中から気に入ったものを選ぶことができるでしょう。

案1「タイムカウンセラー」（代用）…タイムマネジメントに特化したアプリです。ユーザーは日々のスケジュールを入力し、アプリはタスクの優先順位や時間の配分を助言します。また、ユーザーの傾向や習慣を学習し、最適な時間管理戦略を提案します。

案2「シンクロスケジューラー」（結合）…カレンダーアプリとタスク管理アプリを統合したスマートな時間管理ツールです。ユーザーはスケジュールを作成するだけでなく、タスクの追加や優先順位の設定も行えます。また、他のユーザーとのスケジュール共有やチームプロジェクトの管理も容易に行えます。

案3「タイムトレーナー」（適用）…時間の使い方を改善するためのトレーニングをサポートするアプリです。ユーザーは日常における時間の使い方を記録し、アプリは分析を行い改善点を提案します。また、時間に関するトリビアやモチベーションの引用など、ユーザーが意欲を維持できる要素も提供します。

案4「タイムフィットネス」（改良）…時間管理をフィットネスの観点から捉えたアプリです。ユーザーは目標設定や進捗のトラッキングを行いながら、時間を効果的に使うためのエクササイズやチャレンジをクリアしていきます。ユーザーは時間管理スキルを鍛えることで、生産性を向上させることができます。
〜省略〜

　このように、一般的にも有名なアイデア生成手法が ChatGPT でも役立ちます。アイデアの創出手法に関しては、シックスハット法や、NM 法、SCAMPER 法など、さまざまな方法があるので試してみましょう。また、アイデア創出に関しては、本書 2 章のプロンプト編も参考になります。

⬤ アイデアを深掘りしよう

　実際に好みのアイデアが出力されたら、いろいろな角度からアイデアを吟味してみると良いでしょう。　上記のアイデアのアプリを作ると、どんなユーザーが使ってくれそうでしょうか。次のようなプロンプトを使って、ChatGPT に聞いてみましょう。

- 上記アイデアのユーザーを予想してみてください
- 上記アイデアのメリットデメリットを簡潔に答えてください
- 上記アイデアに点数を付けてその理由を教えてください

　例えば、ユーザーを予想させてみます。チャットの続く部分に入力すると次のような応答が返ってきました。それなりに的を射た回答です。アプリの開発において、どんなユーザーがどんな使い方をするのかという視点はとても役立ちます。

それぞれのアプリのユーザーを予想します。

1. 時間管理関連：
- 「時間泥棒」：社会人や学生など、時間の使い方に悩んでいる人や効率的な時間管理を望む人が利用すると予想されます。
- 「トークメイト」：プレゼンテーションやスピーチを行うビジネスパーソンや学生、公演やパフォーマンスの練習をするアーティストなどが利用すると予想されます。
〜省略〜

まとめ

→ アプリの開発手順を確認し、どんな工程で ChatGPT が利用できるかを確認しました。
→ 新規事業としてアプリを開発する場合のアイデア出しにフォーカスして ChatGPT を活用する方法を紹介しました。
→ KJ 法やオズボーンのチェックリストなど、一般的なアイデア創出手法がそのまま利用できる点も確認しました。

2 生成 AI で仕様書を作ろう

前節に続き、ChatGPT を使ってアプリの開発をしてみましょう。この節では仕様書を自動生成してみます。仕様書に必要な技術要件を洗い出したり、画面遷移図や開発スケジュールを作って作図させてみたりしましょう。

**本節の
ポイント**

- ChatGPT を使った仕様書の作成
- 技術要件を自動で洗い出す
- 画面遷移図の自動生成
- 開発スケジュールの自動生成
- Mermaid 記法

ChatGPT を使った仕様書の作成

　ソフトウェアの仕様書を作成する場合、何を書くべきでしょうか。仕様書とは、開発するソフトウェアの仕様を定義するものです。どういう目的のアプリで、誰がどのように使うのか、また、どこにどのような機能があるのか、画面はどう構成されるのか、データはどうやって保存し管理するのかなど、アプリを作るのに必要となる情報を記述します。

　仕様書の作成を行うのにも、ChatGPT が役立ちます。ChatGPT を使うなら、項目の記述漏れを防いだり、必要な機能を洗い出したり、データ構造や仕様について考察したりと、具体的な仕様書の作成に関する調査を網羅的に行うのに役立ちます。

◯ 大規模言語モデルで完璧な仕様書を生成できる？

　この節を最後まで読むと分かりますが、詳細な条件設定をすれば完璧な仕様書が作成される…わけではありません。ここまで見てきたように、ChatGPT では、トークン数の制限があります。そのため、ソフトウェアの仕様における詳細な条件を全て覚えておくことはできないのです。そこで、簡単な仕様書（仕様書のひな形）を出力した後は、その各部分を順に生成していって、最終的に完全な仕様書を完成させていきます。

　これは、ChatGPT でそれなりの長さの小説を生成する手順と同じです。最初に物語のプロットや登場人物を作成してもらいます。そして、そのプロットや登場人物をプロンプトに指定して、1 部分ずつ物語を完成させていきます。1 章を出力、2 章を出力、3 章を出力…と少しずつ順に物語を生成していきます。当然、各章を生成する際には、章と章に矛盾が生じます。そこで、人間が矛盾が生じないよう生成内容をコントロールしながら生成していきます。

　仕様書を作成する時も同様です。仕様書の各部を順に生成していきますが、完全に AI 任せにする

と支離滅裂なものになってしまうので、ある程度人間が生成内容をコントロールして、矛盾がないように完成させていきます。

仕様書の作成に必要な情報は？

　それでは、ここからは ChatGPT を利用して仕様書を作成していきましょう。ChatGPT を使って仕様書を作成する場合、どんな情報があれば良いのでしょうか。アイデアブレストのプロンプトを作成するのと同じように、仕様書についても ChatGPT に対して質問してみましょう。

　プロンプトを ChatGPT のモデル GPT-4 に投げてみます。何かを始めようとする場合、何から手を付けて良いかを尋ねてみるのは、有益や使い方の一つです。

```
〔入力〕src/ch4/spec_prompt.gpt.txt
あなたは優秀なソフトウェア設計者です。
アプリ開発のための仕様書を生成するプロンプトを作成したいです。
どんな情報があれば良いのか質問してください。
```

　このプロンプトを入力すると、次のような応答があります。

アプリ開発のための仕様書を作成するには、以下の情報が必要です：

- 1．アプリの目的： アプリは何を解決するために存在しますか？
- 2．ユーザーのターゲット： このアプリを使用する主要なユーザーグループは誰ですか？
- 3．主要な機能： アプリが提供する主要な機能は何ですか？
- 4．ユーザーインターフェイス要件： どのようなインターフェイスが必要ですか？これには、画面のレイアウト、色、フォント、アイコン、ボタン等の視覚的要素、さらにはユーザーがアクションを実行するための操作手順等が含まれます。
- 5．パフォーマンス要件： アプリの動作速度、データ処理能力、レスポンス時間など、特定のパフォーマンス基準がある場合は明記してください。
- 6．セキュリティ要件： ユーザーデータのプライバシーとセキュリティをどのように確保しますか？
- 7．プラットフォームと技術： アプリはどのプラットフォーム（iOS、Android、Web等）で動作する必要がありますか？使用する主要な技術やツール（プログラミング言語、フレームワーク、データベース等）は何ですか？
- 8．互換性： 他のソフトウェアやハードウェアとの互換性に関する要件は何ですか？
- 9．デプロイメントとメンテナンス： デプロイメント戦略とメンテナンス要件（バグ修正、機能追加、アップデートの頻度など）を明記してください。
- 10．テスト要件： どのようなテスト（ユニットテスト、統合テスト、パフォーマンステストなど）を実施する予定ですか？

これらの情報に基づいて、アプリ開発の仕様書を生成することができます。

　今回の回答に関しても、これらの情報を網羅できれば、すでに立派な仕様書が仕上がりそうな勢い

です。なお、下記は「ソフトウェア開発の仕様書に必要な項目を列挙してください。」と尋ねた時の応答です。上記と比べてみると、似たような項目が列挙されています。

ソフトウェア開発の仕様書は、システムの要件を文書化するための重要な工程です。以下は仕様書に含まれるべき基本的な項目です。

1．**導入部**：このセクションでは、仕様書の目的と範囲を説明します。これは、どのようなソフトウェアを開発するのか、そのソフトウェアが解決する問題は何か、誰がそのユーザーであるかなどについて説明する部分です。

2．**システムの概要**：システム全体の機能とその動作を大まかに説明します。

3．**利用者要件**：ユーザーがシステムから何を期待しているのか、そのニーズや目的を定義します。

4．**機能要件**：システムが具体的にどのような機能を提供するべきなのかを詳細にリストアップします。

5．**非機能要件**：パフォーマンス、セキュリティ、信頼性、使用性、メンテナンス性など、システムが満たすべき品質属性を指定します。

6．**システムインターフェイス**：他のシステムやデバイスとの連携に関する情報を記述します。

7．**データ管理とデータベース設計**：システムがどのようにデータを管理し、データベースがどのように設計されるべきかを説明します。

8．**システム制約**：技術的制約、法律・規制上の制約、運用上の制約など、システム設計と実装に影響を与える可能性のある制約条件を列挙します。

9．**システムの進化**：将来の機能追加や改善の可能性について述べます。

10．**付録**：用語の定義、参考文献、概念証明やプロトタイプに関する情報など、主要な文書とは別に詳細情報を提供します。

以上の項目は基本的なガイドラインであり、特定のプロジェクトや組織のニーズにより適応・拡張することが可能です。

つまり、ChatGPT に与える素材としては、現段階で分かっているところまででよく、必要な項目を ChatGPT に与えて考えてもらうことができるでしょう。

仕様書生成プロンプト

ここでは、仕様書を生成するために次のようなプロンプトを用意しました。LINE のチャット風に ToDO タスクを管理できるツールを想定してみました。

次のようなソフトウェアの仕様書を作成したいです。
- アプリのタイトル: 会話で指示するToDOアプリ
- アプリの目的: 手軽にToDO管理を行うためのアプリ
- 主要な機能:
  - ToDO管理を行う
  - ChatGPT APIを利用して会話的にタスクを管理する
  - スマートフォンやブラウザーで使える

このプロンプトを ChatGPT に入力すると、次のような応答を返します。

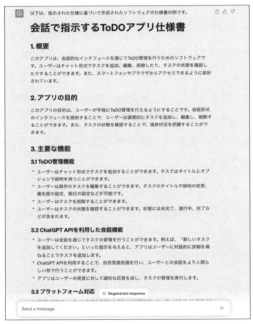

Fig.05 簡単な箇条書きプロンプトから本格的な仕様書が作成された

ChatGPT の応答を詳しく確認してみましょう。仕様書は次のようなマークダウン形式で出力されました。わずか 7 行の箇条書きのプロンプトから、かなり具体的な仕様書が生成できました。

以下は、指示された仕様に基づいて作成されたソフトウェアの仕様書の例です。

会話で指示するToDOアプリ仕様書

1. 概要

このアプリは、会話的なインターフェイスを通じてToDO管理を行うためのソフトウェアです。ユーザーはチャット形式でタスクを追加、編集、削除したり、タスクの状態を確認したりすることができます。また、

スマートフォンやブラウザーからアクセスできるように設計されています。

2．アプリの目的

このアプリの目的は、ユーザーが手軽にToDO管理を行えるようにすることです。会話形式のインターフェイスを提供することで、ユーザーは直感的にタスクを追加し、編集し、削除することができます。また、タスクの状態を確認することで、進捗状況を把握することができます。

3．主要な機能

3.1 ToDO管理機能

- ユーザーはチャット形式でタスクを追加することができます。タスクはタイトルとオプションで説明を持つことができます。
- ユーザーは既存のタスクを編集することができます。タスクのタイトルや説明の変更、優先度の設定、期日の設定などが可能です。
- ユーザーはタスクを削除することができます。
- ユーザーはタスクの状態を確認することができます。状態には未完了、進行中、完了などが含まれます。

3.2 ChatGPT APIを利用した会話機能

- ユーザーは会話を通じてタスクの管理を行うことができます。例えば、「新しいタスクを追加してください」といった指示を与えると、アプリはユーザーに対話的に詳細を尋ねることでタスクを追加します。
- ChatGPT APIを利用することで、自然言語処理を行い、ユーザーとの会話をより人間らしい形で行うことができます。
- アプリはユーザーの発言に対して適切な応答を返し、タスクの管理を実行します。

3.3 プラットフォーム対応

- アプリはスマートフォンやブラウザーからアクセス可能です。ユーザーはモバイルデバイスやパソコンから利用することができます。

4．インターフェイスの予想図

以下は、アプリのインターフェイスの予想図です。ただし、具体的なデザインやレイアウトは独自に設計してください。

[画像予想図をここに挿入]

5．技術要件

- フロントエンド: HTML5、CSS3、JavaScript、React
- バックエンド: Python、Djangoフレームワーク
- データベース: PostgreSQL
- ChatGPT API: OpenAIのChatGPT APIを利用

6．開発チーム

> - プロジェクトマネージャー：［名前］
> - フロントエンド開発者：［名前］
> - バックエンド開発者：［名前］
> - データベースエンジニア：［名前］
> - クオリティアシュアランス担当者：［名前］
>
> 以上が、「会話で指示するToDOアプリ」の仕様書の一例です。この仕様書は、アプリの目的や主要な機能、予想されるインターフェイス、技術要件、開発チームの役割などを示しています。具体的な実装やデザインの詳細は、開発チームによって行われるべきです。

　生成された仕様書のポイントを確認してみましょう。

　プロンプトでは「スマートフォンやブラウザーで使える」と言及しただけなのですが、ここからプラットフォーム対応を Web アプリと判断し、技術要件にそれらしい技術を並べることができています。

　特に、Web アプリの構成を正しく判断し、ブラウザー上で UI を表示する「フロントエンド（HTML/JavaScript）」、サーバー側で動作する「バックエンド（Python）」、「データベース（PostgreSQL）」とそれぞれ一般的な構成を列挙しています。

　また、本格的なチーム開発を行う際には、どのような仕事を行うメンバーを何人揃えたら良いのかという点まで記載されています。

技術要件の洗い出し

　この仕様書には具体的な技術要件が列挙されました。しかし、ソフトウェアの開発において、どの技術を採用するのかは、プロジェクトにおける大きなポイントとなります。

　そこで、技術要件について検討するためのプロンプトを用意して、選択肢を洗い出してみましょう。

> **src/ch4/tech_selection.gpt.txt**
> 次のようなソフトウェアを作成したいです。
> どんな技術を利用したら良いでしょうか。選択肢の一覧を列挙してください。
>
> - タイトル：会話で指示するToDOアプリ
> - 目的：手軽にToDO管理を行うためのアプリ
> - 主要な機能：
>   - ToDO管理を行う
>   - ChatGPT APIを利用して会話的にタスクを管理する
>   - スマートフォンやブラウザーで使える

　このプロンプトを ChatGPT に入力すると、次のような応答が得られます。

以下は、指示に基づいて作成する可能性のあるソフトウェアの開発に利用できるいくつかの技術です。

1. プログラミング言語:
- Python: 多くの機械学習および自然言語処理ライブラリーが利用可能です。ChatGPT APIとの連携も容易です。
- JavaScript: ウェブブラウザーで動作するアプリを開発する場合に便利です。

2. バックエンド:
- Django: PythonベースのWebフレームワークで、Webアプリケーションの開発に適しています。
- Flask: 軽量なPythonベースのWebフレームワークで、小規模なアプリケーションに適しています。

3. フロントエンド:
- React: JavaScriptベースのフロントエンドライブラリーで、リッチなユーザーインターフェイスを構築するのに役立ちます。
- Vue.js: 軽量なJavaScriptベースのフレームワークで、シングルページアプリケーションの構築に適しています。

4. データベース:
- SQLite: 軽量なデータベースエンジンで、単一ユーザーアプリケーション向けに簡単に導入できます。
- PostgreSQL: 拡張性と信頼性に優れたオープンソースのリレーショナルデータベース管理システムです。

5. 自然言語処理(NLP)およびチャットボット:
- ChatGPT API: OpenAIが提供するAPIを使用して、自然な会話を生成するチャットボットを作成できます。
- spaCy: PythonのNLPライブラリーで、トークン化、品詞タグ付け、構文解析などのタスクを処理できます。
- Dialogflow: Googleが提供するチャットボットプラットフォームで、自然言語での対話を処理できます。

6. ユーザー認証とセキュリティ:
- OAuth 2.0: ソーシャルメディアの認証やAPIへのアクセス制御に使用できるオープンスタンダードです。
- JSON Web Token（JWT）: 認証情報を安全に伝送するためのコンパクトな仕様です。

これらの技術を組み合わせて、会話で指示するToDOアプリを実装することができます。

　同じプロンプトで何度か実行してみると、異なる技術が表示されることがあります。気になる技術が表示されたり、毎回大きく違うようなら、その部分について、改めて質問してみると良いでしょう。

● 詳細な選択肢の列挙について

　「会話で指示する ToDO 管理」アプリを開発するには、大まかに言って次のような技術で構成されることが分かりました。下記のうち「デプロイメント」は、たまたま上記の結果には表示されていませんでしたが、このプロンプトを何度か生成するとたいてい表示されました。

- バックエンド　　　　サーバー側で動作するシステム
- フロントエンド　　　ブラウザー側で動作するシステム
- データベース　　　　データを保存したり検索したりするデータベース
- デプロイメント　　　アプリをデプロイする（配置する）ためのインフラ

　例えば、バックエンドの技術選定を行う場合、どのようなメリット・デメリットがあるのか確認してみましょう。

---

src/ch4/tech_backend.gpt.txt

次のようなソフトウェアを作成したいです。
バックエンドで使うプログラミング言語にはどのようなものが適していますか。
いくつか列挙して、メリットデメリットを述べてください。

- タイトル：会話で指示するToDOアプリ
- 目的：手軽にToDO管理を行うためのアプリ
- 主要な機能：
  - ToDO管理を行う
  - ChatGPT APIを利用して会話的にタスクを管理する
  - スマートフォンやブラウザーで使える

　プロンプトを入力すると、ChatGPT は次のような応答を返します。

バックエンドで使用するプログラミング言語は、次のような特性を持つものが適しています。以下にいくつかの選択肢とそれぞれのメリットとデメリットを挙げます。

1. Python:
- メリット：Pythonは人気のあるプログラミング言語であり、豊富なライブラリーやフレームワークが利用可能です。また、ChatGPT APIを利用する際にもPythonがサポートされているため、統合が容易です。
- デメリット：Pythonは動的型付け言語であるため、実行時のエラーが発生する可能性があります。また、高負荷の処理には他の言語に比べてパフォーマンスが劣ることがあります。

2. Node.js (JavaScript):
- メリット：JavaScriptはWeb開発に広く使用されており、Node.jsを使用することでサーバーサイドの処理をJavaScriptで記述できます。また、非同期処理に強く、イベント駆動型のアプリケーションに適しています。
- デメリット：JavaScriptは柔軟な型付けを持つため、バグの可能性があります。また、パフォーマンス面では、Pythonよりも優れている場合もありますが、一部の特定のタスクでは劣ることがあります。

3. Ruby:
- メリット：Rubyはシンプルで読みやすい文法を持ち、生産性の高い開発が可能です。また、Ruby on Railsというフレームワークが存在し、効率的なWebアプリケーション開発をサポートしています。
- デメリット：RubyはPythonやJavaScriptに比べてパフォーマンスがやや低いとされています。また、一部のライブラリーやツールのサポートが限られていることがあります。

これらのプログラミング言語は、Webアプリケーションのバックエンド開発に広く使用されており、機能の
要件を満たす上で適切な選択肢です。それぞれの言語には独自の特徴がありますので、開発者の経験や好み、
プロジェクトの要件に応じて選択することが重要です。

　他にも、いろいろな選択肢がありそうなものですが、何度か応答を再生成してみたところ、
Python、Node.js（JavaScript）、Ruby の 3 言語のみを頑なに答えてきました。これは、ChatGPT
のコード生成機能が得意とする言語であることから納得できます。

　どうしても違う言語に対応したい場合もあるでしょう。そこで、下記のようにプロンプトに「7 つ
の選択肢」と指定してみました。すると Python、Node.js、Ruby、Java、Go、PHP、Rust が表示
されました。

バックエンドで使うプログラミング言語にはどのようなものが適していますか。
7つの選択肢を表示してください。
- タイトル：会話で指示するToDoアプリ
〜省略〜

　なお、上記では、バックエンドで使うプログラミング言語について調べてみましたが、アプリ開発
で選定すべき技術は、データベースやデプロイ先など多岐に渡ります。そこで、上記と似たようなプ
ロンプトを利用して、技術調査をしてみると良いでしょう。なお、ここまでも何度か言及しています
が、素の ChatGPT を使う場合、最新情報を得ることはできないので、新しい技術を含めたい場合は、
Web 検索や Web 検索プラグインを併用すると良いでしょう。

画面遷移図の列挙

　次に、画面遷移図を作成してみましょう。画面遷移図とは、アプリで必要となる画面の一覧を記し
た図のことです。どの画面でどんな操作をしたらどのページに移動するかを表現します。
　ChatGPT を使い、ToDO アプリで必要となる画面と機能を洗い出してみましょう。

src/ch4/proposal_screen.gpt.txt
次のようなソフトウェアを作成したいです。
画面遷移図を作ってください。

- タイトル：会話で指示するToDOアプリ
- 目的：手軽にToDO管理を行うためのアプリ
- 主要な機能：
  - ToDO管理を行う
  - ChatGPT APIを利用して会話的にタスクを管理する
  - スマートフォンやブラウザーで使える

上記のプロンプトを、モデル GPT-3.5 に入力すると、次のように表示されます。

1. ログイン画面：
   - メールアドレス入力フィールド
   - パスワード入力フィールド
   - ログインボタン（遷移先：メイン画面）
   - 新規登録ボタン（遷移先：登録画面）

2. 登録画面：
   - 名前入力フィールド
   - メールアドレス入力フィールド
   - パスワード入力フィールド
   - 登録ボタン（遷移先：メイン画面）

3. メイン画面（ToDOリスト）：
   - ToDOタスク一覧表示領域
   - 各ToDOタスクはチェックボックスと削除ボタンを持つ
   - 新規タスク追加ボタン（遷移先：新規タスク画面）
   - 会話ボタン（遷移先：会話画面）

4. 新規タスク画面：
   - タスク名入力フィールド
   - 期日入力フィールド（カレンダーセレクト可能）
   - 保存ボタン（遷移先：メイン画面）

5. 会話画面：
   - 会話領域（ChatGPTとのテキスト交換が表示される）
   - テキスト入力フィールド（ユーザーからChatGPTへの入力）
   - 送信ボタン
   - 終了ボタン（遷移先：メイン画面）

　なお、上記のような箇条書きに加えて、アスキーアートで画面遷移図を表示してくれる場合があります。

　ChatGPT のモデル GPT-4 で使えるプラグインで「Show Me」プラグインを使うと、上記のプロンプトから、次のような フロー図を作成して画面遷移図を描画してくれます。ちなみに、GPT-4 でプラグインを使う方法については、巻末 Appendix2 を参考にしてください。

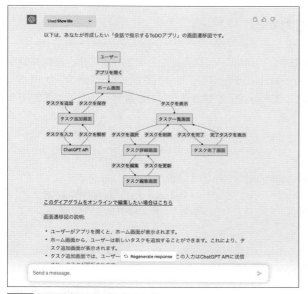

Fig.06 画面遷移図を生成したところ

何度も触れたように、ChatGPTではいつも同じ画面遷移図が生成されるわけではありません。気に入った画面遷移図ができるまで、繰り返し再生成してみましょう。いろいろな画面遷移図が出力されます。

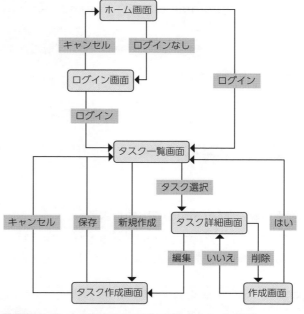

Fig.07 気に入った遷移図ができるまで再生成することが可能

画面遷移図を Mermaid 図で出力する

　プラグインを使って作図するのも良いのですが、ChatGPT は最初からある程度の作図機能を備えています。例えば、作図ツールである「Mermaid」のデータや、UML 図の作成が可能な PlantUML のデータを生成することができます。つまり、ChatGPT でプログラムを生成するのと同じ要領で作図が可能なのです。

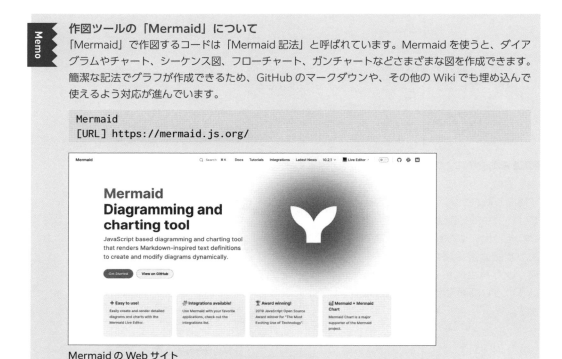

Memo

作図ツールの「Mermaid」について
「Mermaid」で作図するコードは「Mermaid 記法」と呼ばれています。Mermaid を使うと、ダイアグラムやチャート、シーケンス図、フローチャート、ガンチャートなどさまざまな図を作成できます。簡潔な記法でグラフが作成できるため、GitHub のマークダウンや、その他の Wiki でも埋め込んで使えるよう対応が進んでいます。

```
Mermaid
[URL] https://mermaid.js.org/
```

Mermaid の Web サイト

⬤ 画面一覧を Mermaid で出力しよう

　ここでは、次のようなプロンプトを作りました。このプロンプトには、アプリで利用する画面一覧を指定し、出力結果を Mermaid 用のデータにすることを依頼しています。

```
［入力］src/c4/mermaid_screen_todo.gpt.txt
ToDOアプリを作ります。
以下の画面遷移図をMermaidで出力してください。

- ログイン画面
```

```
- ToDO一覧画面
- チャット画面
  - タスク追加画面
  - タスク完了画面
```

上記プロンプトを ChatGPT に入力すると、次のような Mermaid 図を生成するコードを返します。

```
src/ch4/screen_list.mermaid
graph TD
    A[ログイン画面] --> B[ToDO一覧画面]
    B --> C[チャット画面]
    C --> D[タスク追加画面]
    C --> E[タスク完了画面]
```

そして、Mermaid のコードを Mermaid のツールに貼り付けると図が表示されます。例えば、Mermaid Live Editor（https://mermaid.live）をブラウザーで開いて、上記のコードを貼り付けると、次のような図が出力されます。

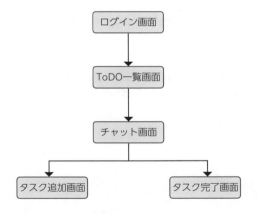

Fig.08 画面遷移図を Mermaid 図で出力したところ

Memaid のコードを見ると分かりますが、とても簡単にグラフを作成できます。この程度の図は手書きすることもできますが、Mermaid の書き方を知らなくても ChatGPT が作ってくれるので便利です。

1

2

3

4

5

AP

ChatGPT を使った開発スケジュールの決定

　開発スケジュールも ChatGPT に作ってもらえます。ここでは次のようなプロンプトを利用してみました。

```
［入力］src/ch4/schedule.gpt.txt
ソフトウェアを作成して一ヶ月でリリースしたいのです。
どのようなスケジュールを組めば良いでしょうか。

### タイトル
会話で指示するToDOアプリ
### 機能の一覧
- ログイン機能
- タスクの新規追加機能
- タスクの一覧表示機能
- タスクの完了機能
- チャット画面でタスクを追加できる機能
```

　すると、以下のような応答を得ることができました。きっちり 4 週間必要なスケジュールを提示してくれました。

ソフトウェアの開発スケジュールを組む際には、いくつかの要素を考慮する必要があります。以下に、一ヶ月でリリースするためのスケジュールの一例を示しますが、プロジェクトの規模や開発者のスキルセットによって異なる場合があります。

1．第1週：プロジェクト計画と要件定義
　　- タスクの洗い出しと優先順位付け
　　- ユーザーストーリーや要件の作成
　　- デザインの概要を作成

2．第2週：バックエンドの開発
　　- ユーザー認証機能の開発
　　- タスクの追加、表示、完了のためのAPIの設計と実装

3．第3週：フロントエンドの開発
　　- ユーザー認証のためのログイン画面の作成
　　- タスクの一覧表示画面の作成
　　- タスクの追加、完了のためのUIの実装

4．第4週：テストとリリース準備
　　- ユニットテストと統合テストの実施
　　- バグ修正とパフォーマンスの最適化
　　- ソフトウェアのデプロイとリリース

このスケジュールはあくまで一例であり、実際のプロジェクトに合わせて調整する必要があります。開発の詳細やリソースの可用性、開発者の経験レベルによってもスケジュールは変わってきます。

開発をスピーディに進めるためには、以下のベストプラクティスを考慮することも重要です。

- アジャイル開発手法の採用：プロジェクトを小さなタスクに分割し、短いイテレーションで開発を進めます。
- 適切なツールの選択：タスク管理やコード管理のためのツールを使用して、開発プロセスを効率化します。
- チームのコミュニケーション：開発者や関係者との定期的なミーティングや進捗報告を行い、意思疎通を図ります。

プロジェクトの要件や状況に応じて、スケジュールを調整してください。また、プロジェクトの進捗を定期的にモニタリングし、必要に応じてスケジュールを再評価することも重要です。

● スケジュールをグラフで出力する

　Mermaid を使うとガンチャートの作成も可能です。そこで上記の会話の続きに、次のプロンプトを入力してみましょう。

上記のスケジュールで、Mermaid図を出力してください。
プロジェクトの開始は、2026年6月1日からです。

　このプロンプトのポイントは、プロジェクトの開始日を指定するという点です。Mermaid のガンチャートでは年月日を指定して作図できるからです。すると、次のような Mermaid のコードを出力します。

```
gantt
    dateFormat  YYYY-MM-DD
    title ソフトウェア開発スケジュール

    section 初期計画
    計画と要件定義 :a1, 2026-06-01, 2d
    プロトタイプとデザイン          :a2, after a1, 3d

    section 開発フェーズ
    開発開始（ログイン、タスク追加）:b1, after a2, 7d
    開発続き（一覧表示、タスク完了、チャット機能）:b2, after b1, 7d

    section テストとデバッグ
    テストとデバッグ :c1, after b2, 3d

    section レビュー
    レビュー :d1, after c1, 2d
```

1

2

3

4

5

AP

237

```
section リリース
リリース :e1, after d1, 2d
```

先ほどと同じように、上記のコードを Mermaid Live Editor で図に変換すると次のようになります。

Fig.09 Mermaid で出力したスケジュール

⬤ 仕様書のほかの項目について

完全な仕様書を作成するには、データベースの構造など、まだまだ決めておくことがたくさんあります。ただし、全ての項目をここに記していくと内容が膨大になってしまうため割愛しています。

次の節からは、実際のプログラムを生成していきますが、その過程で、データベースの構造なども自動生成します。その手法を利用して必要に応じて仕様書に内容を記載することができるでしょう。

> まとめ
> → ソフトウェア仕様書の自動生成を行ってみました。
> → 仕様書のひな形はもちろん、与えるプロンプトを工夫すると技術要件を洗い出したり、画面遷移図を成形したりできました。

生成 AI でプログラムを自動生成しよう

生成 AI を使うと、プログラムを自動生成できます。この節では、ChatGPT の
プログラム生成能力を実際に体験しましょう。最初にクイックソートなどの有
名なアルゴリズムを試し、その後に ToDO アプリを生成させてみましょう。

**本節の
ポイント**
- プログラムの自動生成
- クイックソートのプログラムを生成
- ToDO アプリの生成

ChatGPT でプログラムを自動生成しよう

ChatGPT はプログラムの生成能力が高いことでも知られています。なお、ChatGPT と同じ GPT
アーキテクチャで作成されたモデルに、Codex と呼ばれるプログラム生成専用のモデルが存在しま
す。このモデルは、GitHub にある 159GB にもおよぶ Python のコードを用いて訓練したものであり、
プログラミングに特化しています。

ChatGPT は汎用的な言語モデルでありますが、Codex 由来の高いプログラム生成能力を持ってい
ます。

クイックソートのアルゴリズムを自動生成しよう

最初に、ChatGPT のプログラム生成能力を確認しておきましょう。有名なアルゴリズムであるク
イックソートを作ることができるでしょうか？

まずは、クイックソートのプログラムを作ることができるか確かめてみます。クイックソートは、
リスト型（配列型）のデータを並べ替えることを目的としたアルゴリズムです。再帰を利用したプロ
グラムで、ソートアルゴリズムの中でも高速に動作することで有名です。

ここでは、次のようなプロンプトを与えてみました。

```
次のPythonのプログラムを作成してください。
# クイックソートのアルゴリズムを実装した関数qsort
# 関数qsortを呼び出すサンプル
```

すると、プログラムの解説と共に次のようなプログラムが生成されます。

```
src/ch4/qsort.py
def qsort(arr):
    if len(arr) <= 1:
        return arr
    pivot = arr[len(arr) // 2]
    left = [x for x in arr if x < pivot]
    middle = [x for x in arr if x == pivot]
    right = [x for x in arr if x > pivot]
    return qsort(left) + middle + qsort(right)

# サンプルデータのリスト
data = [4, 2, 7, 1, 3, 9, 5, 8, 6]

# qsort関数を呼び出し、ソート後の結果を表示
sorted_data = qsort(data)
print(sorted_data)
```

　このプログラムに加えて、次のような解説も表示されます。プログラムだけでなく解説も生成してくれるので親切です。

このプログラムでは、qsort関数が与えられたリストをクイックソートアルゴリズムでソートします。関数は再帰的に呼び出され、リストを左右の部分リストに分割し、それぞれを再帰的にソートして最終的に結合します。

サンプルコードでは、data というリストに整数のデータを用意し、qsort 関数を呼び出してソートを行います。ソート後の結果を表示します。

　それでは、生成されたプログラムをコマンドラインから実行してみましょう。ターミナルから次のコマンドを実行することでプログラムが実行されます。正しくリストが昇順にソートされて表示されます。

```
$ python3 qsort.py
[1, 2, 3, 4, 5, 6, 7, 8, 9]
```

　ところでクイックソートとは、どんなアルゴリズムでしょうか。クイックソートは、分割統治法を用いています。次のような手順でソートを行います。

（1）リストの中からピボット（基準値）を選ぶ
（2）ピボットを基準としてリストを 3 つの部分リストに分割する。ピボットより小さい要素を変数 left に、ピボットと同じ値を変数 middle に、ピボットより大きい要素を変数 right に分

割する。

（3）部分リストである変数 left と right に対して、再帰的にクイックソートを適用する。再帰的な呼び出しが終了すると部分リストはソートされた状態となる。

（4）最終的に、部分リストの変数 left、middle、right を結合することで整列済みのリストを返すことができる。

この手順を見た上で、ChatGPT が作成したプログラムを確認してみましょう。関数 qsort でも変数 pivot を選び、pivot の値を元に、変数 left、middle、right に部分リストを振り分けています。そして、関数 qsort を再帰的に呼び出し、最後に部分リストを結合する、という手順になっています。

生成されたコードを眺めてみると、Python のリスト内包表記を利用する事で、プログラムを簡潔に記述できています。Python に詳しくない人が見るとリスト内包表記が読みにくいと感じる可能性がありますが、Python 文法の基本を押さえた人であれば問題なく読めるものです。また、クイックソートのロジックも明確です。

⭕ 有名アルゴリズムを指示して作成したプログラムに関する評価

さらに、ChatGPT に対して「ハノイの塔」や「レーベンシュタイン距離の計算」、「ランレングス圧縮」などの有名なアルゴリズムを指定してプログラムを生成させてみましょう。筆者が試したところ、いずれも優秀なプログラムが作成されました。

これらのことから、ChatGPT は有名なアルゴリズムに加え、それを実装したプログラムを最初から学習しており、ユーザーの求めに応じて学習したコードを出力できると言うことが分かります。

さらに、先ほど指定したように「関数名を qsort にする」など、簡単なアレンジを依頼した場合も、その点を踏まえてプログラムを生成してくれました。

箇条書きの手順書からプログラムを生成しよう

ここでは、乱数を 100 個生成して、その中から 5 の倍数のものだけを抽出します。さらに、それらを JSON に変換して出力するというプログラムを作ってもらうことにしました。

次のような詳細なプロンプトを ChatGPT に与えてみます。

```
src/ch4/random5.gpt.txt
あなたは優秀なプログラマーです。
次の箇条書きの手順からPythonプログラムを作成してください。

# 手順
- （1）0から99の範囲の乱数を100個生成して変数rに代入
- （2）変数rのうち5の倍数のものを変数r5に代入
- （3）変数r5の内容をJSON形式に変換して、変数jに代入
- （4）変数jの内容を標準出力に出力
```

- (5) ファイル「random5.json」に保存

　正しいプログラムを出力できるでしょうか。モデル GPT-3.5 で試しましたが、次のようなプログラムを生成しました。

```
src/ch4/random5.py
import random
import json

# (1) 0から99の範囲の乱数を100個生成して変数rに代入
r = [random.randint(0, 99) for _ in range(100)]

# (2) 変数rのうち5の倍数のものを変数r5に代入
r5 = [num for num in r if num % 5 == 0]

# (3) 変数r5の内容をJSON形式に変換して、変数jに代入
j = json.dumps(r5)

# (4) 変数jの内容を標準出力に出力
print(j)

# (5) ファイル「random5.json」に保存
with open('random5.json', 'w') as file:
    json.dump(r5, file)
```

　ターミナルからこのプログラムを実行してみましょう。乱数を生成するという指示のため、実行結果は毎回異なりますので、数回実行してみましょう。いずれも 5 の倍数のみが JSON 形式で出力されたのを確認できるでしょう。

```
$ python3 random5.py
[70, 80, 65, 80, 45, 65, 20, 50, 90, 5, 0, 40, 60, 0, 0, 15, 0]
$ python3 random5.py
[65, 40, 40, 90, 30, 5, 90, 90, 65, 50, 25, 0, 60, 35, 35, 45, 25, 5]
$ python3 random5.py
[80, 30, 35, 10, 40, 70, 5, 80, 70, 45, 60, 25, 15, 90, 20, 70]
```

　プログラム自体の仕上がりはどうでしょうか？　チェックしてみると、かなり丁寧な手順書をプロンプトに与えたため、逐次その手順を Python のプログラムに変換できています。プログラムを確認しても大きく気になる点はありませんでした。

● もう少し曖昧な手順書を与えた場合
　丁寧な手順指示が効果的なことは分かりましたが、もう少し曖昧な手順書をプロンプトに与えてプ

ログラムを生成してみましょう。

---

src/ch4/random5easy.gpt.txt

あなたは優秀なプログラマーです。
次の箇条書きの手順からPythonプログラムを作成してください。

手順
- （1）0以上100未満の乱数を100個生成
- （2）そのうち5の倍数のものだけをJSON形式で表示
- （3）ファイル「random5.json」にも同じものを保存

この指示に対して、次のようなプログラムを生成しました。

---

src/ch4/random5easy.py

```python
import random
import json

# 手順1: 0以上100未満の乱数を100個生成
random_numbers = [random.randint(0, 99) for _ in range(100)]

# 手順2: 5の倍数のものだけをJSON形式で表示
multiple_of_5 = [num for num in random_numbers if num % 5 == 0]
json_data = json.dumps(multiple_of_5)
print(json_data)

# 手順3: ファイル「random5.json」にも同じものを保存
with open("random5.json", "w") as file:
    file.write(json_data)
```

早速、このプログラムをターミナルで実行してみましょう。正しく表示されているようです。

```
$ python3 random5easy.py
[85, 60, 80, 0, 85, 85, 65, 15, 80, 60, 70, 95, 30, 25, 35, 60, 45]
```

この結果から、多少曖昧な指示であっても、意図を汲み取ってプログラムを作ってくれることが分かります。

⭕ さらに曖昧な指示を与えた場合

それでは、さらに曖昧な指示を与えた場合はどうでしょうか。次のような曖昧なプロンプトを与えてみました。

次のプログラムを作ってください。
100未満の乱数を100個生成し、そのうち5の倍数だけをJSON形式で出力。

　すると、厳密に言えば上記のプログラムとは異なりますが、以下のように指示通りの正しく動くプログラムを生成できました。

```
src/ch4/random5easy2.py
import random
import json

numbers = []
for _ in range(100):
    number = random.randint(1, 99)
    if number % 5 == 0:
        numbers.append(number)

data = {'numbers': numbers}

json_data = json.dumps(data)
print(json_data)
```

　このように、小さな規模のプログラムであれば、こちらの意図を汲み取って、正確なプログラムを作成できました。

シンプルな ToDO アプリを作ってみよう

　もう少し大きな規模のプログラムを生成することはできるでしょうか。ここでは、ToDO アプリのプログラムを作成してみます。まずは、HTML/JavaScript で、ToDO タスクを追加し、チェックするとタスクを削除するプログラムを作ってみます。
　次のようなプロンプトを記述してみました。このような曖昧なプロンプトからプログラムを生成できるでしょうか。

```
src/ch4/todo.gpt.txt
あなたは優秀なプログラマーです。
次のHTML/JavaScriptのプログラムを作成してください。
# 機能
- ToDOタスクの一覧を表示する
- ToDOタスクを追加・削除できる
```

こうすると、次のような HTML/JavaScript のコードを生成しました。

```
src/ch4/todo.html

<!DOCTYPE html>
<html>
<head>
    <title>ToDoリスト</title>
</head>
<body>
    <h1>ToDoリスト</h1>
    <input type="text" id="taskInput" placeholder="新しいタスク">
    <button onclick="addTask()">追加</button>
    <ul id="taskList"></ul>

    <script>
        var taskList = document.getElementById("taskList");
        var taskInput = document.getElementById("taskInput");

        function addTask() {
            var task = taskInput.value;
            if (task.trim() !== "") {
                var listItem = document.createElement("li");
                listItem.innerHTML = task;
                taskList.appendChild(listItem);
                taskInput.value = "";
            }
        }

        taskList.addEventListener("click", function(event) {
            if (event.target.tagName === "LI") {
                event.target.parentNode.removeChild(event.target);
            }
        });
    </script>
</body>
</html>
```

　Web ブラウザーでこの HTML を開くと、ToDO アプリが動きました。テキストボックスにタスクを書き入れて「追加」ボタンを押すと、リストにタスクが表示されます。また、タスクをクリックするとリストから削除されます。

Fig.10 ToDO アプリの基本ができた

Fig.10 ToDO アプリの基本ができた

⭕ ブラウザーのリロード問題による解決方法を尋ねよう

　ただし、上記の ToDO アプリには保存機能がついていません。そのため、ブラウザーをリロードしてしまえば、リストは消えてしまいます。このままでは、何かしらの仕組みを用意しないと、タスク管理に利用することはできません。

　ChatGPT にどのように解決できるか聞いてみましょう。

> ブラウザー上で使えるToDOアプリを作りましたが、データが永続化できません。
> どのように解決したら良いでしょうか？

　ChatGPT の返答は次のようなものでした。

> データをブラウザー上で永続化するためには、いくつかの方法があります。以下にいくつかの解決策を示します。
>
> - 1. ローカルストレージを使用する：ブラウザーのローカルストレージは、小規模なデータをブラウザーに保存するための仕組みです。JavaScriptを使用してデータをローカルストレージに保存し、必要なときにそれを取得することができます。ただし、ローカルストレージはブラウザーごとにデータが分離されるため、異なるブラウザーやデバイス間ではデータが共有されません。
> - 2. クッキーを使用する：クッキーは、ブラウザーにデータを保存するための別の方法です。サーバーからブラウザーに送信され、ブラウザー内に保存されます。クッキーはブラウザーごとに異なるデータを保存できますが、容量に制限があるため、大量のデータを保存するのには適していません。
> - 3. オンラインデータベースを使用する：データをサーバー上のオンラインデータベースに保存することもできます。バックエンドのプログラミング言語（例：Python、Node.js）やデータベース（例：MySQL、MongoDB）を使用して、データベースと通信し、データを保存および取得します。これにより、異なるブラウザーやデバイス間でデータを共有することができます。
> - 4. クラウドストレージサービスを使用する：データをクラウドストレージサービス（例：Google Drive、Dropbox）に保存することもできます。APIを使用して、データをクラウドストレージにアップロードおよびダウンロードします。ただし、アクセス制御やセキュリティに注意する必要があります。

これらの解決策の選択は、アプリの要件や利用者への提供方法に依存します。データの規模やセキュリティ要件、利用者間でのデータの共有などを考慮して、最適な方法を選択してください。

　いくつか解決作が提示されましたが、残念ながら、2番目の「クッキーを使う方法」は、データを永続化を行う解決作としてはあまりも適さないものです。1ドメインあたり4096バイトしか保存できない上に、ブラウザー内部に保存されるため操作端末以外では見ることができません。これは、ChatGPTの回答が必ずしも正しいものにならないという例の一つです。

　また、4番目のGoogle Driveなどのクラウドストレージサービスを使う方法も、可能と言えば可能ですが、実装のための手順が複雑です。そういうわけで、簡単に実装できるのは、1番目の「ローカルストレージ」か、3番目の「データベース」を使用する方法となります。

　ここでは、せっかくなので、Pythonを利用してバックエンドのデータベースにデータを保存できるようにしてみましょう（改良してもらいましょう）。

Web サーバーに ToDO リストを保存しよう

　リストに変化が起きたとき、Webサーバーに保存するという機能を作ることにしましょう。まずは、次の図のようにテキストファイルに保存するという簡単な仕組みのものにしてみます。

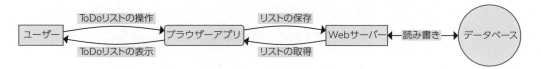

Fig.11 ToDO リストをファイルに保存する場合の構造

　図にあるように、Webサーバーで動作するサーバー側のプログラム「todo_server.py」と、ブラウザーで動くクライアント側のプログラム「todo_client.html」と2つのプログラムを作ります。

　「todo_server.py」ではタスク一覧データをデータベースに保存できるようにします。ただし、一度にいろいろな技術が出てくると、プログラムが複雑になってしまうので、ここでは、本格的なデータベースを使うのではなく、タスク一覧をテキストファイル「todo_tasks.txt」に保存するだけにします。

　まとめると、次のようになります。

```
    ├── todo_client.html ──────── クライアント側（ブラウザーで動く）プログラム
    ├── todo_server.py ─────────── サーバー側のプログラム
    └── todo_tasks.txt ─────────── 保存されたデータファイル
```

● ToDO アプリを生成するプロンプト

このような構成のプログラムを ChatGPT に生成させましょう。次のようなプロンプトを作成しました。

```
src/ch4/todo_cs.gpt.txt
あなたは優秀なプログラマーです。
サーバーにタスク一覧を保存するToDOアプリを作ってください。

# 構成
- todo_client.html --- ブラウザーで動くプログラム
- todo_server.py --- サーバーで動くPythonのプログラム（フレームワークにFlaskを使う）
- todo_tasks.txt --- 一行ずつタスク一覧を保持するデータ

# 機能
- ToDOタスクの一覧を表示する
- ToDOタスクを追加する
- サーバー側にタスク一覧をテキスト形式で保存する

# 注意事項
- todo_server.pyでは、Flask(__name__, template_folder='./') のようにテンプレートフォル
ダーを指定
- クライアントとサーバーの通信にはfetch関数を使う
- サーバーはtodo_client.htmlを表示できるようにする
```

このプロンプトを ChatGPT に入力します。すると、指示通り「todo_client.html」と「todo_server.py」と「todo_tasks.txt」という３つのファイルに記述すべきプログラムとデータを生成します。

ただし、必ずしも正しいプログラムが生成されるとは限りません。うまく生成できない場合、「Regenerate response」をクリックして再生成してみましょう。

上記のプロンプトに指定した「注意事項」に注目してください。これらの項目はもともと指定していなかった部分です。注意事項を指定せず、ChatGPT にプログラムを生成してもらったところ、欠陥のあるプログラムを生成したため、後から追加したのです。

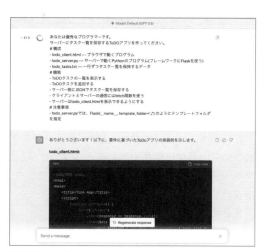

Fig.12 サーバーにタスクを保存できる ToDo アプリを生成したところ

最初からこれらの注意事項を想定して指定することは難しいでしょう。作成したプログラムを見な

いことにはわからないからです。当初に生成した ChatGPT のコードを知りたい場合は、注意事項の部分を抜かして生成してみて、会話の続きでこれらの注意事項を指定してみて、生成結果の違いを観察すると良いでしょう。

⬤ ToDO アプリのクライアント側のプログラム

それでは、ChatGPT が生成したクライアント側（ブラウザー）アプリのプログラムを確認してみましょう。上記のプロンプトで生成した HTML を次のプロンプトを利用して、分かりやすくコメントを足してもらいました。

> あなたは、優秀なプログラマーです。
> 以下のHTML/JavaScriptに注釈を加えて、
> プログラムの意味が分かりやすいように修正してください。
>
> ```
>
> （ここに生成されたコードを入れる）
> ```

このようにして分かりやすい注釈が付けられたクライアント側のプログラムが以下になります。ChatGPT の生成したコメントに注目して確認しましょう。

src/ch4/todo_cs/todo_client.html

```html
<!DOCTYPE html><html><head>
    <title>ToDo App</title>
    <script>
        // サーバーからタスクリストを取得して表示する関数 --- （※1）
        function getTasks() {
            // サーバーの '/tasks' にリクエストを送信し、タスクリストを取得 --- （※2）
            fetch('/tasks')
            .then(response => response.json())
            .then(data => {
                const taskList = document.getElementById('task-list');
                taskList.innerHTML = ''; // タスクリストをクリア
                // タスクリスト内の各タスクに対して、リストアイテムを作成して追加 --- （※3）
                data.forEach(task => {
                    const listItem = document.createElement('li');
                    listItem.textContent = task;
                    taskList.appendChild(listItem);
                });
            })
            .catch(error => console.error('Error:', error));
        }

        // タスクを追加する関数 --- （※4）
```

```
        function addTask() {
            const taskInput = document.getElementById('task-input');
            const task = taskInput.value;
            // タスクが空でない場合のみ追加する
            if (task.trim() !== '') {
                // サーバーの '/tasks' POST を送信してタスクを追加 ---（※5）
                fetch('/tasks', {
                    method: 'POST',
                    headers: {
                        'Content-Type': 'application/json'
                    },
                    body: JSON.stringify({ task })
                })
                .then(response => {
                    if (response.ok) {
                        taskInput.value = ''; // 入力フィールドをクリア
                        getTasks(); // タスクリストを再読み込み
                    }
                })
                .catch(error => console.error('Error:', error));
            }
        }
    </script>
</head>

<!-- ToDOの画面 ---（※6） -->
<body onload="getTasks()">
    <h1>ToDo App</h1>
    <ul id="task-list"></ul> <!-- タスクリストを表示するための空のリスト -->
    <input type="text" id="task-input"> <!-- タスクを入力するための入力フィールド -->
    <button onclick="addTask()">Add Task</button> <!-- タスクを追加するボタン -->
</body>
</html>
```

　プログラムを確認しましょう。ChatGPT が付けたコメントの通りなのですが、簡単にプログラムの流れを確認してみます。

　（※1）ではサーバーからタスクの一覧を取得して表示する関数 getTasks を定義します。（※2）はサーバーからタスク一覧のデータを取得します。筆者が注意事項で指定した通り、JavaScript の fetch 関数を使ってサーバーにアクセスするプログラムを作ってくれてました。

　このように指定したのは、JavaScript はそれなりに歴史のあるプログラミング言語なので、サーバーからデータを取得する方法が、XMLHttpRequest（XHR）を使う方法、Fetch API を使う方法、jQuery などの外部ライブラリーを利用する方法と、いくつか存在するのです。このうち、Fetch API を使う方法が新しく洗練されたコードです。しかし、筆者が試した時点で、ChatGPT は古い方法を使ってプログラムを作っていました。そこで、プロンプトで「fetch 関数を使うように」と指定したのです。

この点に関して、ChatGPT に「JavaScript でサーバーからデータを取得する方法を列挙して」と尋ねてみると、Fetch API が新しい方法であると教えてくれるのですが、利用する場合には、こちらから指定する必要があります。

（※3）では取得したデータを元に <li> 要素を生成して HTML の「task-list」に追記します。この部分がタスクリストを画面に表示するプログラムです。

（※4）が入力フィールド（テキストボックス id 属性が「task-input」のもの）の値をサーバーに送信して、タスクを追加して画面を更新するプログラムです。

（※5）の部分で fecth 関数を呼び出してサーバーにデータを送信します。そして正しくサーバーに送信できたら、入力フィールドの値をクリアして、タスクリストを更新するようにします。

（※6）では ToDO の画面を構成する HTML です。画面を表示するとき（onload イベント）サーバーにアクセスしてタスク一覧を表示するようにしています。

⬤ ToDO アプリのサーバー側のプログラム

生成された ToDO アプリのサーバー側のプログラムについても確認してみましょう。このプログラムも、次のプロンプトを実行して ChatGPT 自身に解説を加えてもらいました。

> あなたは優秀なプログラマーであり、プログラミング教室の先生です。
> 次のプログラムは、ToDOアプリのサーバー側のプログラムですが、
> Pythonのプログラムが生徒に分かりやすいようにコメントを加える修正をしてください。
> ```
>
> （ここに生成されたPythonのプログラム）
> ```

コメントが追加された ToDO アプリのサーバー側プログラムは、次の通りです。

```
src/ch4/todo_cs/todo_server.py
from flask import Flask, render_template, request, jsonify

# Flaskアプリケーションのインスタンスを作成 --- （※1）
app = Flask(__name__, template_folder='./')

# タスクをファイルから読み込む関数 --- （※2）
def read_tasks():
    with open('todo_tasks.txt', 'r') as file:
        tasks = file.read().splitlines()
    return tasks

# タスクをファイルに書き込む関数 --- （※3）
def write_tasks(tasks):
    with open('todo_tasks.txt', 'w') as file:
        for task in tasks:
            file.write(task + '\n')
```

```
# ルートURLにアクセスした時の処理 --- (※4)
@app.route('/')
def index():
    return render_template('todo_client.html')

# /tasks URLにアクセスした時の処理 --- (※5)
@app.route('/tasks', methods=['GET', 'POST'])
def tasks():
    if request.method == 'GET':
        # GETメソッドの場合、タスクを取得してJSON形式で返す --- (※6)
        tasks = read_tasks()
        return jsonify(tasks)
    elif request.method == 'POST':
        # POSTメソッドの場合
        # 送信されたデータからタスクを取得しファイルに追加する --- (※7)
        data = request.get_json()
        task = data.get('task')
        if task:
            tasks = read_tasks()
            tasks.append(task)
            write_tasks(tasks)
            return jsonify({'message': 'Task added successfully'})
        else:
            return jsonify({'error': 'Invalid task'})

# プログラムが直接実行された場合のみFlaskアプリケーションを起動 --- (※8)
if __name__ == '__main__':
    app.run()
```

　プログラムを確認してみましょう。今回も ChatGPT が追加したコメントは正しく分かりやすいものでした。

　（※1）では Flask フレームワークのアプリケーションのインスタンス（オブジェクト）を作成します。

　なお、Flask にはデフォルトで「templates」というフォルダーにテンプレートとなる HTML ファイルを配置するという決まりがあります。しかし、今回はプログラムの構成を分かりやすくするために、プログラムと同じディレクトリに todo_client.html を配置しています。そのために、今回、プログラム生成プロンプトに「Flask(__name__, template_folder='./')」を追加するように指定しました。

　（※2）は、タスク一覧をテキストファイルから読み込む関数 read_tasks を定義し、（※3）はタスクをファイルに書き込む関数 write_tasks を定義します。それぞれ、テキストファイルを読み書きします。

　Web アプリでは排他処理を行う必要がありますが、その処理は記述されていません。この点はデータベースを利用することで改善できますので後ほど考慮しましょう。

（※4）では、ルートURLにアクセスした時に、何を行うかを指定します。ここでは、HTMLファイル「todo_client.html」の内容をそのまま送信するように指定しています。

（※5）はブラウザー側JavaScriptから送信されるリクエストで、タスクの取得や新規タスクの追加が行われた時の処理を記述します。

それで、（※6）ですが、このメソッドでは「GET」メソッドが送信された時、タスクの一覧を取得するようにし、（※7）で「POST」メソッドが送信された時には、新規タスクの追加が行われるようにしています。タスク一覧の追加では、タスク一覧を取得し、そこにタスクを追加してからファイルに保存します。

そして、（※8）ではFlaskのアプリケーションを起動します。

作成された上記2つのプログラムを眺めてみると、無駄がなく分かりやすいプログラムになっていることを確認できます。

○ ToDOアプリを実行してみよう

このプログラムは、PythonのWebフレームワークであるFlaskを利用したものとなっています。そこで、ターミナル上で以下のコマンドを実行して、Flaskをインストールする必要があります。

```
$ python3 -m pip install flask==2.2.2
```

次のようにコマンドを実行しましょう。するとWebサーバーが起動します。

```
$ python3 todo_server.py
```

Webブラウザーで「http://127.0.0.1:5000」にアクセスしましょう。すると、ブラウザーにToDOアプリが表示されます。入力フィールドにタスクを入力して「Add Task」ボタンを押すとタスクが追加されます。

Fig.13 Webサーバーにタスクを保存するToDOアプリを実行したところ

ここまで見てきたように、ある程度の規模のプログラムを完成させるためには、いくつかのノウハウが必要であることが分かるでしょう。ChatGPT を使ったからと言って、全くのプログラミング未経験の人が、ある程度のプログラムを完成させるのは、なかなか難しいと言えます。Web アプリを開発するには、Web アプリがクライアントサーバーモデルに関する知識が必要ですし、ブラウザ上で動く JavaScript の基礎やセキュリティ制約についてもある程度知っている必要があります。

　とは言え、基本さえ知っていれば、時間をかけてゼロからプログラムを作る必要はなく、正しく要件定義できれば、かなりプログラムの開発工数を削減できるという点も分かったことでしょう。

　それで、ChatGPT を使ってある程度の規模を持つアプリを開発する際には、一度、アプリを機能ごとに分割する必要があります。Web アプリであれば、サーバー側、クライアント側と分けることができます。また、サーバー側の Python であれば、ファイル一つが一つのモジュールに相当するので、さらに機能ごとに分割すると良いでしょう。

まとめ

→ ChatGPT を用いて、いろいろなプログラムを作成してみました。

→ 有名なアルゴリズムは問題なく実装できました。

→ 箇条書きの手順に沿ったプログラムを生成することもできました。

→ ToDO アプリの生成を通して、構成や機能を指定するだけで、アプリを完成させることができる点も確認しました。

生成 AI でデータベースを操作しよう

大規模言語モデルを使うと、プログラムを生成できるだけでなく、データベースを操作する SQL を生成することもできます。SQL 生成機能を利用することで、データベースを手軽に操作できるようになります。

本節のポイント

- SQL の自動生成
- SQLite
- テストデータの自動生成
- データベース / テーブル / 関係データベース管理システム（RDBMS）

ChatGPT は SQL によるデータベース操作も得意

「SQL」は関係データベース管理システム（RDBMS）に対して、対話的にやり取りをするための問い合わせ言語です。関係データベースのデータを操作するさまざまな処理を実行できます。SQL は標準化されており、主要なデータベース管理システム（Oracle、MySQL、PostgreSQL、Microsoft SQL Server、SQLite など）でサポートされています。SQL はデータベースごとに方言が存在するものの、基本的な構文や機能は共通しています。

ChatGPT はプログラムの生成と同様に SQL の生成も可能です。アプリの仕様から必要なテーブルの定義を自動生成したり、目的とする SQL 操作を自動生成することが可能です。

● データベースはなぜ必要なのか

なぜ関係データベース管理システム（RDBMS）が必要なのでしょうか。CSV ファイルや、JSON ファイルなど、データを永続化する手段（データをファイルに保存する方法）は他にもあります。これらでは駄目なのでしょうか。

データベースは、データを効率的に扱うために必要なソフトウェアです。データベースを使用すると、データを整理し、必要な情報を迅速に見つけることができます。また、データベースを利用することで、データに整合性や信頼性を維持するためのさまざまな制約を与えることができます。この機能のおかげで、データの重複や矛盾を避けられます。

さらに、データベースを使用することで、複数のユーザーが同時にデータにアクセスし、データを共有することができます。また、データベースでは、アクセス権限やセキュリティ対策を設定することで、データの保護を強化することができます。

このように数々の利点があるため、あらゆる分野のソフトウェアでデータベースが利用されていま

す。

◯ 難しくないデータベースの構造

　一般的なデータベースでは、1つのデータベースの中に、複数のテーブルを作成することができます。テーブルには複数のレコードを記録できます。1つのレコードには、複数のカラム（フィールド）を持つことができます。

　Excelにたとえると、1つのテーブルは、Excelのワークシートのようなものと考えることができます。

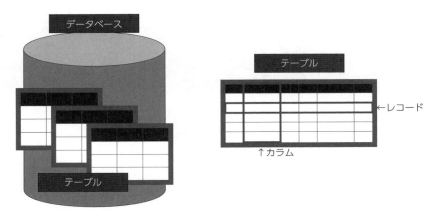

Fig.14 データベースの構造について

◯ SQLでデータベースを操作するための基本

　ChatGPTでデータベースを利用する場合、ChatGPTにSQLを生成してもらい、そのSQLをデータベースで実行するという手順になるでしょう。そのため、SQLの最も基本的な操作について知っておきましょう。

　データベースでは次の操作が基本となります。

- テーブルの作成（CREATE）　　　　テーブルを作成する
- データの挿入（INSERT）　　　　　テーブルにレコードを挿入する
- データの更新（UPDATE）　　　　　テーブル内のレコードを更新する
- データの削除（DELETE）　　　　　テーブル内のレコードを削除する
- データの検索・抽出（SELECT）　　テーブル内を検索してレコードを抽出する

Python でデータベースを操作するアプリを作ろう

ここでは、Python でデータベースを操作する簡単なコマンドラインツールを作成してみましょう。このツールを利用して ChatGPT が生成した SQL を実行できるようにしてみます。

もちろん、SQL を実行するツール自体も、ChatGPT 自体に作ってもらいます。なお、Python には組み込みデータベースの SQLite がバンドルされており、これを利用する事で SQL を利用してデータベースの操作ができます。

> **Memo**
>
> **SQLite とは？**
> SQLite は小型のデータベースであり、別途サーバーを起動したり、詳細な設定を行う必要がないので、手軽に利用できます。また、データベース 1 つが 1 つのファイルとなっており、扱いやすく分かりやすいため、ブラウザーやデスクトップアプリなど、多くのツールで利用されています。

次のようなプロンプトを使ってプログラムを作りました。機能はそれほど複雑なものではないのですが、複数行の SQL 文を入力しても正しく実行されるように、詳細な注意事項を追記してみました。

```
src/ch4/sqlite_tool.gpt.txt
あなたは優秀なプログラマーです。
PythonでSQLiteを操作するコマンドラインツールを作ってください。

# 機能
- コマンドラインからSQLを実行する
- SELECT文であれば抽出結果を分かりやすく表示する
    - ヘッダー行も出力する
    - 抽出結果は` | `で区切って読みやすく表示する
- input関数を使って繰り返しSQLを入力し実行できる
- SQLにエラーがあれば理由を表示する
- 操作対象のデータベースをコマンドライン引数で指定できる

# 注意事項
- SQLの入力時、input関数は1行ずつしか取得できないので下記の処理を行う
    - （1）変数linesを空で初期化
    - （2）input関数でユーザーからSQLを一行受け取り変数lineに追加
    - （3）変数lineの末尾が「;」であればSQLを実行
    - （4）上記(1)に戻る
```

次のような Python プログラムが生成されました。何度も触れているように、毎回同じプログラムが生成されるわけではありません。プログラムの読解力に不安のある方は、本書のサンプルに収録されている以下のソースコードをそのまま利用すると良いでしょう。

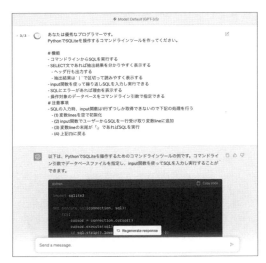

Model: Default (GPT-3.5)

あなたは優秀なプログラマーです。
PythonでSQLiteを操作するコマンドラインツールを作ってください。

機能
- コマンドラインからSQLを実行する
- SELECT文であれば抽出結果を分かりやすく表示する
  - ヘッダ行も出力する
  - 抽出結果は「|」で区切って読みやすく表示する
- input関数を使って繰り返しSQLを入力し実行できる
- SQLにエラーがあれば理由を表示する
- 操作対象のデータベースをコマンドライン引数で指定できる
注意事項
- SQLの入力時、input関数は行ずつしか取得できないので下記の処理を行う
  - (1) 変数linesを空で初期化
  - (2) input関数でユーザーからSQLを一行受け取り変数linesに追加
  - (3) 変数lineの末尾が「;」であればSQLを実行
  - (4) 上記(1)に戻る

以下は、PythonでSQLiteを操作するためのコマンドラインツールの例です。コマンドライン引数でデータベースファイルを指定し、input関数を使ってSQLを入力し実行することができます。

```python
import sqlite3

def execute_sql(connection, sql):
    try:
        cursor = connection.cursor()
        cursor.execute(sql)
        if sql.strip().lowe      Regenerate response
```

Send a message.

Fig.15 ChatGPT で SQLite のためのツール生成を依頼したところ

⬤ 生成された SQL 実行ツールを確認しよう

生成されたプログラムは以下のようになります。なお、ChatGPT 自身により親切な解説コメントをつけてもらっています。

src/ch4/sqlite_tool.py

```python
import sqlite3

def execute_sql(connection, sql):
    try:
        cursor = connection.cursor()
        cursor.execute(sql)
        if sql.strip().lower().startswith('select'):
            # SELECT文の場合、結果を表示する
            rows = cursor.fetchall()
            if rows:
                # ヘッダー行を表示する
                headers = [description[0] for description in cursor.description]
                head_s = ' | '.join(headers)
                print('\n' + head_s + '\n' + ('-' * len(head_s)))
                # 抽出結果を表示する
                for row in rows:
                    print(' | '.join(str(cell) for cell in row))
            else:
                # 結果がない場合はメッセージを表示する
                print('No results.')
        else:
```

```
            # SELECT文以外の場合、実行結果を表示する
            print('SQL executed successfully.')
        print()
    except sqlite3.Error as e:
        # エラーが発生した場合、エラーメッセージを表示する
        print(f'\nSQL error: {e}\n')
    except sqlite3.Warning as e:
        print(f'\nSQL warning: {e}\n')

def main(database):
    # データベースに接続する
    connection = sqlite3.connect(database)
    while True:
        # SQL文の入力を繰り返し受け付ける
        lines = []
        while True:
            # ユーザーから1行ずつSQLを入力する
            line = input('> ')
            if line == 'exit' or line == 'q':
                # ユーザーが "exit" と入力した場合、データベースをコミットして終了
                connection.commit()
                connection.close()
                return
            lines.append(line)
            if line.strip().endswith(';'):
                # 入力がセミコロンで終わる場合、SQLを実行する
                sql = '\n'.join(lines)
                execute_sql(connection, sql)
                break

if __name__ == '__main__':
    import sys
    if len(sys.argv) != 2:
        # コマンドライン引数の数が正しくない場合はエラーメッセージを表示する
        print('Usage: python sqlite_tool.py <database>')
    else:
        database = sys.argv[1]
        # メインの処理を実行する
        main(database)
```

　わずか60行の簡単なツールですが、この節でSQLのテストをするのに申し分ないツールに仕上がっています。

　このツールを実行するには、ターミナルで次のコマンドを実行します。すると、データベースファイル「test.sqlite」を作成し、このファイルを編集対象にしてSQLを実行することができます。

```
$ python3 sqlite_tool.py test.sqlite
```

プログラムを終了したい時は「exit」または「q」を入力して [Enter] キーを押します。あるいは、[Ctrl]+[C] キーを押してプログラムを強制終了します。

○ 簡単にプログラムをテストしてみよう

上記のように「sqlite_tool.py」を実行したら、以下のような SQL を一行ずつ入力してみましょう。

```
CREATE TABLE items ( data TEXT );
INSERT INTO items VALUES ("陽気な心の人には毎日が宴会である");
SELECT * FROM items;
```

結果が表示されます。

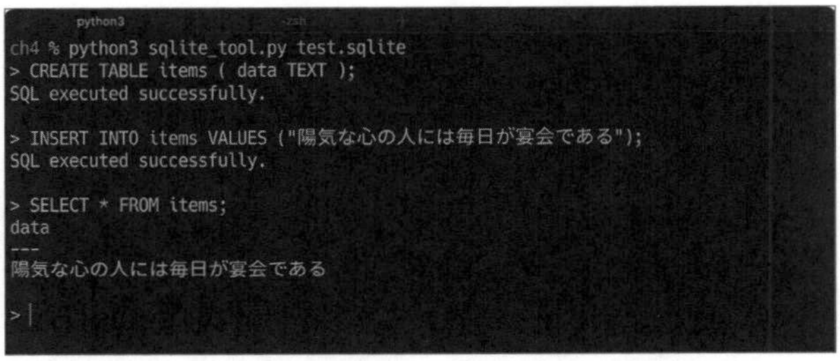

Fig.16 コマンドラインから SQL が実行できるツールを作ったところ

SQL がまったく分からないとしても大丈夫です。この後、ChatGPT が自動的に SQL を生成してくれます。正しくプログラムが動くかどうかを確かめましょう。生成された文を一行ずつ実行してみてください。

ToDO タスクを管理するデータベースを作ろう

それでは、ChatGPT を利用して、データベースを操作してみましょう。ここでは、前節の続きで簡単な ToDO アプリのためのデータベースを設計してみましょう。

---

src/ch4/todo_task_create_table.gpt.txt
あなたは優秀なデータベースデザイナーです。
簡単なToDO管理ができるテーブルtasksを定義してください。
そして、SQLiteのSQLを出力してください。
ただし、各カラムにコメントを`/* 解説 */`の書式で追記してください。

ChatGPT に上記のプロンプトを入力すると、次のような SQL を生成してくれます。

```
src/ch4/todo_task_create.sql
CREATE TABLE tasks (
    task_id INTEGER PRIMARY KEY,      /* タスクの一意のID */
    title TEXT NOT NULL,              /* タスクのタイトル（必須）*/
    description TEXT,                 /* タスクの説明（任意）*/
    priority INTEGER,                 /* タスクの優先度（任意）*/
    completed INTEGER DEFAULT 0       /* タスクの完了状態（デフォルトは未完了）*/
);
```

　作成した SQLite のテストツール「sqlite_tool.py」を実行した上で、この SQL を実行してみましょう。すると、データベース内に tasks というテーブルが作成されます。

> **Memo**
>
> **カラムが変わる？**
> ここで使用したプロンプトはかなり緩い指示のため、生成するたびに生成される結果が大きく異なります。何度も生成してみると、毎回異なるカラムを生成することに気付くでしょう。ここでは、上記のカラムを持つテーブルを定義したという前提で、これ以後、この定義に基づいた SQL を作成してもらうことにします。

○ サンプルデータをデータベースに挿入しよう

　サンプルデータを先ほど作成した「tasks」テーブルに挿入しましょう。この時、サンプルデータの作成も、ChatGPT に任せることができます。以下のプロンプトは、ChatGPT にサンプルデータを 20 件作ってもらうためのものです。

```
src/ch4/todo_task_make_sample.gpt.txt
あなたはソフトウェアの優秀なテスターです。
以下のテーブルに対する日本語のサンプルデータを20件生成してSQLで出力してください。

CREATE TABLE tasks (
    task_id INTEGER PRIMARY KEY,
    title TEXT NOT NULL,
    description TEXT,
    priority INTEGER,
    completed INTEGER DEFAULT 0
);
```

　プロンプトを ChatGPT に入力してみましょう。
　すると、次のような SQL 形式のサンプルデータを 20 件作成して出力してくれます。

```
src/ch4/todo_task_insert.sql
INSERT INTO tasks (task_id, title, description, priority, completed) VALUES
```

```
(1, 'ミーティングの準備', '明日のプロジェクトミーティングの資料を準備する', 2, 0),
(2, '報告書の作成', '最新のデータをもとに報告書を作成する', 1, 1),
(3, '顧客との電話対応', '重要なクライアントからの問い合わせに対応する', 3, 0),
(4, 'バグ修正', 'アプリケーションのバグを修正する', 2, 0),
(5, '新機能の開発', '新しい機能を開発し、テストを行う', 1, 0),
(6, 'データのバックアップ', '重要なデータのバックアップを取る', 2, 1),
(7, 'ユーザーサポート', 'ユーザーからの問い合わせに対応する', 3, 0),
(8, 'テストケースの作成', '新しい機能のためのテストケースを作成する', 1, 0),
(9, 'セキュリティアップデート', 'アプリのセキュリティアップデートを実施する', 2, 0),
(10, 'データの分析', '収集したデータを分析し、結果をまとめる', 1, 1),
(11, 'プレゼンテーションの準備', '来週のプレゼンテーションの資料を準備する', 2, 0),
(12, 'リグレッションテスト', 'バグ修正後にリグレッションテストを実施する', 3, 0),
(13, 'ユーザービリティテスト', 'ユーザービリティテストを実施し、改善点を洗い出す', 1, 0),
(14, 'データベースの最適化', 'データベースのパフォーマンスの最適化を行う', 2, 1),
(15, 'ドキュメントの更新', 'システムのドキュメントを最新の状態に更新する', 3, 0),
(16, 'テスト環境の構築', '新しいテスト環境を構築し、セットアップする', 1, 0),
(17, 'ユーザーインターフェイスの改善', 'ユーザーインターフェイスの改善を行う', 2, 0),
(18, 'サーバーメンテナンス', '重要なサーバーのメンテナンスを実施する', 3, 1),
(19, 'レポートのレビュー', '同僚のレポートをレビューし、フィードバックを提供する', 1, 0),
(20, 'コーディング規約の整備', 'コーディング規約を整備し、遵守する', 2, 0);
```

　上記の SQL を「sqlite_tool.py」で実行してみましょう。データベース内に 20 件のサンプルが挿入されます。

　ここで、正しくデータが挿入できたかどうかを確認してみましょう。データベース内のテーブル「tasks」に入っているレコードを全て表示するには、次のような SQL を実行します。

```
SELECT * FROM tasks;
```

　この SQL を実行すると、タスクの一覧が表示されます。このように表示されたら、サンプルデータが正しくテーブルに挿入できています。

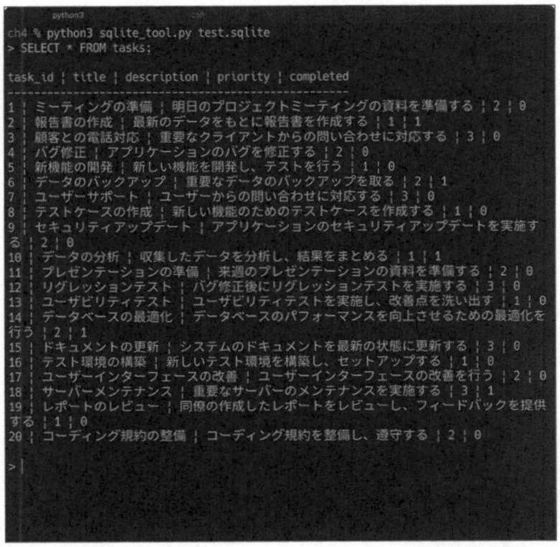

Fig.17 ELECT 文を実行して ToDO タスクの一覧が表示されたところ

● 条件を指定して tasks テーブルの内容を表示しよう

テーブル「tasks」に挿入したタスク一覧をただ表示するだけで良ければ「SELECT * FROM tasks;」と書いて実行すれば良いのですが、より複雑な条件でデータを表示したい場合が多いでしょう。そんな時こそ、ChatGPT の出番です。

ChatGPT に任意の条件でデータを抽出する SQL を作成してもらいましょう。ここでは、未処理のタスクで優先度の高いものから 5 件抽出するという条件で SQL を作ってもらいます。次のようなプロンプトを記述します。

```
src/ch4/todo_task_select_todo.gpt.txt
あなたは優秀なデータベースデザイナーで、SQLite用の下記のテーブルを定義しました。
completedが0のものを抽出するSQLを作成してください。
ただし、priorityが高いものから5件だけを抽出してください。

CREATE TABLE tasks (
    task_id INTEGER PRIMARY KEY,
    title TEXT NOT NULL,
    description TEXT,
    priority INTEGER,
    completed INTEGER DEFAULT 0
);
```

ChatGPT に上記のプロンプトを入力すると、次のような SQL を出力します。

```
src/ch4/todo_task_select_todo.sql
SELECT *
FROM tasks
WHERE completed = 0
ORDER BY priority DESC
LIMIT 5;
```

これを、先ほどの sqlite_tool.py で実行してみましょう。すると、次のように優先度（priority）の高いものから 5 件だけを抽出して表示します。

1

2

3

4

5

AP

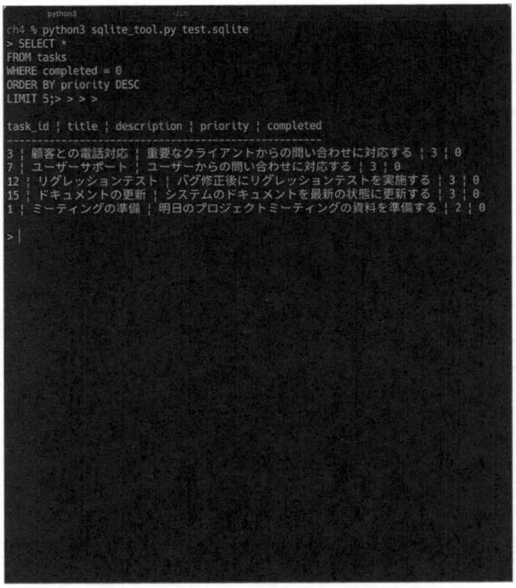

Fig.18 優先度の高い順にデータを 5 件表示したところ

⬤ 「テスト」を含むタスクのみを列挙しよう

次に、タスク一覧の中から「テスト」という文字列を含むタスクのみを列挙するような SQL を作ってもらいましょう。

src/ch4/todo_task_select_test.gpt.txt

あなたは優秀なデータベースデザイナーで、SQLite用の下記のテーブルを定義しました。
completedが0のものを抽出するSQLを作成してください。
ただし、titleに"テスト"を含むものを抽出してください。
 	
CREATE TABLE tasks (
    task_id INTEGER PRIMARY KEY,
    title TEXT NOT NULL,
    description TEXT,
    priority INTEGER,
    completed INTEGER DEFAULT 0
);

このプロンプトに対し、以下のような SQL を生成しました。良い感じです。LIKE 演算子とワイルドカードを表す「%」を使う事で文字列のワイルドカード検索が可能になるのです。

```
src/ch4/todo_task_select_test.sql
SELECT *
FROM tasks
WHERE completed = 0
  AND title LIKE '%テスト%';
```

　先ほどと同じく「sqlite_tool.py」で実行してみましょう。すると次のようにタスクのタイトルに「テスト」を含む一覧が表示されます。

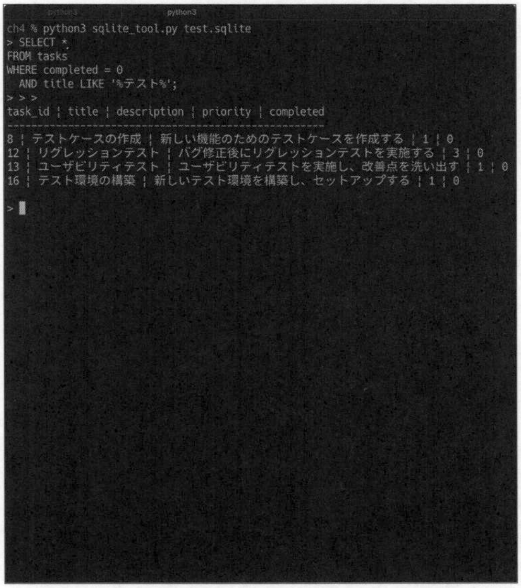

Fig.19 「テスト」を含むタスクのみを列挙したところ

より複雑なテーブルを定義しよう

　ところで、SQL が使える大半のデータベースは、「関係データ管理システム（RDBMS / Relational Database Management System）」であり、関係データベースの仕組みを採用しています。これは複数のテーブルを組み合わせてデータを格納し、テーブル同士を関連付けることができる機能を持ちます。

　たとえば、ToDO タスクを管理するデータベースを、チームメンバーが共同で使うことを考えてみましょう。この場合、タスクに担当者のカラムが追加されることでしょう。ユーザーを管理するテーブルを追加し、タスクを管理するテーブルにひも付けます。

　このように、テーブルを分けた上で関連付けておけば、ユーザーのニックネームが変更された時でも、タスクの一覧を調べてユーザーのニックネームを書き換える必要がなくなります。

⬤ チームで使える ToDO タスクのデータベースを作ろう

それでは、チームで使える ToDO タスクの管理ツールのために、データベースを設計してもらうため、以下のプロンプトを入力します。

---
src/ch4/team_task_design.gpt.txt

あなたは、優秀なデータベースデザイナーです。
チームで使えるToDOタスク管理ツールを作りたいです。
次のテーブルを設計してSQLiteのSQLを出力してください。

- tasks テーブル ： タスクと担当ユーザーの情報一覧を保存
- users テーブル ： ユーザーの情報一覧を保存

なお、各カラムにコメントを追記してください。

このようにすると、たとえば ChatGPT は次のようなテーブルを設計してくれます。

---
src/ch4/team_task_create.sql

```sql
-- tasksテーブル: タスクと担当ユーザーの情報一覧を保存するテーブル
CREATE TABLE tasks (
  id INTEGER PRIMARY KEY, -- タスクの一意の識別子
  title TEXT NOT NULL, -- タスクのタイトル
  description TEXT, -- タスクの詳細な説明
  user_id INTEGER, -- タスクを担当するユーザーのID
  FOREIGN KEY (user_id) REFERENCES users(id) -- usersテーブルのidカラムと関連付け
);

-- usersテーブル: ユーザーの情報一覧を保存するテーブル
CREATE TABLE users (
  id INTEGER PRIMARY KEY, -- ユーザーの一意の識別子
  name TEXT NOT NULL, -- ユーザーの名前
  email TEXT UNIQUE -- ユーザーのメールアドレス
);
```

この SQL コードは、SQLite のデータベースに対してテーブルを作成します。tasks テーブルはタスクに関する情報を保存し、users テーブルはユーザーに関する情報を保存します。そして、tasks テーブルの user_id カラムは users テーブルの id カラムと関連付けられており、ユーザーとタスクの関係性を表現しています。

ところで、先ほど ChatGPT でテーブル定義をした時に、テーブルの説明を C 言語風のコメントで追加するように指示しました。そのため、カラム定義の後ろに、/* … */ でコメントが入っていました。テーブル定義に加えて、コメント記号まで指定できることを明示するものでした。

なお、SQLite では、ハイフンを 2 つ「--」と書くとそれ以降の文末までがコメントとして扱われます。

今回、特にコメント記号を指示しなかったのですが、ChatGPT はこの一行コメントの「--」を好んで使うようです。

◯ 生成された SQL を SQLite 用ツールで実行しよう

ターミナルから「sqlite_tool.py」を実行してみましょう。これは「team_tasks.sqlite」というデータベースを作成して操作できるようにするものです。

```
$ python3 sqlite_tool.py team_tasks.sqlite
```

ツールが起動したら、テーブルを生成する SQL を入力しましょう。なお、複数の SQL を同時に実行することはできないので、tasks テーブルを作成する SQL を実行した後、users テーブルを作成する SQL を実行しましょう。

テーブル同士の関係を図にすると次のようになります。

tasks		
integer	id	タスクの一意の識別子
text	title	タスクのタイトル
text	description	タスクの詳細な説明
integer	user_id	タスクを担当するユーザーの ID

users テーブルの id カラムと関連付け

users		
integer	id	ユーザーの一意の識別子
text	name	ユーザーの名前
text	email	ユーザーのメールアドレス（一意制約あり）

Fig.20 テーブル「tasks」と「users」の関係を表した図

この ER 図も ChatGPT を利用して自動生成しています。以下のようなプロンプトで生成したものです。作図性能の点からモデル GPT-4 を利用しました。

> あなたは、優秀なソフトウェアのマニュアル作成者です。
> 以下のSQLを説明するER図（erDiagram）をmermaid記法で記述してください。
> なお、図にはカラムのコメントも含めてください。
>
> ```
> （ここにテーブルを作成するSQL）
> ```

● サンプルデータを挿入しよう

　続いて、サンプルデータを作成してみましょう。先ほどと同じように次のようなプロンプトを ChatGPT に入力しましょう。

> あなたはソフトウェアの優秀なテスターです。
> 以下のテーブルに基づいて日本語のサンプルデータを20件生成してSQLで出力してください。
>
> ```
>
> （ここにテーブルを作成するSQL）
> ```

　このようにすると、ユーザーのサンプルデータを挿入する次のような SQL が生成されました。

src/ch4/team_task_users_sample.sql
```sql
INSERT INTO users (id, name, email)
VALUES (1, '佐藤 花子', 'sato.hanako@example.com'),
       (2, '鈴木 一郎', 'suzuki.ichiro@example.com'),
       (3, '高橋 次郎', 'takahashi.jiro@example.com'),
       (4, '田中 三郎', 'tanaka.saburo@example.com'),
       (5, '山本 四郎', 'yamamoto.shiro@example.com');
```

　また、上記のサンプルに続けて、タスク一覧を生成する次のような SQL が生成されました。

src/ch4/team_task_tasks_sample.sql
```sql
INSERT INTO tasks (id, title, description, user_id)
VALUES (1, 'レポート作成', '月次報告書の作成', 1),
       (2, 'データ分析', '売上データの分析', 2),
       (3, 'ミーティング準備', '次回のミーティングのアジェンダ作成', 3),
       (4, 'クライアント訪問', 'クライアントとの打ち合わせ', 4),
       (5, 'プロジェクト計画', '新規プロジェクトの計画立案', 5),
       (6, '資料作成', 'プレゼンテーション用の資料作成', 1),
       (7, 'コードレビュー', 'チームのコードのレビュー', 2),
       (8, 'バグ修正', 'システムのバグ修正', 3),
       (9, 'データベース最適化', 'データベースのパフォーマンス改善', 4),
       (10, 'ユーザーテスト', '新機能のユーザーテスト実施', 5),
       (11, 'リリース準備', '新バージョンのリリース準備', 1),
       (12, 'マーケティング戦略', '新規マーケティング戦略の策定', 2),
       (13, '競合分析', '競合他社のビジネス分析', 3),
       (14, '新人研修', '新入社員の研修計画', 4),
       (15, '予算計画', '来年度の予算計画', 5),
       (16, 'UIデザイン', '新規アプリのUIデザイン', 1),
       (17, '製品改善', '製品の品質改善提案', 2),
       (18, 'インフラ構築', '新規サーバーのインフラ構築', 3),
       (19, 'セキュリティチェック', 'システムのセキュリティチェック', 4),
```

```
（20, 'スタッフ面談', '部下との面談の設定', 5);
```

● 任意のユーザーのタスク一覧を抽出しよう

次に、任意のユーザーのタスク一覧を抽出する SQL を生成してもらうため、ChatGPT に次のようなプロンプトを入力します。

あなたは、優秀なデータベースデザイナーです。
次のようなテーブルをSQLで設計しました。
指定したユーザーのタスク一覧をユーザーの名前入りで抽出するSQLite用のSQLを作成してください。

```
（ここにテーブルを作成するSQL）
```

ChatGPT は次のような SQL を生成します。

src/ch4/team_task_select.sql
```
SELECT tasks.title, tasks.description, users.name
FROM tasks
JOIN users ON tasks.user_id = users.id
WHERE users.name = '指定したユーザーの名前';
```

例として、サンプルデータの中にある「佐藤 花子」のタスクを表示させてみましょう。

```
SELECT tasks.title, tasks.description, users.name
FROM tasks
JOIN users ON tasks.user_id = users.id
WHERE users.name = '佐藤 花子';
```

「sqlite_tool.py」は次の画面のように佐藤さんのタスク一覧を表示します。

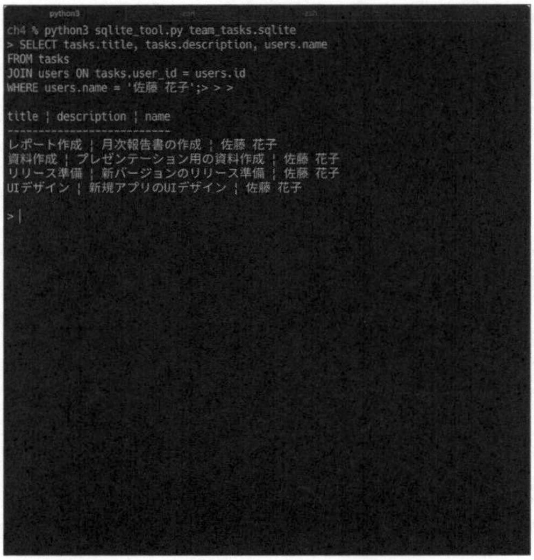

```
ch4 % python3 sqlite_tool.py team_tasks.sqlite
> SELECT tasks.title, tasks.description, users.name
FROM tasks
JOIN users ON tasks.user_id = users.id
WHERE users.name = '佐藤 花子';> > >

title | description | name
-------------------------------------------------
レポート作成 | 月次報告書の作成 | 佐藤 花子
資料作成 | プレゼンテーション用の資料作成 | 佐藤 花子
リリース準備 | 新バージョンのリリース準備 | 佐藤 花子
UIデザイン | 新規アプリのUIデザイン | 佐藤 花子

> |
```

Fig.21 佐藤さんのタスク一覧を抽出したところ

このように、複数テーブルにまたがった SQL も ChatGPT は難なく生成してくれます。

まとめ
→ SQL 文を生成しデータベースを操作可能なことが分かりました。
→ ChatGPT を利用して、ToDo タスクを管理するためのデータベースを定義したり、操作する SQL を生成しました。
→ 単一のテーブルだけでなく、複数のテーブルを操作するようなそれなりに複雑な SQL 文も生成することができることを確認しました。

5 生成 AI でテストを自動化しよう

ソフトウェア開発においてテストは非常に重要な工程です。本節ではどのようにして、テストを自動生成できるかを考察します。プログラムに加えて、テストも自動生成して生産性を向上させましょう。

**本節の
ポイント**

● テストの自動生成
● pytest

ソフトウェア開発におけるテストの重要性

　ソフトウェア開発において、テストほど重要な工程はありません。ユーザーは、安心してソフトウェアを使いたいと思っているはずです。しかし、バグが残ったままのソフトウェアがリリースされてしまったら、ユーザーのソフトウェアに対する信用はがた落ちでしょう。

　バグを早期に発見し、修正する必要があるのです。それを実現するのが「テスト」です。

　テストを行えば、ソフトウェアの不具合を検出できます。そしてバグを修正することで、ソフトウェアの信頼性と安全性が高まります。また、テストを行うことにより、ユーザーが必要としている機能が満たされているかどうかを確認でき、ソフトウェアの使いやすさも向上します。

● プログラムにバグは必ずある

　人間は不完全なので必ず間違えます。ソフトウェアの開発は、複雑で難解です。そのため、どんな優秀なエンジニアが作ったとしても、バグのないプログラムはできないでしょう。

● テストは開発の初期段階から行うことが勧められている

　今日では、プログラム開発においても、「TDD（テスト駆動開発）」や「テスト・ファースト」といった手法が推奨されています。これは、プログラムを開発するときに、プログラムの本体ではなく、最初に自動テストから作成する手法です。必ずテストが成功するようにしながら、プログラム本体を完成させていくというものです。テストを最初に作ることで、余計な手戻りがなく順調にプログラムを完成させることができます。

AI を使ったテストの自動化

ソフトウェアを完璧にテストするのは簡単なことではありません。テストと一口に言ってもさまざまな手法があるからです。

具体的なテスト手法の例を挙げてみましょう。まず、プログラム中に書いた関数などが想定通りに動くか、適当な値を与えて正しい値を返すかをチェックできます。また、Web ブラウザーを自動操作することで Web アプリが期待する動作を行うか、または、正しいメッセージが表示されるのか、その振る舞いをチェックす ることができます。このように、ツールを利用して、自動的にテストを行う手法を「自動テスト」と呼びます。

こうした自動テストも、大規模言語モデルを用いてプログラムを生成させることができます。

Python のプログラムを自動テストするライブラリー

ここでは Python で開発したプログラムをテストすることを想定してみましょう。Python のプログラムをテストするには、次のような有名なライブラリーを使います。必要に応じて以下のライブラリーを利用してプログラムをテストします。

- pytest　　　　単体テストを手軽に記述できるテストライブラリー
- unittest　　　ユニットテストが実践できる汎用的なテストライブラリー
- doctest　　　プログラムのコメントの中にテストを記述できるライブラリー
- Playwright　　Web ブラウザーを自動操作することのできるライブラリー

◯ pytest のインストール

テストライブラリーの定番といえば「pytest」です。また、ドキュメントの中にテストを埋め込める「doctest」も人気があります。本節では主に「pytest」を使ったプログラムを紹介しましょう。果たして ChatGPT は pytest をうまく生成できるでしょうか。

早速、ターミナルで以下のコマンドを実行して、pytest をインストールしましょう。

```
$ python3 -m pip install pytest
```

簡単なテストを生成してもらう

手始めに、リストに指定した数値の合計を返す関数 sum_list をテストするプログラムを作ってもらいましょう。

あなたは優秀なプログラマーです。
関数sum_listは、引数a_listに指定した数値を合計して返します。
この関数をpytestでテストする関数test_sum_listを作ってください。

このプロンプトを入力すると、次のようなプログラムを生成してくれます。

```
src/ch4/test_sum_list.py
# 引数に指定したリストを合計して返す関数 --- （※1）
def sum_list(a_list):
    return sum(a_list)

# 関数sum_listをpytestでテストするための関数 --- （※2）
def test_sum_list():
    assert sum_list([1, 2, 3]) == 6
    assert sum_list([-1, 0, 1]) == 0
    assert sum_list([10, 20, 30, 40]) == 100
    assert sum_list([]) == 0
    assert sum_list([5]) == 5
```

生成されたプログラムを確認しましょう。上記（※1）では引数に指定したリストを合計して返す関数 sum_list を定義しています。そして、（※2）でこの関数をテストする関数を定義しています。

ここで注目したいのは「assert 値 1 == 値 2」と書くことで、値 1 と値 2 が同じかどうかをテストしている点です。また、pytest では関数名が「test_xxx」あるいは「xxx_test」の形式であれば、それをテスト用の関数と見なしてテストを実行します。

⭕ 生成されたプログラムを pytest でテストしよう

ターミナルからpytest を実行してみましょう。pytest を実行するには、次の 2 つの方法があります。（1）は、pytest をインストールすると使えるようになる pytest コマンドを利用して「test_sum_list.py」をテストするものです。（2）は、Python のモジュールを python3 コマンドで実行する方法です。

```
# （1）pytestコマンドを使う方法
$ pytest test_sum_list.py

# （2）python3コマンド経由でpytestを実行する方法
$ python3 -m pytest test_sum_list.py
```

以下がテストを実行したところです。表示されたメッセージの末尾に「1 passed」と表示されていればテスト成功です。

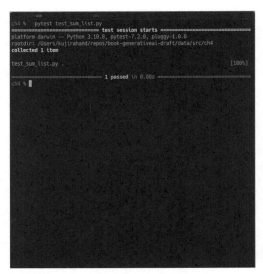

Fig.22 pytest のテストに成功したところ

コイン枚数を計算する関数をテストしよう

もう少し難しい関数をテストしてみましょう。次のようなお題を考えてみました。

【問題】
自動精算機の中に10円玉がa枚、50円玉がb枚、100円玉がc枚、500円玉がd枚あります。
このとき、total円を支払うための組合せを一つ返す関数calc_coinを作ってください。
なおコイン枚数が最小枚数の組合せを返すようにしてください。

この問題は、与えられた各コインを for 文で総当たりすることで答えを求めることができます。まずは、ChatGPT に問題を解くプログラムを作ってもらいましょう。次のようなプロンプトを作って、プログラムのテスト関数を生成してもらうことにしました。問題文そのままです。

［入力］src/ch4/calc_coin_prompt.gpt.txt
あなたは優秀なPythonプログラマーです。
自動精算機の中に10円玉がa枚、50円玉がb枚、100円玉がc枚、500円玉がd枚あります。
このとき、total円を支払うための組合せを一つ返す関数calc_coinを作ってください。
なおコイン枚数が最小枚数の組合せを返すようにしてください。

ChatGPT は次のようなプログラムを生成します。ぱっと見た感じ問題なさそうですが、どうでしょうか。

```
src/ch4/calc_coin.py
def calc_coin(total, a, b, c, d):
    # 組み合わせの初期値を設定
    min_coins = float('inf')  # 最小のコイン枚数を無限大に設定
    result = None   # 結果の変数を初期化

    # 10円玉のループ
    for i in range(a + 1):
        # 50円玉のループ
        for j in range(b + 1):
            # 100円玉のループ
            for k in range(c + 1):
                # 500円玉のループ
                for l in range(d + 1):
                    # 合計金額の計算
                    total_amount = i * 10 + j * 50 + k * 100 + l * 500
                    # コインの枚数が最小かつ合計金額がtotalと一致する場合
                    if total_amount == total and i + j + k + l < min_coins:
                        min_coins = i + j + k + l
                        result = (i, j, k, l)  # 現在の組み合わせを記録する

    return result   # 最適な組み合わせを返す
```

この関数はモジュールとして利用できるように、「calc_coin.py」という名前で保存しておきます。

⭕ コイン枚数計算のテストを生成する（失敗）

それでは、このプログラムをテストするプログラムを作成してみましょう。問題文と関数定義を利用してみます。ここでは、ChatGPT（モデル GPT-3.5）に依頼してみましょう。

```
［入力］src/ch4/test_calc_coin_prompt_ng.gpt.txt
10円玉がa枚、50円玉がb枚、100円玉がc枚、500円玉がd枚あります。
total円を支払うための組合せを一つ返す関数calc_coin(total, a, b, c, d)があります。
コイン枚数が最小枚数の組合せを返します。
pytestでテストする関数test_calc_coinを作ってください。

以下のプログラムの続きを作ってください。

from calc_coin import calc_coin
def test_calc_coin():
```

calc_coin モジュールはすでに作ってあり、関数 calc_coin を定義しています。そのため、モジュールのインポートを行うコードを記述して、その続きを作ってもらうように指定しています。

ChatGPT は下記のようなテストコードを生成しました。

```
src/ch4/test_calc_coin_ng.py
# （注意）間違っています
from calc_coin import calc_coin

def test_calc_coin():
    assert calc_coin(100, 0, 0, 1, 0) == (0, 0, 1, 0)
    assert calc_coin(420, 5, 2, 3, 1) == (1, 0, 2, 0)
    assert calc_coin(760, 2, 5, 3, 1) == (0, 2, 1, 1)
    assert calc_coin(670, 0, 10, 3, 1) == (0, 10, 2, 1)
    assert calc_coin(350, 5, 2, 3, 1) == (0, 0, 3, 0)
    assert calc_coin(920, 5, 2, 3, 1) == (2, 0, 1, 1)
    assert calc_coin(80, 1, 1, 0, 1) == (0, 1, 0, 1)
    assert calc_coin(1230, 5, 5, 5, 5) == (0, 1, 0, 2)
```

　一見するとしっかりしたテストコードを作ってくれているように見えます。しかし、生成されたコードは大きく間違っています。

　ここで、大規模言語モデルは計算が苦手だったという点を思い出してください。例えば、関数 test_calc_coin の 2 つめの assert を見てください。420 円を生成するために、(1, 0, 2, 0) という組を作るべきというテストですが、計算してみると（10 円× 1, 50 円× 0, 100 円× 2, 500 円× 0）なので 210 円になってしまいます。それらしいテストコードが生成されているものの、間違っています。

● 「コイン枚数計算のテストを生成するプログラム」を生成する

　それでは、どうすれば良いのでしょうか。大規模言語モデルの計算の不正確さを考慮して、テストを生成するプログラムを生成するようにします。
　具体的には次の手順でテストします。

（1）ChatGPT に「テストプログラムを生成するプログラム」を作ってもらう
（2）作ったプログラムを実行してテストプログラムを生成する
（3）テストプログラムを実行する

次のようなプロンプトを作成しました。

---

src/ch4/generate_test_calc_coin.gpt.txt

10円玉がa枚、50円玉がb枚、100円玉がc枚、500円玉がd枚あります。
total円を支払うための組合せを一つ返す関数calc_coin(total, a, b, c, d)があります。
コイン枚数が最小枚数の組合せを返します。
pytestでcalc_coinをテストするテストケースを生成するプログラムを作ってください。
なお、以下の手順を利用したプログラムを作ってください。

手順
- （1）変数a,dに0から9の乱数（整数）を代入。
- （2）変数b,cに0から1の乱数（整数）を代入。
- （3）変数totalを計算
- （4）calc_coin(total,a,b,c,d) == (a,b,c,d)でテストケースを生成

なお、上記で生成するテストコードの前に以下のプログラムを追加してください。

```
from calc_coin import calc_coin
def test_calc_coin():
```

本来は、テストの生成手順など指定せずに作ってもらえたら良かったのですが、うまくいかなかったので具体的な手順を示すことで、テストコードを生成するように工夫しました。

---

src/ch4/generate_test_calc_coin.py

```python
import random

def generate_test_cases():
    test_cases = []

    for _ in range(10):
        a = random.randint(0, 9)   # aに0から9のランダムな値を代入
        d = random.randint(0, 9)   # dに0から9のランダムな値を代入
        b = random.randint(0, 1)   # bに0または1のランダムな値を代入
        c = random.randint(0, 1)   # cに0または1のランダムな値を代入
        total = a * 10 + b * 50 + c * 100 + d * 500   # totalに計算結果を代入

        test_case = f"assert calc_coin({total}, {a}, {b}, {c}, {d}) == ({a}, {b},
{c}, {d})"   # test_caseにテストケースのアサーションを代入
        test_cases.append(test_case)   # test_casesにtest_caseを追加

    return test_cases

test_cases = generate_test_cases()

# テストケースを出力する
```

```
print("from calc_coin import calc_coin")  # calc_coinをインポートする文を出力
print("def test_calc_coin():")  # test_calc_coin関数の宣言を出力
for test_case in test_cases:
    print(f"    {test_case}")  # 各テストケースを出力
```

このプログラムを実行して、テストコードを生成した後、pytest でテストしてみましょう。

```
# テストを生成
$ python3 generate_test_calc_coin.py > test_calc_coin.py
```

実行すると次のような Python のプログラム「test_calc_coin.py」が生成されます。

src/ch4/test_calc_coin.py
```
from calc_coin import calc_coin
def test_calc_coin():
    assert calc_coin(2070, 2, 1, 0, 4) == (2, 1, 0, 4)
    assert calc_coin(4170, 7, 0, 1, 8) == (7, 0, 1, 8)
    assert calc_coin(4660, 6, 0, 1, 9) == (6, 0, 1, 9)
    assert calc_coin(3140, 4, 0, 1, 6) == (4, 0, 1, 6)
    assert calc_coin(2740, 9, 1, 1, 5) == (9, 1, 1, 5)
    assert calc_coin(4660, 6, 0, 1, 9) == (6, 0, 1, 9)
    assert calc_coin(1560, 6, 0, 0, 3) == (6, 0, 0, 3)
    assert calc_coin(4650, 0, 1, 1, 9) == (0, 1, 1, 9)
    assert calc_coin(140, 9, 1, 0, 0) == (9, 1, 0, 0)
    assert calc_coin(1050, 5, 0, 0, 2) == (5, 0, 0, 2)
```

生成されたプログラムを pytest でテストしてみましょう。

```
# テストを実行
$ pytest test_calc_coin.py
```

pytest を実行してみて「1 passed」と表示されたらテスト成功です。

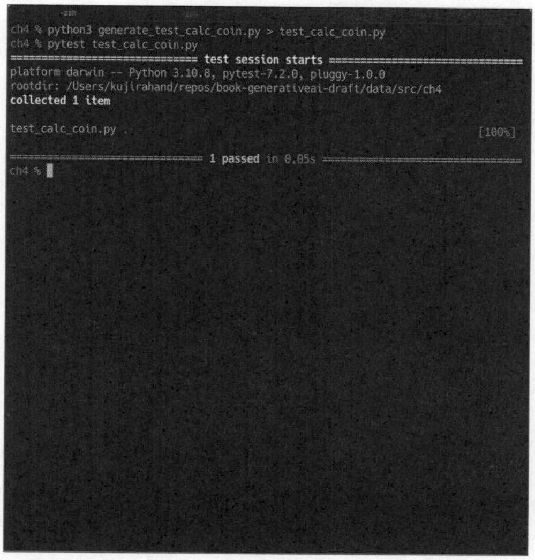

Fig.23 プログラムのテストを生成して pytest でテスト

プログラム自体を与えてテストを作ってもらう

プログラム自体をプロンプトに与えて、そこからテストを生成することもできます。例えば、引数に与えた値をソートするクイックソートのプログラムのテストを作ってもらいましょう。

以下のようなプロンプトを作成しました。

---

src/ch4/test_qsort.gpt.txt

以下のプログラムをpytestでテストするコードを生成してください。

```
def qsort(arr):
    if len(arr) <= 1:
        return arr
    pivot = arr[len(arr) // 2]
    left = [x for x in arr if x < pivot]
    middle = [x for x in arr if x == pivot]
    right = [x for x in arr if x > pivot]
    return qsort(left) + middle + qsort(right)
```

なお、テストコードの上に上記の関数を埋め込んでください。

このプロンプトを ChatGPT に入力すると、以下のようなプログラムを生成します。有名なアルゴリズムをテストするコードということが分かったからか、正確なテストコードを生成しました。

```python
# src/ch4/test_qsort.py
def qsort(arr):
    if len(arr) <= 1:
        return arr
    pivot = arr[len(arr) // 2]
    left = [x for x in arr if x < pivot]
    middle = [x for x in arr if x == pivot]
    right = [x for x in arr if x > pivot]
    return qsort(left) + middle + qsort(right)


def test_qsort():
    # テストケース1: 空のリスト
    assert qsort([]) == []
    # テストケース2: 重複なしの整数リスト
    assert qsort([4, 2, 7, 1, 9]) == [1, 2, 4, 7, 9]
    # テストケース3: 重複ありの整数リスト
    assert qsort([4, 2, 7, 1, 9, 2, 4, 7]) == [1, 2, 2, 4, 4, 7, 7, 9]
    # テストケース4: 負の数を含む整数リスト
    assert qsort([4, -2, 7, 1, -9, 2, 4, -7]) == [-9, -7, -2, 1, 2, 4, 4, 7]
    # テストケース5: 重複なしの浮動小数点数リスト
    assert qsort([4.5, 2.1, 7.8, 1.3, 9.0]) == [1.3, 2.1, 4.5, 7.8, 9.0]
    # テストケース6: 文字列リスト
    assert qsort(["banana", "cat", "apple"]) == ["apple", "banana", "cat"]
    # テストケース7: リストの要素が1つのみ
    assert qsort([42]) == [42]
    # テストケース8: リストの要素が2つ
    assert qsort([8, 3]) == [3, 8]
    # テストケース9: 大きなリスト（1から100までの整数）
    assert qsort(list(range(1, 101))) == list(range(1, 101))
    # テストケース10: 逆順のリスト（100から1までの整数）
    assert qsort(list(range(100, 0, -1))) == list(range(1, 101))
```

ターミナル上で、次のコードを実行して「1 passed」と表示されればテスト成功です。

```
$ pytest test_qsort.py
```

ChatGPT でテストを作る際のノウハウ

ここまで見てきたように、ChatGPT にプログラムのテストを作ってもらうのは簡単です。テストフレームワークの pytest などを明示して「以下のプログラムを pytest でテストするコードを生成してください」と書くだけです。ただし、現実には、全てのケースでそれほど簡単に行くわけではありません。

本節の前半では、配列を加算するプログラムのテストを作ってみました。このケースでは、うまくテストが生成されました。多くの場合、正しいテストのプログラムが生成されます。

しかし、後半のコイン枚数を計算する関数のケースでは、うまくテストが生成できませんでした。ここでは敢えて複雑な問題を選んでみました。それで、ChatGPT がコイン枚数の正解を計算できず、正しいテストを生成できませんでした。

うまくテストが生成されない場合には、プロンプトを工夫して正解のヒントを与えることもできるでしょう。2 章 3 節で解説した「思考の連鎖（CoT）」などのテクニックを応用して、正解の組合せ例を示すこともできます。

それでも、うまくいかない場合には、本節の後半で紹介したように、テストケース自体を生成するプログラムを作成するのも良い方法です。

正しい答えを出力するプログラムを作成するのに、いくつもの方法があるように、正しいテストを生成するプロンプトにも、いくつもの方法があります。

それなりの規模のプログラムをテストする方法

ChatGPT には、最大トークン数の制限があります。そのため、あまりにも長いプログラムを入力することはできません。それなりの規模のプログラムをテストしたい場合には、工夫が必要になります。

いろいろな工夫がありますが、もっとも簡単なのは、長いプログラムを ChatGPT に入力できるくらいのサイズに分割することです。そして、それぞれの部分で関数の説明・引数・戻り値だけに要約するようにします。そして、その要約を使って pytest のテストコードを生成するようにします。

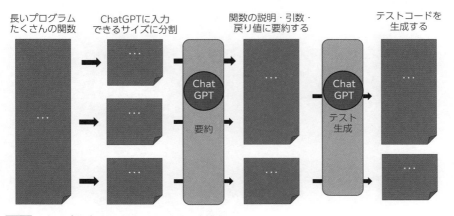

長いプログラム
たくさんの関数 → ChatGPTに入力
できるサイズに分割 → 関数の説明・引数・
戻り値に要約する → テストコードを
生成する

Chat
GPT
要約

Chat
GPT
テスト
生成

Fig.24 大きなプログラムからテストを生成する場合

ただし、ここまで見てきたように、必ずしも正しいテストコードが生成できるわけではありません。間違えた場合には、プロンプトに対してある程度のヒントを与えることでテストコードを生成できるでしょう。

> **まとめ**
>
> → テストライブラリー pytest を用いてテストを行うプログラムを自動生成する方法を紹介しました。
>
> → プログラムの生成と同じで、有名なアルゴリズムや明確な処理結果が分かるプログラムのテストを生成するのは簡単です。
> しかし、うまくテストを生成できないケースがあることも確認しました。それでも、テストを生成するプログラムを生成する方針にしたり、プロンプトにテスト生成のためのヒントを指定することができます。うまくプロンプトを指定してテストを自動生成しましょう。

マニュアルを自動生成しよう

大規模言語モデルを利用することで、マニュアル生成に掛かる負担は大幅に軽減されます。マニュアルと言うと幅広い分野が考えられますが、ここでは、ソフトウェアのマニュアルについての生成手法を解説します。

本節の ポイント
- 仕様書からマニュアルの自動作成
- 箇条書きからマニュアルの自動作成

マニュアルの自動生成に必要な情報は？

ChatGPT を利用して、ソフトウェアのマニュアルを自動生成する場合、どのような情報を用意したら良いのでしょうか。せっかくなので、ChatGPT 自身に尋ねてみます。ここでは、次のようなプロンプトを用意しました。

あなたはマニュアル制作の達人です。
これからソフトウェアのマニュアルを自動生成したいと思います。
どんな情報を用意したら良いでしょうか？
箇条書きで教えてください。お願いします。

上記のプロンプトを ChatGPT（モデル GPT-4）に入力すると、次のような応答を返します。

ソフトウェアのマニュアルを自動生成するためには、以下のような情報が必要になると考えられます：

- 1．ソフトウェアの詳細な仕様： ソフトウェアがどのように動作し、どのような機能を持つのか、そのすべての機能と操作方法についての詳細。
- 2．ユーザーインターフェイスの説明： ユーザーが直接触れる部分であるため、詳しく説明する必要があります。スクリーンショットやイラストも役立つでしょう。
- 3．ソフトウェアの使用例： 実際にどのような状況でどのように使うのかをユーザーが理解できるように、具体的な使用例が必要です。
- 4．エラーと問題のトラブルシューティング： どのような問題が発生する可能性があり、それにどう対応すべきかについてのガイダンス。
- 5．よくある質問（FAQ）： ユーザーが頻繁に尋ねる可能性のある質問とその答え。
- 6．ソフトウェアのシステム要件： どのような環境でソフトウェアが動作するのか、必要なハードウェ

アやソフトウェアの要件。
- 7．インストールと設定のガイド：ソフトウェアのダウンロード、インストール、初期設定方法についてのステップバイステップの指示。
- 8．アップデートとメンテナンスの情報：ソフトウェアのバージョンアップや、定期的なメンテナンス方法。
- 9．警告と注意事項：ソフトウェアの使用中に注意を要する点や、利用者が避けるべきリスクについての情報。
- 10．サポート情報：ヘルプが必要なときにユーザーが連絡できる方法やリンク。

これらの情報を準備することで、自動生成されるマニュアルが完全で、ユーザーが理解しやすく、実際の使用に役立つものになるでしょう。

　確かに、上記のような項目が網羅されていれば、素晴らしいマニュアルになりそうです。必要となる作業に抜けがないかを調べる際に「箇条書きで項目を列挙」してもらうことは役立ちます。ChatGPT を使う事のメリットの一つです。
　同じプロンプトであっても、生成する度に箇条書きする項目が変化するので、[Regenerate response] ボタンを押して、数回実行してみると役立ちます。

ソフトウェアの機能説明を自動生成しよう

　最初に、ソフトウェアの動作や機能を説明するマニュアルを自動生成する方法を見てみましょう。マニュアルの冒頭にある「ソフトウェアの機能説明」を作成するには、いくつかの方法が考えられます。あるものを利用する事で、省力化できるので、手法を確認してみましょう。

● 既存の仕様書から機能説明書を自動生成しよう

　ソフトウェアを作成する場合、最初に仕様書を作っている場合も多くあります。仕様書があるなら、その内容を利用して、マニュアルを自動生成できるでしょう。
　ただし、留意しないといけないのは、仕様書はソフトウェアを開発するエンジニアのためのものであり、ソフトウェアを使うユーザーに対してのものではないという事です。マニュアルは、難しい言葉を使わず、機能を説明するものにするべきです。この点をプロンプトに含めることで、より分かりやすいマニュアルを作ることができます。
　本章の 2 節で、ToDO アプリの仕様書を作りました。この仕様書を元に機能説明をしてもらうことにしましょう。
　次のようなプロンプトを用意して、マニュアルを生成してもらいました。

あなたは優秀なマニュアル製作者です。
以下はソフトウェアの仕様書です。
この仕様書を元に、ユーザーマニュアルを作ってください。
なお、難しい言葉があれば、別途解説を加えてください。

会話で指示するToDOアプリ仕様書

1. 概要

このアプリは、会話的なインターフェイスを通じてToDO管理を行うためのソフトウェアです。ユーザーはチャット形式でタスクを追加、編集、削除したり、タスクの状態を確認したりすることができます。また、スマートフォンやブラウザーからアクセスできるように設計されています。

2. アプリの目的

このアプリの目的は、ユーザーが手軽にToDO管理を行えるようにすることです。会話形式のインターフェイスを提供することで、ユーザーは直感的にタスクを追加し、編集し、削除することができます。また、タスクの状態を確認することで、進捗状況を把握することができます。

3. 主要な機能

3.1 ToDO管理機能

- ユーザーはチャット形式でタスクを追加することができます。タスクはタイトルとオプションで説明を持つことができます。
- ユーザーは既存のタスクを編集することができます。タスクのタイトルや説明の変更、優先度の設定、期日の設定などが可能です。
- ユーザーはタスクを削除することができます。
- ユーザーはタスクの状態を確認することができます。状態には未完了、進行中、完了などが含まれます。

～省略～
```

上記のプロンプトを ChatGPT に入力してみましょう。すると、次のように本格的なマニュアルを生成してくれました。

なお、モデル GPT-3.5 を利用する場合でも、長文のユーザーズマニュアルが生成されるので、[Continue generating] ボタンを押して、続きを自動生成するようにしてください。

# 会話で指示するToDOアプリユーザーマニュアル

## 目次

1. はじめに
2. インストールとアクセス
3. アプリの概要
4. タスクの管理
   - 4.1 タスクの追加
   - 4.2 タスクの編集
   - 4.3 タスクの削除
```

1. はじめに

このユーザーマニュアルは、会話で指示するToDOアプリの使用方法について説明します。本アプリはタスクの管理を簡単かつ直感的に行うことができるソフトウェアです。アプリの目的は、ユーザーが手軽にToDO管理を行えるようにすることです。

2. インストールとアクセス

アプリはスマートフォンやブラウザーからアクセスできます。以下の手順に従って、アプリをインストールし、アクセスしてください。

1. スマートフォンの場合：
    - アプリストアから「会話で指示するToDOアプリ」を検索し、インストールします。
    - インストールが完了したら、アプリを起動します。

2. ブラウザーの場合：
    - ブラウザーを開き、以下のURLにアクセスします：［アプリのURL］
    - アプリのウェブページが表示されたら、アカウントを作成するかログインしてください。

3. アプリの概要

会話で指示するToDOアプリは、チャット形式のインターフェイスを通じてタスクの管理を行います。以下にアプリの主な機能を説明します。

- タスクの追加：ユーザーは会話形式でタスクを追加することができます。タスクにはタイトルとオプションで説明を付けることができます。
- タスクの編集：ユーザーは既存のタスクを編集することができます。タスクのタイトルや説明の変更、優先度の設定、期日の設定などが可能です。
- タスクの削除：ユーザーは不要なタスクを削除することができます。
- タスクの状態確認：ユーザーはタスクの状態を確認することができます。状態には未完了、進行中、完了などが含まれます。

4. タスクの管理

4.1 タスクの追加

新しいタスクを追加するには、以下の手順を実行してください。

1. メッセージボックスに「新しいタスクを追加してください」と入力します。
2. アプリは追加するタスクについて詳細を尋ねる場合があります。例えば、タイトルや説明、期日などの

情報を入力してください。

3．必要な情報を提供し、指示に従って追加するタスクの詳細を入力します。

4.2 タスクの編集

既存のタスクを編集するには、以下の手順を実行してください。

1．メッセージボックスに「タスクを編集してください」と入力します。
2．アプリは編集するタスクを特定するために追加の情報を尋ねる場合があります。例えば、タスクのタイトルや一意の識別子を入力してください。
3．編集したいタスクの情報を提供し、指示に従って編集内容を入力します。例えば、タイトルの変更、説明の修正、優先度の設定などを行います。

4.3 タスクの削除

不要なタスクを削除するには、以下の手順を実行してください。

1．メッセージボックスに「タスクを削除してください」と入力します。
2．アプリは削除するタスクを特定するために追加の情報を尋ねる場合があります。例えば、タスクのタイトルや一意の識別子を入力してください。
3．削除したいタスクの情報を提供し、指示に従ってタスクを削除します。

4.4 タスクの状態確認

タスクの状態を確認するには、以下の手順を実行してください。

1．メッセージボックスに「タスクの状態を確認してください」と入力します。
2．アプリは確認したいタスクを特定するために追加の情報を尋ねる場合があります。例えば、タスクのタイトルや一意の識別子を入力してください。
3．状態を確認したい

タスクの情報を提供し、アプリがタスクの状態を表示します。

5．会話機能の利用

会話機能を使用してタスクの管理を行うには、以下の手順を実行してください。

〜省略〜

6．プラットフォーム対応

会話で指示するToDOアプリは、スマートフォンやブラウザーからアクセス可能です。モバイルデバイスやパソコンからアプリにアクセスして、タスクの管理を行うことができます。

7．よくある質問

Q：タスクの優先度を設定する方法はありますか？

A： タスクを編集する際に、優先度の設定が可能です。タスクの詳細を提供する際に、優先度に関する情報を入力してください。

Q： タスクの状態を確認する方法はありますか？
A： タスクの状態を確認するには、「タスクの状態を確認してください」という指示をアプリに送信してください。アプリは該当するタスクの状態を表示します。

Q： 期日の設定方法を教えてください。
A： タスクを追加または編集する際に、期日に関する情報を提供してください。アプリはその情報をもとに、期日を設定します。

以上が、会話で指示するToDOアプリのユーザーマニュアルの概要です。アプリの機能をフルに活用して、効果的なToDO管理を行ってください。

どうでしょうか。もともとは、ただの機能説明を作ってもらうだけのつもりでしたが、完成に近いマニュアルを生成してくれました。仕様書を元にしてマニュアルを生成してもらうのは得意のようです。

⬤ 仕様書がない場合

次に詳しい仕様書がない場合はどうでしょうか。その場合は、ソフトウェアの機能を箇条書きで用意する必要があります。

たとえば、筆者が開発している、テキスト音楽「サクラ」（https://sakuramml.com）のマニュアルを生成することを考えてみます。

ここでは、次のようなプロンプトを与えてみました。

〔入力〕src/ch4/manual_sakura_prompt.gpt.txt
あなたは優秀なマニュアル製作者です。
以下の箇条書きを元にして、ユーザーマニュアルを作ってください。
なお、難しい言葉があれば、別途解説を加えてください。

- タイトル： テキスト音楽「サクラ」
- 機能：
    - 「ドレミ」のテキストから音楽を生成可能
    - 楽譜情報をテキストで与えて演奏が可能
    - PCでもブラウザーでも利用できる
    - PC版であればMIDIファイルを出力できる
    - 複雑な音楽制作ソフトを使わずに誰でも音楽制作が可能
- インストール方法
    - ブラウザー版であれば、https://sakuramml.com/picosakura/ にアクセス
    - PC版であれば、https://sakuramml.com/ にアクセスし「ダウンロード」をクリック
        - ダウンロードしたZIPファイルを解凍して、setup.exe をダブルクリックしてインストール
- 使い方
    - 「ドレミファソラシ」がそのまま音符になる
    - 基本音符を指定する場合、四分音符なら「音符4」、八分音符なら「音符8」と書く
    - 音階を指定可能で「音階5」とか「音階4」と書く

このプロンプトに対して、次のようなマニュアルを生成しました。モデル GPT-3.5 でも満足のいくマニュアルになりましたが、GPT-4 を使うと、より良いマニュアルを作ってくれたので、GPT-4 で作ったものをここに紹介します。

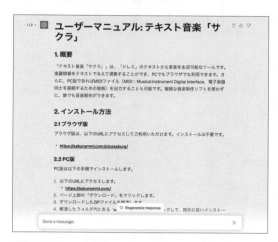

Fig.25 箇条書きの説明からマニュアルを自動生成した

ChatGPT が生成したマニュアルの右上のクリップボードコピーのボタンを押すと、次のように、マークダウン形式のマニュアルデータが生成されていました。

ユーザーマニュアル: テキスト音楽「サクラ」

1. 概要

「テキスト音楽「サクラ」」は、「ドレミ」のテキストから音楽を生成可能なツールです。楽譜情報をテキストで与えて演奏することができ、PCでもブラウザーでも利用できます。さらに、PC版であればMIDIファイル（MIDI：Musical Instrument Digital Interface、電子楽器同士を接続するための規格）を出力することも可能です。複雑な音楽制作ソフトを使わずに、誰でも音楽制作ができます。

2. インストール方法

2.1 ブラウザー版

ブラウザー版は、以下のURLにアクセスしてご利用いただけます。インストールは不要です。

- https://sakuramml.com/picosakura/

2.2 PC版

PC版は以下の手順でインストールします。

1. 以下のURLにアクセスします。
   - https://sakuramml.com/
2. ページ上部の「ダウンロード」をクリックします。
3. ダウンロードしたZIPファイルを解凍します。
4. 解凍したフォルダー内にある `setup.exe` をダブルクリックして、指示に従いインストールを進めます。

3. 使い方

「テキスト音楽「サクラ」」は、「ドレミファソラシ」の音名をそのまま音符として解釈します。以下に具体的な使用方法を示します。

3.1 音符の記述

- 「ドレミファソラシ」をそのまま音符として解釈します。たとえば、「ドミソ」を入力すれば、それが「C-E-G」の和音に変換されます。

3.2 音符の長さ指定

- 基本音符の長さを指定する場合、四分音符なら「音符4」、八分音符なら「音符8」と書きます。たとえば、「音符4ド」はCの四分音符、「音符8レ」はDの八分音符になります。

3.3 音階の指定

- 音階を指定することもできます。「音階5」や「音階4」のように書きます。たとえば、「音階4ドミソ」はC-E-Gの和音が4度音階になります。

4. 用語解説

- MIDIファイル：音楽情報をデジタル化したファイル形式です。音色や演奏速度などの情報も含まれます。
- 音符：音楽の基本要素で、音の高さと長さを表します。「ドレミファソラシ」は一般的な音階の表現で、「CDEFGAB」に相当します。
- 四分音符/八分音符：音符の長さを表す表現で、四分音符は1拍、八分音符は半拍を表します。

これらの基本的な操作を駆使して、音楽を作成しましょう。「テキスト音楽「サクラ」」で音楽制作の新たな可能性を切り開きましょう。

親切な用語解説なども生成してくれたので、とても分かりやすいものになりました。

マークダウン形式で出力してくれているので、PDF に変換したり、HTML に変換したり、フォーマットの変換ツールを利用することで、さまざまな形式に変換できます。

詳細な操作手順の自動作成について

　分かりやすいマニュアルの製作においては、詳細な操作手順を画面で示すのが大切と言えます。それで、自動的に操作画面をキャプチャしてそれをマニュアルに差し込むことができれば便利です。

　画面キャプチャのための便利なツールがいろいろありますが、理想の画面キャプチャツールをChatGPTに作ってもらうと作業効率が上がることでしょう。

　もし、マニュアルをマークダウンで生成することにしたのなら、次の手順のように画面キャプチャした後で、ファイルに保存し、ファイル名をマークダウン形式でテキストに出力することで、操作画面を選んでマニュアルに画像を貼り付けるという手間が省けることでしょう。

src/ch4/capture_tool.gpt.txt

```
あなたは優秀なプログラマーです。
次の箇条書きの手順に沿ってPythonのプログラムを完成させてください。

- 画面をキャプチャする
- キャプチャした画像をファイル名`年月日時分秒.png`でファイルに保存
- ユーザーに入力ダイアログを出して、画像タイトルを尋ねる
- マークダウン形式でファイル「manual.md」にリンクを追記する
```

　画面キャプチャツールが生成されます。それなりに実用的なものが出力されると思います。本書のサンプルに収録していますので、気になる方は「src/ch4/capture_tool.py」を確認してみてください。

　そして、プログラムが生成されたら、会話の続きに、次のプロンプトを入力して、ツールをショートカットキーで実行できるように設定します。

```
Windowsで上記のプログラムをショートカットキーで実行するには、
どのように設定したら良いでしょうか。
バッチファイルとショートカットを使う方法を教えてください。
```

　実際に表示された設定方法の通りに操作したところ、画面キャプチャツールをショートカットキーで起動することができるようになりました。

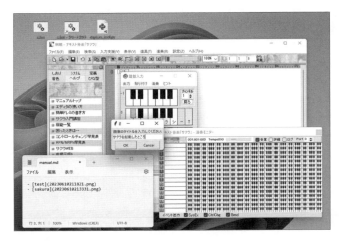

理想の画面キャプチャツールを作ってみたところ

　キャプチャした画像を Excel ブックのシートに貼り付けたり、Word に差し込んだりと、いろいろ
な自動化の手法が考えられます。理想のツールを ChatGPT を使う事で手軽に自作できるようになり
ました。

> まとめ
>
> → ChatGPT を利用してマニュアルの自動生成を行う方法を紹介しました。
> → 仕様書があれば、それを元にマニュアルを自動生成できます。
> → 仕様書がなくても箇条書きの簡単な説明からマニュアルが生成できます。

Column AIアプリ開発に必須のJSON形式について

　AIアプリの開発に欠かせないデータフォーマットがあります。それが、「JSON」です。JSON（JavaScript Object Notation）とは、テキストをベースとしたデータ記述言語です。軽量で汎用的なデータ交換フォーマットとして人気があります。

　その名前にプログラミング言語のJavaScriptが含まれていますが、JavaScriptだけでなく、さまざまなプログラミング言語で利用できます。もともとは、JavaScriptのオブジェクト表記法から派生したので、その名が冠されています。現代的なプログラミング言語であれば、ほとんどの言語がJSONをサポートしています。

　データ形式の標準化も行われており、2006年7月にRFC 4627で仕様が規定されたのをきっかけとして、2017年には、IETF STD 90、RFC 8259、ECMA-404 2nd editionにて標準化されています。

JSON形式の仕様
　JSONでは次のようなデータ型があります。

・ヌル（null）	値がないことを表すデータ
・数値（Number）	123や0.123などの数値型
・文字列（String）	"abc"や"いろは"などの文字列型
・真偽型（Boolean）	trueかfalseの型
・配列（Array）	複数の値を持つ
・オブジェクト（Object）	複数のキーと値を組にして保持する型

　JSONの特徴的なデータ型が、配列とオブジェクトです。それぞれ、複数の値を保持することができるデータ型であり、配列の中に複数のオブジェクトを保持したり、オブジェクトの中に配列やオブジェクトを保持することもできます。そのため、非常に高度で複雑なデータ型でも柔軟に表現できます。

　配列型は、次のように記述します。

```
[1,2,3,4,5]
```

オブジェクト型は『{" キー1": 値1, " キー2": 値2, …}』の書式で記述します。例えば、次のように記述します。

```
{
    "山田": {"年齢": 30, "性別": "男性"},
    "鈴木": {"年齢": 20, "性別": "女性"},
    "田中": {"年齢": 22, "性別": "男性"}
}
```

なお、JSON にフォーカスして、JSON の活用法を徹底的に解説した「Python+JSON デー
タ活用の奥義（ISBN: 4802613938）」という書籍があり、とても役立つので参考にしてみ
てください。

書籍『Python+JSON データ活用の奥義』

CHAPTER 5

大規模言語モデルを
10 倍強化する

本書を締めくくる最終章では、生成 AI の未来を感じる、さ
まざまなフレームワークや機能、言語モデルについて解説
します。大規模言語モデルを 10 倍強化する LangChain
や、自律駆動型の AI エージェント、また、比較的新しい
ChatGPT の Function Calling の機能などを見ていきま
しょう。

1 オープンソースで使える 大規模言語モデル（LLM）

ChatGPT の発表以降、注目を集める大規模言語モデルについての研究が多く発表されました。その中心にあったのは、オープンソースの大規模言語モデルです。本節では注目のプロジェクトとその使い方を紹介します。

本節の ポイント
- オープンソースの大規模言語モデル
- llama.cpp / Vicuna / rinna

オープンソースの大規模言語モデルが注目される理由

　OpenAI は大規模言語モデルのモデル GPT-1 と GPT-2 をオープンソースとして公開していました。しかし、2020 年 6 月の GPT-3 からは方針を転換し、オープンソースとしての公開を止めて、代わりに、有料の API 経由でのみ提供する方針に変更しました。

　大規模言語モデルの商用化が見込めるようになったためです。そのほかの理由として、人間が驚くような高精度の文章を出力できることから、悪用への懸念があって公開を保留するとも発表しています。

　GPT-2 はオープンソースであったので、それを改良することで新たなモデルを作ることはできます。また、OpenAI の他にも、Google や Meta（旧 Facebook）などさまざまな研究機関で活発に大規模言語モデルが研究されていました。2023 年、ChatGPT の成功を見て開発競争が加熱しました。

○ 加熱するオープンソースの LLM

　2023 年 3 月に Meta がオープンソースで発表した「LLaMa」は大きな注目を集めました。多くの開発者が LLaMa を改良し続け開発が加速しました。その後、LLaMA よりも性能が良いオープンソースの大規模言語モデル「Alpaca」が公開されます。それに続いて、「Vicuna-13B」が公開されます。これらは、LLaMA を Fine-Tuning することで性能を向上させたものです。

　そうして改良され続けるモデルは、要求するマシンスペックを改善し、低コストでも運用できるようになってきています。一般的に大規模言語モデルを動かすには、高性能な GPU マシンが必要になりますが、LLaMa を普通の PC で動かすことを目的とした「llama.cpp」が公開されたりと、大規模言語モデルを手元で動かすことができる環境も整いつつあります。

　しかし、Meta の LLaMa の利用は「アカデミック用途限定」という縛りがあります。加えて、

OpenAI の GPT シリーズには「GPT の出力結果を元に GPT に対抗できる強力な AI を作ってはいけない」という制約があります。Meta も OpenAI も大規模言語モデルをオープンにはしているものの、その商用利用を認めていないのです。

　そんな状況を変えるべく、Databricks 社は「Dolly-v2」というモデルを公開しました。これは完全に無料で商用利用も可能なオープンソースの大規模言語モデルとして注目を集めました。これに続いて、画像生成 AI の Stable Diffusion を開発した Stability.ai も、商用利用可能な StableLM を公開しました。

⬤ 日本語対応している大規模言語モデル

　日本に目を向けてみると、大量の日本語データを用いて Fine-Tuning することで、日本語の会話が可能になるようにしたモデルが公開されています。

　2023 年 5 月には、日本語に特化した大規模言語モデルの「OpenCALM」と「rinna-3.6B」が公開されました。「OpenCALM」は、サイバーエージェントが公開した 68 億パラメーターの大規模言語モデルです。商用利用可能な CC BY-SA 4.0 ライセンスで提供されました。Wikipedia や mC4、CC-100 といったデータセットを用いて学習が行われています。そして、Rinna 社は汎用言語モデルの「rinna-3.6B」（36 億パラメーター）を公開しました。こちらも商用利用可能です。

大規模言語モデルの一覧

　ここまで出てきた大規模言語モデルについてまとめてみます。誰が提供しているのか、また、どこから入手（または利用）できるのかを一覧にしてみます（なお商用利用の可否については原稿執筆時点のものです。実際に利用する際には最新の表示を確認してください）。

大規模言語モデル	提供元	提供形態	商用利用	URL
ChatGPT GPT-4	OpenAI	Web サービス /API	○	https://chat.openai.com/
ChatGPT GPT-3.5	OpenAI	Web サービス /API	○	https://chat.openai.com/
Google Bard	Google	Web サービス	○	https://bard.google.com/
PaLM2	Google	API	○	https://developers.generativeai.google/
Bing AI チャット	Microsoft	Web サービス	○	https://www.bing.com/
LLaMA	Meta	オープンソース	×	https://github.com/facebookresearch/llama
Stanford Alpaca	tatsu-lab	オープンソース	×	https://github.com/tatsu-lab/stanford_alpaca
Alpaca-LoRA	tloen	オープンソース	×	https://github.com/tloen/alpaca-lora
Vicuna	lm-sys	オープンソース	×	https://github.com/lm-sys/FastChat
Dolly-v2	Databricks	オープンソース	○	https://github.com/databrickslabs/dolly

StableLM	Stability AI	オープンソース	○	https://github.com/Stability-AI/StableLM
OpenCALM	サイバーエージェント	オープンソース	○	https://huggingface.co/cyberagent/open-calm-7b
rinna	rinna	オープンソース	○	https://huggingface.co/rinna/japanese-gpt-neox-3.6b-instruction-sft

主な大規模言語モデル一覧

　上記の表以外にも次々と新しい大規模言語モデルが公開されており、今後が非常に楽しみな展開となっています。

オープンソースの大規模言語モデルを動かしてみよう

　ここまで、オープンソースの大規模言語モデルについて紹介してきました。すでに多くの大規模言語モデルがオープンで公開されています。そこで、実際にそれらを使ってみましょう。

　ただし、大規模言語モデルはモデル自体のデータサイズが数ギガバイト以上に及ぶ上に、GPU やメモリも大量に要求されます。

　それでもマシンパワーには自信があるという方に向けて、llama.cpp を使う方法と、Google Colab を利用して大規模言語モデルをテストする方法の 2 つを解説します。

自宅マシンで llama.cpp で試す方法

　「llama.cpp」は、Meta が公開している LLaMA を、C/C++ で利用できるようにしたものです。これにより、一般的な PC でも大規模言語モデルを実行できることを目指しています。

```
llama.cpp
[URL] https://github.com/ggerganov/llama.cpp
```

●【macOS】で llama.cpp をインストール

　macOS でインストールするには、ターミナルを起動して次のコマンドを実行します。なお、macOS では Xcode をインストールする必要があります。

```
# macOSの場合 --- Xcodeをインストール
$ xcode-select --install
# llama.cppをインストールする
$ git clone https://github.com/ggerganov/llama.cpp
$ cd llama.cpp
```

```
$ make
```

make が完了すると、main コマンドが利用可能になっています。以下のコマンドを実行すると、main コマンドの使い方が表示されます。

```
$ ./main -h
```

○【Windows10/11】で llama.cpp をインストール

Windows10/11 の場合は、WSL2（Windows Subsystem for Linux 2）を有効にして、Ubuntu をインストールします。

まずは、PowerShell を起動します。そして、以下のコマンドを実行します。

```
$ wsl --install -d Ubuntu-20.04
```

少し時間がかかりますが、Ubuntu 20.04 のインストールが行われます。初めて wsl をインストールする場合は、再起動を求められることがあります。そして、スタートメニューから Ubuntu を実行します。Ubuntu のターミナルが起動したら、以下のコマンドを実行します。

```
$ git clone https://github.com/ggerganov/llama.cpp
$ cd llama.cpp
$ make
```

上記の手順で、main コマンドが利用可能になります。以下のコマンドを実行して、main コマンドの使い方が表示されるか確認してください。

```
$ ./main -h
```

○【共通】llama.cpp のためのモデルをダウンロード

次に、llama.cpp で動かす大規模言語モデルをダウンロードします。ここでは、vicuna-7b を利用しましょう。ちょうど、llama.cpp で動かせるように変換されたモデルが以下の URL からダウンロードできるようになっています。以下の URL をブラウザーで開きます。

```
Hugging Face > vicuna/ggml-vicuna-7b-1.1
[URL] https://huggingface.co/vicuna/ggml-vicuna-7b-1.1
```

そして、ブラウザー画面で、Files タブを開き、「ggml-vic7b-q5_1.bin」を選んでダウンロードし

ます。約 5 ギガバイトあるので、ストレージの残量に注意しつつダウンロードしましょう。ダウンロードしたら、llama.cpp/models ディレクトリにコピーします。ここでは、次のような配置になるようにします。

```
.
|- main ─────────── llama.cppのメインプログラム
<models>
   |- ggml-vic7b-q5_1.bin ── ダウンロードしたvicunaのモデル
```

Window（WSL）環境の場合、ターミナルで「explorer.exe .」と入力すると、作業中のフォルダーがエクスプローラーで表示されます。ここで表示された models フォルダーに、bin ファイルをコピーしましょう。

以上で、実行準備は完了です。以下のコマンドを実行してみましょう。ここでは、猫の名前を 3 つ考えてもらいます。すると、それらしい名前が表示されました。

```
$ ./main -m models/ggml-vic7b-q5_1.bin -p "可愛い猫の名前を3つ考えてください"
〜省略〜
1. ペンシル・ロゼット（Purrl Rosette）
2. チーズベール（Chizubear）
3. サンデー・バード（Sunday Bard）[end of text]
```

以下の画面は、llama.cpp で vicuna-7b を実行したところです。正しく動くと猫の名前が表示されます。

モデルのダウンロードに失敗している場合や、PC のメモリが少ない場合には「main: error: unable to load model」というエラーが出てうまく実行できません。うまくいかないケースもあるので、その場合、この後で紹介する Google Colab で試してみるとよいでしょう。

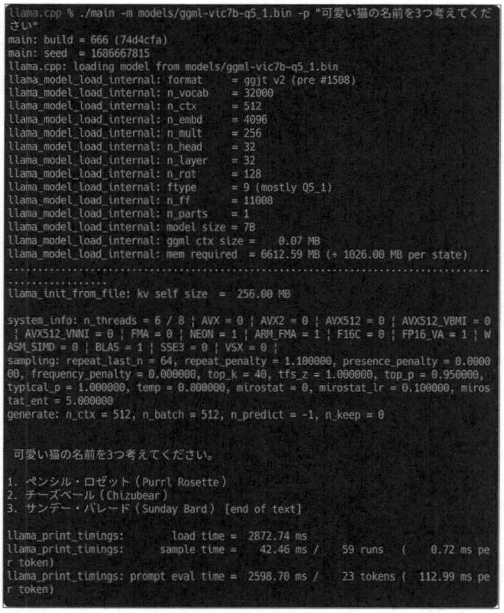

Fig.01 コマンドラインで llama.cpp を動かしたところ

⚪ llama.cpp の使い方

llama.cpp は次のような書式で利用します。

```
# llama.cppの使い方
$   ./main -m（大規模言語モデルのパス）-p（プロンプト）
```

大規模言語モデルは他にも公開されているので、それらを利用することができます。ただし、llama.cpp で利用できる ggml 形式に変換してから利用する必要があります。llama.cpp に「convert.py」や「convert-pth-to-ggml.py」などの変換プログラムが用意されています。

⚪ llama.cpp と Vicuna で素数判定してみよう

Vicuna は日本語を理解しますが、それほど賢くありません。それでも、素数判定のプログラムを作るように依頼すると、返答としては不完全ながら、それらしいコードを出力してくれました。日本語も、生成したプログラムも、100 点満点で 60 点というところでしょうか。

```
$ ./main -m models/ggml-vic7b-q5_1.bin -p "素数か判断するプログラムをPythonで作ってください。"
～省略～
例えば、以下のとおりなどの数列が素数かどうかを判断することができます。
```python
def is_prime(n):
    if n < 2:
        return False
    for i in range(2, int(n**0.5) + 1):
        if n % i == 0:
            return False
    return True

numbers = [2, 3, 5, 7, 11, 13, 17]
for num in numbers:
    print(num, "is a prime number.")
```

上記の例では、`is_prime()`関数を使用して、各要素の数列に対して`True`を返すかどうかを判断しています。この関数は、2以上の整数を考え、小さい数以外が整数の割合と乗数の和でなければならないという条件に沿って、各値が素数かどうかを判断しています。
上記の例では、Pythonの`for`ループを使用して、要素の数列全体を処理します。`numbers`という変数にリストが格納されており、そのリストの要素を`for`ループで各個数に対して取得し、関数`is_prime()`で素数かどうかを判断します。
```

Google Colab で大規模言語モデルを試してみよう

　ローカル PC ではうまく llama.cpp を動かせなかったという人もいることでしょう。そこで、Google が無料で提供してくれている、Python 実行環境 Colaboratory（以下 Colab）を使って試してみましょう。

　以下の URL にアクセスし、Google アカウントでサインインしましょう。そして、「ノートブックを新規作成」をクリックします。

```
Google Colab
[URL] https://colab.research.google.com/
```

　そして、以下のコードを入力して実行ボタンを押しましょう。以下は、llama.cpp と Vicuna を利用して、Colab で大規模言語モデルを設定する例です。

```
src/ch5/colab_llama_cpp.txt
! git clone https://github.com/ggerganov/llama.cpp
! cd llama.cpp && make
! wget https://huggingface.co/vicuna/ggml-vicuna-7b-1.1/resolve/main/ggml-
vic7b-q5_1.bin
```

　続けて、次のようなコードを記述して実行してみましょう。

```
! llama.cpp/main -m ./ggml-vic7b-q5_1.bin -p "猫とネズミが喧嘩した。勝ったのは"
```

　実行すると次のように「猫とネズミが喧嘩した。勝ったのは猫です。」と表示されます。

　上記のコマンドの末尾にある「-p "…"」のダブルクォートの中を変更することで、任意のプロンプトを実行できます。

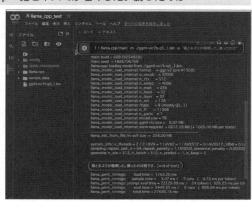

Fig.02 Colab で llama.cpp を実行したところ

Colab で日本語大規模言語モデルの rinna を動かしてみよう

続けて、Colab で日本語大規模言語モデルの rinna を動かしてみましょう。比較的マシンパワーが必要となるため、無料プランではなく、有料プランの Colab Pro（月 1000 円程度）を利用すると快適に動作させることができます。

⭘ （1）GPU を利用するように設定

Colab のメニュー「編集→ノートブックの設定」をクリックして、GPU を利用するように指定します。Colab Pro であれば GPU のタイプが表示されるので A100 を選択すると良いでしょう。

Fig.03 Colab で GPU を使うように設定

⭘ （2）rinna の実行コマンドを準備する

続いて、Colab で次のコマンドを実行しましょう。

```
src/ch5/colab_rinna.txt
!pip install transformers sentencepiece

# モデルの設定
tokenizer_name = 'rinna/japanese-gpt-neox-3.6b'
model_name = 'rinna/japanese-gpt-neox-3.6b'
max_tokens=64 # この値を大きくすると長文を出力できる
min_tokens=64


import torch
from transformers import AutoTokenizer, AutoModelForCausalLM
# モデルなどの読み込み
tokenizer = AutoTokenizer.from_pretrained(tokenizer_name,use_fast=False)
model = AutoModelForCausalLM.from_pretrained(model_name).to("cuda")
# プロンプトを実行
def exec_prompt(prompt):
```

```
    token_ids = tokenizer.encode(prompt, add_special_tokens=False, return_
tensors="pt")
    with torch.no_grad():
        output_ids = model.generate(
            token_ids.to(model.device),
            max_new_tokens=max_tokens,
            min_new_tokens=min_tokens,
            do_sample=True,
            temperature=0.8,
            pad_token_id=tokenizer.pad_token_id,
            bos_token_id=tokenizer.bos_token_id,
            eos_token_id=tokenizer.eos_token_id
        )
    # 結果を表示
    output = tokenizer.decode(output_ids.tolist()[0])
    return output
```

◯ (3) 任意のプロンプトを実行する

そして、次のように関数 exec_prompt を実行してみましょう。

```
exec_prompt('東京で一番好きな場所は?')
```

　次のように rinna の答えが表示されます。実行するたびに、異なる答えが表示されます。毎回、面白い答えを返してくれます。

Fig.04 rinna に東京で一番好きな場所を聞いたところ

Fig.05 実行するたびに異なる答えが表示される

◯ (4) トークンサイズを変更して長文を生成しよう

　上記の (2) で指定したプログラムにある max_tokens の値を 320 など大きめにすると、より長文のプロンプトを返すことができます。トークンサイズを大きくした上で、以下のプロンプトを実行してみました。

```
exec_prompt('素数判定のプログラムをPythonで作ってください。')
```

すると…残念。rinna にはコード生成機能はないようです。次のような回答が表示されました。

素数判定のプログラムをPythonで作ってください。 これに関しては、Python初心者の方はかなり難しいと思います。 何回も失敗しながら、何日もかけて作ってみるのがいいでしょう。 今回は、プログラムを効率よく書くための練習も兼ねています。 配列の要素を取得する方法 配列の要素を取得する方法は、簡単です。 配列 a の要素の添え字を変数 i として、次のようにします。 また、配列 a の要素を配列から削除する場合は、次のようにします。 今回は、配列の要素の取り出し方についてご紹介しました。 配列をうまく取り扱うと、プログラムの効率があがります。 今回ご紹介した方法をマスターして、どんどんプログラムを書いてみましょう。

このように、プログラム自体の生成はしてくれなかったものの、rinna らしくユニークな返答をしてくれました。文章を見て分かる通り、こちらの意図を汲んだ返事を返してくれます。

まとめ

→ オープンソースの大規模言語モデルについて紹介し、llama.cpp を利用して PC と Google Colab の環境で実行してみました。

→ 原稿執筆時点では、まだまだ ChatGPT のモデルには勝てないものの日進月歩で性能が改善されています。

→ 商用利用可能なモデルも増えているので今後に期待です。

1

2

3

4

5

AP

2 大規模言語モデルを拡張する LangChain

LangChain とは大規模言語モデルを利用してサービスの開発を容易にするライブラリーです。大規模言語モデルを組み合わせたり、検索エンジンと組み合わせたりと、大規模言語モデルの機能を拡張できるので使ってみましょう。

本節のポイント

- LangChain について
- Q&A ツール
- 長文の要約

LangChain とは

LangChain は、大規模言語モデルを使ってさまざまなアプリケーションを開発するのに役立つフレームワークです。「フレームワーク」とは、「枠組み」「骨組み」「構造」を意味する言葉で、共通して用いることができる戦略やライブラリーなどを指します。つまり、LangChain は大規模言語モデルを使う上で便利な枠組みとなるライブラリーを提供します。この枠組みを使えば、大規模言語モデルを使ったアプリが簡単に作成できます。

LangChain を使うと、ある製品のマニュアルを元にして大規模言語モデルと会話をするアプリを作ったり、長文を要約する、PDF や CSV の独自データを操作するなど、大規模言語モデルだけでは実現できない問題に対処できます。

LangChain の内部では、そうした処理を実現するために、大規模言語モデルとその関連 API を複数回呼び出したり、外部データを組み合わせたりする処理を独自に加えたりしています。大規模言語モデルの弱点を克服するために裏側でいろいろやってくれるわけです。こうした処理は LangChain を使わなくても実現できるのですが、LangChain というフレームワークを使えば簡単に実現できます。

次のようなモジュールが用意されています。

- 「Models」 いろいろな大規模言語モデルを呼び出す機能
- 「Prompts」 プロンプトをテンプレートで管理したり最適化する機能
- 「Memory」 大規模言語モデルと会話するのに役立つ履歴機能を提供
- 「Indexes」 既存データと大規模言語モデルを組み合わせて検索の機能を提供
- 「Chains」 複数の大規模言語モデルを組み合わせるのに役立つ機能
- 「Agents」 タスクが完了するまで、行動の決定・実行・観察の繰り返しを行う機能

- 「Callbacks」 　　　　LangChain のデバッグに便利な機能

このように幅広いライブラリーが用意されています。

たとえば、Prompts モジュールには、プロンプトのテンプレートを扱うための「PromptTemplate」の機能が用意されています。この機能を使えば、プロンプトの中に任意の変数を埋め込んだり、検証をしたりできます。複雑なプロンプトを組み立てたい時に、テンプレート機能を使えば管理が容易になります。動的に作成したプロンプトを JSON 形式で保存するための機能もあります。

LangChain で長文テキストを読んで質問に答えよう

LangChain の利用例の一つとして、長文のテキストを読み込み、質問に答えるプログラムを作ってみましょう。ここまで説明してきた通り、トークン数に制限があることから、ChatGPT など大規模言語モデルには長文を入力することはできません。

そのようなときに、Indexes モジュールを利用することで、質問と関連のある部分だけを読み出して、質問に答えさせることができます。これは次のような機能を用いて実現します。

- 「Document Loaders」 　　PDF や Excel などいろいろな文書を読み出す
- 「Text Splitters」 　　　　　長文テキストを意味のある文に分割
- 「VectorStores」 　　　　　　分割したテキストをベクターストアに保存
- 「Retrievers」 　　　　　　　保存したデータと大規模言語モデルを結合する仕組み

◯ 長文を与えて質問に答えるプログラムの仕組み

それぞれのモジュールがどう関わってくるのか分かりづらいと思いますので、図で実現の仕組みを解説します。そもそも長文テキストは、そのままでは大規模言語モデルに渡すことはできません。そのため、短い文に分割します。そして、分割した内容を Embedding と呼ばれるベクトルデータ（数値配列）に変換します。変換したら、データベース（ベクターストア）にベクトルを保存します。ベクトルデータになっていれば、テキストの類似性を手軽に調べることができます。質問文と類似するテキストをベクターストアから取り出し、プロンプトに関連情報として埋め込みます。この関連情報を利用して、大規模言語モデルが質問に答えるという仕組みです。

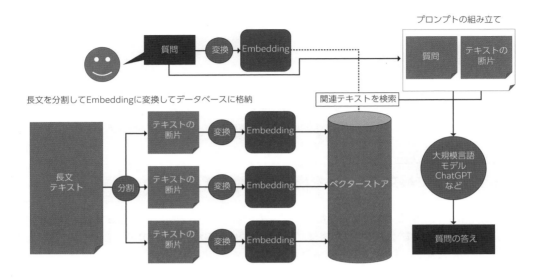

Fig.06 長文を与えて質問に答えるプログラムの仕組み

◯ 長文テキストを保存

ここでは、宮沢賢治「注文の多い料理店」を読み込んで、いろいろな質問をしてみましょう。ブラウザーで以下の URL を開いて、ZIP ファイルをダウンロードしましょう。

青空文庫 > 宮沢賢治「注文の多い料理店」
[URL] https://www.aozora.gr.jp/cards/000081/card43754.html

そして、ZIP ファイルの中にある「chumonno_oi_ryoriten.txt」をテキストファイルで開きます。テキストは Shift_JIS で保存されているため、UTF-8 に変換して「chumonno_oi_ryoriten_utf8.txt」に保存しましょう。また、精度を高めるため、テキストに含まれるルビ部分、例えば「紳士《しんし》」の《…》の部分を削除しておきました（本書のサンプルにこのテキストファイルを梱包しています）。

◯ 必要なライブラリーをインストール

LangChain など必要なライブラリーをインストールしましょう。

```
$ python3 -m pip install \
    langchain==0.0.200 \
    chromadb==0.3.26 \
    openai==0.27.8 \
    unstructured==0.7.4 \
    tiktoken==0.4.0
```

● 長文を与えて質問に答えるプログラム

続いて、LangChain を利用して長文を与えて答えを得るプログラムを作ってみましょう。ここでは、注文の多い料理店について、2 つの質問をするプログラムを作ります。

このプログラムでは、OpenAI の API を使います。そこで、3 章と同じように、Appendix4 の手順に沿って、環境変数の OPENAI_API_KEY を指定しましょう。

```
src/ch5/langchain_test/qa.py
from langchain.document_loaders import TextLoader
from langchain.text_splitter import RecursiveCharacterTextSplitter
from langchain.embeddings import OpenAIEmbeddings
from langchain.vectorstores import Chroma
from langchain.llms import OpenAI
from langchain.chains import RetrievalQA

# 直接APIキーを指定する場合、以下↓に指定する
# os.environ["OPENAI_API_KEY"] = 'xxx'

# 質問内容を指定する --- (※1)
question1 = '紳士は何人登場しましたか？'
question2 = '紳士が連れていた犬について教えてください。'

# テキストを読み込む --- (※2)
loader = TextLoader('./chumonno_oi_ryoriten_utf8.txt')

# テキストを分割 --- (※3)
documents = loader.load()
text_splitter = RecursiveCharacterTextSplitter(
    chunk_size=250, # 文字数
    chunk_overlap=0) # オーバーラップする文字数
docs = text_splitter.split_documents(documents)

# 分割したテキストをベクターストアに保存 --- (※4)
embeddings = OpenAIEmbeddings()
db = Chroma.from_documents(docs, embeddings)
retriever = db.as_retriever()

# ChatGPTに質問する準備 --- (※5)
llm = OpenAI(model_name="text-davinci-003", temperature=0, max_tokens=500)
qa = RetrievalQA.from_chain_type(
    llm=llm, chain_type="stuff",
    retriever=retriever)
# 実際に質問する --- (※6)
print(question1)
print('答え:', qa.run(question1))
```

```
print('-------------')
print(question2)
print('答え:', qa.run(question2))
```

　まずは、プログラムを実行してみましょう。ターミナルを起動して、次のコマンドを実行しましょう。「注文の多い料理店」に関する質問にしっかり答えてくれます。

```
$ python3 qa.py
紳士は何人登場しましたか?
答え: 2人の紳士が登場しました。
-------------
紳士が連れていた犬について教えてください。
答え: 紳士が連れていた犬は、白熊のような犬でした。
```

　プログラムを確認してみましょう。(※ 1) ではテキストに対する質問を指定します。今回は 2 つの質問を用意しました。(※ 2) は UTF-8 に変換済みの「注文の多い料理店」のテキストを読み込みます。

　(※ 3) は読み込んだテキストをだいたい 250 字で分割します。デフォルトで分割する方法は、改行かスペースで区切ることになっています。

　(※ 4) ではテキストを Embedding に変換してデータベースに保存します。Embedding とは、テキストをベクトル(数値の配列)に変換したもののことです。テキストをベクトルに変換することで、類似度を調べたり検索するのが容易になります。

　なお、ここでは、OpenAIEmbeddings を使って、テキストを Embedding に変換します。名前に OpenAI とついている通り、OpenAI の API を利用して変換を行います。モデル GPT-3.5 を利用するよりも安いものの、この作業にも課金が発生するので注意してください。

　そして、(※ 5) 以降の部分で ChatGPT に質問を行います。ここでは、OpenAI のモデル「text-davinci-003」を利用するため、大規模言語モデルを表すオブジェクトを取得します。そして、言語モデル、ベクターストアを引数に指定して、RetrievalQA オブジェクトを作成します。

　(※ 6) では実際に質問を指定して答えを取得して画面に表示します。

LangChain を使った長文の要約をしてみよう

　次に、LangChain を使って、長文の要約をしてみましょう。長文の要約を行う場合も「Text Splitters」の機能を利用して、長文テキストを分割し、分割した長文を要約するという処理を行います。文章の要約には、LangChain の「Summarization」の機能が利用できます。

　今回、要約対象とするのは、Wikipedia の「汎用人工知能」をテキストファイルに保存した「wikipedia_ai.txt」です。ファイルの内容は 2 万字にもおよぶ長文です。このテキストファイルを ChatGPT のモデル GPT-4 を利用して要約しようとすると「長すぎる」とエラーが出てしまいます。そこで、LangChain を使ってこの長文を要約してみましょう。

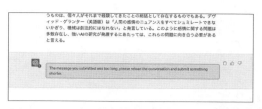

うものは、個々人がそれまで経験してきたことの総括として存在するものでもある。デヴィッド・グランター（英語版）は「人間の感情のニュアンスをすべてシュミレートできないかぎり、機械は創造的にはなれない」と発言している。このように感情に関する問題は多数存在し、強いAIの研究が発展するにあたっては、これらの問題に向き合う必要があると言える。

The message you submitted was too long, please reload the conversation and submit something shorter.

Fig.07 ChatGPT のモデル GPT-4 では 2 万字の長文は要約できない

⭕ LangChain の要約の仕組みについて

LangChain で要約する場合、次のような仕組みで要約を行います。仕組みはそれほど複雑ではなく、長文のテキストを短いテキストに分割して要約するというものです。そして、要約と要約を組み合わせてプロンプトを組み立てて要約を実行するという手順です。

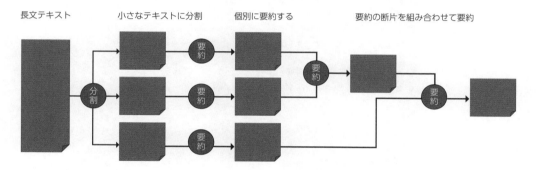

Fig.08 LangChain で長文の要約を行う仕組み

⭕ 長文の要約を行うプログラム

以下のプログラムは、長文のテキストファイル「wikipedia_ai.txt」を読み込んで、要約して出力します。

```
src/ch5/langchain_test/summarization.py
from langchain.docstore.document import Document
from langchain import PromptTemplate
from langchain.chat_models import ChatOpenAI
from langchain.text_splitter import RecursiveCharacterTextSplitter
from langchain.prompts import PromptTemplate
from langchain.chains.summarize import load_summarize_chain

# 直接APIキーを指定する場合、以下↓に指定する
```

```
# os.environ["OPENAI_API_KEY"] = 'xxx'

# 要約したいテキストファイル --- （※1）
target_text_file = './wikipedia_ai.txt'

# テキストファイルを読む --- （※2）
with open(target_text_file, 'rt', encoding='UTF-8') as f:
    long_text = f.read()

# 大規模言語モデルを用意する --- （※3）
llm = ChatOpenAI(model_name='gpt-3.5-turbo', temperature=0)

# 長文テキストを意味のあるまとまりで分割する --- （※4）
text_splitter = RecursiveCharacterTextSplitter(
    chunk_size=600, # 分割サイズ
    chunk_overlap=0) # オーバーラップする文字数
texts = text_splitter.split_text(long_text)

# ドキュメントに変換する --- （※5）
docs = [Document(page_content=t) for t in texts]

# 要約のためのプロンプトを用意（日本語で要約するように指示）--- （※6）
template = '''Write a concise summary of the following:
```
{text}
```

CONCISE SUMMARY IN JAPANESE:'''
prompt = PromptTemplate(template=template, input_variables=['text'])

# 要約を実行 --- （※7）
chain = load_summarize_chain(llm,
            chain_type='map_reduce', # どのように要約を行うか
            map_prompt=prompt,  # テンプレートを適用
            combine_prompt=prompt, verbose=False)
short_text_obj = chain(
    {'input_documents': docs},
    return_only_outputs=True)

# 結果を表示
print('[要約]', short_text_obj)
```

　プログラムを実行すると、長文の「汎用人工知能」のテキストファイルの内容を要約して表示します。

```
$ python3 summarization.py
[要約] {'output_text': '汎用人工知能は、人間が実現可能なあらゆる知的作業を理解・学習・実行す
```

ることができる人工知能であり、未だ実現していないが、数多くの企業・研究機関が取り組んでいる。人工知能には特化型人工知能（ANI）、汎用人工知能（AGI）、人工超知能（ASI）の3つがあり、人間レベルの汎用人工知能を判別するためのテストが考案されている。人工知能の実現可能時期については諸説あり、研究者の多くは将来的には実現可能であると考えているが、正確な予想は不可能であるとされる。人工知能に関するさまざまな問題点が述べられており、汎用人工知能の実現可能性や時期については意見が分かれている。'}

それらしく要約できています。それでは、プログラムを確認してみましょう。

（※1）では要約したいテキストファイルを指定します。そして、（※2）はテキストファイルを読み出します。

（※3）は要約に使う大規模言語モデルとして、OpenAI の「text-davinci-003」を利用します。

（※4）では長文テキストを意味のあるまとまりに分割します。ここでは、引数 chunk_size に分割サイズを指定しています。そして、（※5）は分割したテキストを Document オブジェクトに変換します。

（※6）は要約を実行するプロンプトを指定します。プロンプトの指示が英語であるため、英語で要約が返されることがあるので日本語で要約を返すように指示しています。なお、どんな要約を行って欲しいのか、このプロンプトをカスタマイズすることができます。トークン数を節約するために英語で指示を書いていますが、日本語を指定することもできます。

（※7）は load_summarize_chain を利用して要約を行って、結果を画面に出力します。ここでは、map_reduce のアルゴリズムを利用して要約を行うよう指示しています。この点については、続く「要約のバリエーション」をご覧ください。

長文要約のバリエーションについて

上記の長文要約プログラムでは「map_reduce」という手法を指定して要約を行いました。LangChain では複数の要約アルゴリズムを選択できるようになっています。それを指定しているのが、（※7）の load_summarize_chain の引数 chain_type です。このタイプを変更することで要約方法を変更できます。

○ 要約タイプ「stuff」について

「stuff」（Stuffing）を指定した要約は最も単純な方法で、すべての関連データをコンテキストに埋め込み大規模言語モデルに送信します。そのため、API 呼び出しは 1 回だけで済みます。しかし、トークン制限を超えるプロンプトを要約することはできません。小さなテキストの要約にしか利用できない手法です。

○ 要約タイプ「map_reduce」について

「map_reduce」の要約では、まず長文を短い文に分割します。そして、分割した文章ごと要約を行います。それから、複数の要約の結果を結合して、改めて要約を行います。複数のプロンプトを並

列して大規模言語モデルに送信して要約するため、処理速度が速いのがメリットです。ただし、文章の区切り方やプロンプトの指示によって、情報が欠落する可能性があります。文章の長さに応じて、複数回、大規模言語モデルの API を呼び出します。

◯ 要約タイプ「refine」について

「refine」の要約は、長文を短い文に分割した後で、先頭から逐次、前回の結果を含めて要約を行う方式です。例えば、2 番目の要約を行う時、1 番目の要約結果を、プロンプトに含めた上で要約を行います。そして、3 番目の要約を行う時には、2 番目の要約結果をプロンプトに含めます。このように逐次要約すると、情報の欠落が少なくなるというメリットがあります。しかし、逐次処理を行う必要があるため、処理が遅くなります。 図にすると次のようになります。

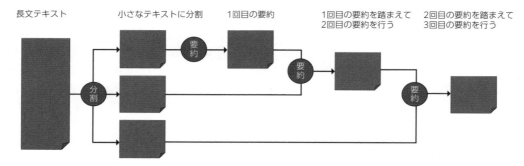

Fig.09 refine で要約する方法

このように、一口に「要約」と言っても、いろいろな手法が用意されています。必要に応じて要約タイプを変更してみると良いでしょう。

LangChain の情報について

LangChain についての情報は、公式サイトにまとまっています。特にマニュアルはとても親切です。本稿執筆時点では英語しか用意されていませんが、さほど難しくないので、やりたい機能を見出しから探してみると良いでしょう。

```
LangChain
[URL] https://langchain.com/
LangChain マニュアル
[URL] https://docs.langchain.com/docs/
```

Fig.10 LangChain のマニュアル

まとめ
→ LangChain を使って、独自データを利用した質問と答えを行うプログラムと、長文の要約ツールを作ってみました。
→ LangChain を使うと複雑なアプリを簡単に作成できます。
→ LangChain には他にもいろいろな機能がありマニュアルも充実しています。

1

2

3

4

5

AP

3 自律駆動型の AI エージェント（AGI）

大規模言語モデルを繰り返し実行したり、外部の検索エンジンと組み合わせることで、「汎用人工知能 (AGI)」の開発を目指す実験的なプロジェクトがいくつかあります。本節では AI の未来を垣間見ることができるアプリを見てみましょう。

**本節の
ポイント**

- 自律駆動型 AI エージェント
- AGI（汎用人工知能）
- ReAct
- Auto-GPT
- AgentGPT
- BabyAGI

自律駆動型の AI エージェントとは

「汎用人工知能（Artificial General Intelligence / AGI）」という研究分野があります。これは、人間と同等の知性と認識能力を持ち、感性や思考回路を持つ人工知能を指します。さまざまな分野の知識を有しており、幅広いタスクに適用可能で、人間のように新しい状況や問題に対しても柔軟に対応できることを目標にしたものです。

当然ですが、現在の技術では、汎用人工知能の実現はまだ達成していません。しかし、汎用人工知能を目指して、大規模言語モデルをさまざまなツールと組み合わせて実現しようとするプロジェクトが多くあります。それが、「自律駆動型の AI エージェント」と呼ばれているものです。

● 「ReAct」による推論と行動の反復実行について

大規模言語モデルが「推論（行動理由の推論を行うこと）」と「行動（理由に従って行動すること）」を交互に実行して、タスクを遂行する仕組みを「ReAct」と呼びます。これは「ReAct: Synergizing Reasoning and Acting in Language Models（言語モデルにおける推論と行動の相乗効果）」と呼ばれる記事に基づく手法ですが、推論と行動の相乗効果によって、高レベルな計画を実現できるというものです。これを図にすると次のようになります。

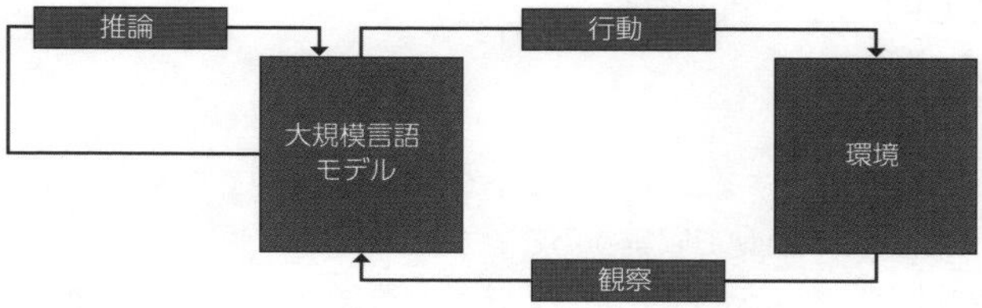

Fig.11 ReAct について[1]

⬤ 自律駆動型の AI エージェントのメリット

　自律駆動型の AI エージェントは、基本的に大規模言語モデルを繰り返し実行するのですが、以前の行動の結果を観察し、将来の行動を決定するような仕組みになっています。こうしたシステムには次のようなメリットがあります。

- 大規模言語モデルを検索エンジンや外部データ・計算資源と組み合わせられる
- 反復的な計画と行動によって複雑なタスクを順に実効的できる
- エラーが発生したかどうかを観察して修正を試みることができる

こうした機能を実装したプロジェクトがいくつかあります。

Auto-GPT を使ってみよう

　Auto-GPT はオープンソースの実験的なアプリケーションです。ChatGPT の API を使って自律的に行動する能力を持っています。

　人間が Auto-GPT にプロンプトを 1 つ入力すると、そのタスクを完了するために、Auto-GPT が何をする必要があるかを自律的に考えてタスクをリストアップします。そして、そのタスクに基づいて、Auto-GPT がアクションを行います。なお、Auto-GPT は必要に応じて、インターネットに接続して、特定の情報やデータを取得します。

```
Auto-GPT
[URL] https://github.com/Significant-Gravitas/Auto-GPT
```

簡単に Auto-GPT の機能をまとめてみると次のようになります。

- インターネットの検索機能を利用して情報収集する能力がある
- 長期および短期の記憶能力がある
- テキストを生成するために ChatGPT のモデル GPT-4 を利用する

※ 1：Google Research ReAct --- https://ai.googleblog.com/2022/11/react-synergizing-reasoning-and-acting.html

- ファイルの保存や要約には、モデル GPT-3.5 を利用する
- プラグインで機能を拡張することができる

　プラグインを利用しない限り、ChatGPT だけではインターネットの検索は実現できませんが、Auto-GPT では検索エンジンを利用して最新情報を自動で収集することができます。

　Auto-GPT では、AI を「思考」「推論」「批評」の 3 つに分けています。人間が課題を与えると、まず「何をすべきか」を考え、次に「どうすべきか」を推論し、最後に自分の有効性を批評します。具体的には、実行すべきタスクを生成し、それに優先順位をつけ、必要な情報を検索します。

　それでは、Auto-GPT をインストールして、試してみましょう。

　残念なことに、原稿執筆時点で日本語には対応していません。そのため、Google 翻訳などの機械翻訳ツールか、ChatGPT に翻訳してもらうなどして、Auto-GPT を使っていきましょう。

◯（1）OpenAI で API キーを取得

　Auto-GPT を実行するには、次の手順でインストールを行います。まずは、OpenAI にアクセスして ChatGPT の API キーを取得します（147 ページ参照）。

```
OpenAIのAPIキーを取得
[URL] https://platform.openai.com/account/api-keys
```

◯（2）Auto-GPT をダウンロード

　Auto-GPT の本体をダウンロードします。ここでは、執筆時の最新バージョンである、v0.4.0 で試してみましょう。ブラウザーで以下の Web サイトを開き、画面の下の方にある「Source code（zip）」を選んでクリックすると ZIP ファイルをダウンロードできます。ZIP ファイルをダウンロードしたら圧縮解凍ツールで解凍してください。

```
Auto-GPTをダウンロード
[URL] https://github.com/Significant-Gravitas/Auto-GPT/releases/tag/v0.4.0
```

◯（3）API キーを書き込む

　Auto-GPT の本体に含まれている「.env.template」を「.env」という名前でコピーして、このファイルを編集します。

```
$ cd Auto-GPT-0.4.0
$ cp .env.template .env
# Windowsなら
$ notepad .env
# macOSなら
```

```
$ nano .env
```

そして、以下の部分を探して自身の OpenAI の API キーを書き込みます。

```
OPENAI_API_KEY=your-openai-api-key
```

● (4) 必要なライブラリーをインストール

　ターミナルを起動して次のコマンドを実行しましょう。実行にあたっては、本書末尾の Appendix を元に Python が正しくインストールされていることが前提です。

```
# venvでautogptの環境を作る
# --- macOSの場合 ---
$ python3 -m venv autogpt
$ source autogpt/bin/activate
# --- Windowsの場合 ---
$ python -m venv autogpt
$ ./autogpt/Scripts/activate
# --- 共通の手順 ---
$ python -m pip install --upgrade pip
$ python -m pip install -r requirements.txt
```

● (5) プログラムを実行する

　続けてターミナルでコマンドを実行して、Auto-GPT を実行しましょう。

```
# macOSの場合
./run.sh
# Windowsの場合
.\run.bat
```

　ターミナル上に次のように表示されます。

```
I want Auto-GPT to:
```

　そこで、これに続けて Auto-GPT にやって欲しいことを入力します。例えば、有名な FizzBuzz 問題を解くプログラムを作ってもらいましょう。

```
Write a Python program that solves the FizzBuzz problem.
```

　次のように Auto-GPT が自動的に処理を行い、ターミナル上にその結果が表示されます。

```
ly. I also need to ensure that I am optimizing the function for performance and me
mory usage to handle large inputs efficiently.
SPEAK:  I will start by writing a Python function to generate the FizzBuzz sequenc
e up to a given number. Then, I will test the function with various inputs to ensu
re it handles edge cases and invalid inputs gracefully. Finally, I will optimize t
he function for performance and memory usage.
NEXT ACTION:  COMMAND = write_to_file ARGUMENTS = {'filename': '/Users/kujirahand/
Downloads/Auto-GPT-0.4.0/autogpt/auto_gpt_workspace/fizzbuzz.py', 'text': "def fiz
zbuzz(n):\n result = []\n for i in range(1, n+1):\n if i % 3 == 0 and i % 5 == 0:\
n result.append('FizzBuzz')\n elif i % 3 == 0:\n result.append('Fizz')\n elif i %
5 == 0:\n result.append('Buzz')\n else:\n result.append(str(i))\n return result"}
  Enter 'y' to authorise command, 'y -N' to run N continuous commands, 's' to run
self-feedback commands, 'n' to exit program, or enter feedback for FizzBuzzGPT...
  Asking user via keyboard...
Input:y
-=-=-=-=- COMMAND AUTHORISED BY USER -=-=-=-=-
SYSTEM:  Command write_to_file returned: File written to successfully.
FIZZBUZZGPT THOUGHTS:  I will now test the fizzbuzz function with various inputs t
o ensure it handles edge cases and invalid inputs gracefully.
REASONING:  Testing the function with various inputs will ensure it is robust and
handles edge cases and invalid inputs gracefully.
PLAN:
- Test fizzbuzz function with various inputs
CRITICISM:  I need to ensure that I am testing the function thoroughly with variou
s inputs to ensure it is robust and handles edge cases and invalid inputs graceful
ly.
SPEAK:  I will now test the fizzbuzz function with various inputs to ensure it han
dles edge cases and invalid inputs gracefully.
NEXT ACTION:  COMMAND = write_to_file ARGUMENTS = {'filename': '/Users/kujirahand/
Downloads/Auto-GPT-0.4.0/autogpt/auto_gpt_workspace/test_fizzbuzz.py', 'text': "im
port unittest\nfrom fizzbuzz import fizzbuzz\n\nclass TestFizzBuzz(unittest.TestCa
se):\n def test_fizzbuzz(self):\n self.assertEqual(fizzbuzz(1), ['1'])\n self.asse
rtEqual(fizzbuzz(2), ['1', '2'])\n self.assertEqual(fizzbuzz(3), ['1', '2', 'Fizz'
])\n self.assertEqual(fizzbuzz(4), ['1', '2', 'Fizz', '4'])\n self.assertEqual(fiz
zbuzz(5), ['1', '2', 'Fizz', '4', 'Buzz'])\n self.assertEqual(fizzbuzz(15), ['1',
'2', 'Fizz', '4', 'Buzz', 'Fizz', '7', '8', 'Fizz', 'Buzz', '11', 'Fizz', '13', '1
4', 'FizzBuzz'])\n self.assertEqual(fizzbuzz(0), [])\n self.assertEqual(fizzbuzz(-
1), [])\n self.assertEqual(fizzbuzz(3.5), [])\n\nif __name__ == '__main__':\n unit
test.main()"}
  Enter 'y' to authorise command, 'y -N' to run N continuous commands, 's' to run
self-feedback commands, 'n' to exit program, or enter feedback for FizzBuzzGPT...
  Asking user via keyboard...
```

Fig.12 Auto-GPT に FizzBuzz 問題を解くように指示したところ

　Auto-GPT では、勝手に何度もインターネットにアクセスするのではなく、実行するたびに、ユーザーに許可を求めます。「Input:」と尋ねられたら「y」を入力して Enter キーを押しましょう。すると自律的にタスクを実行し評価を行います。また、ファイルの書き込みなど、重要な動作に対しても許可を求める仕組みになっています。

　何度か「y」を押して処理を実行すると、FizzBuzz のプログラム「fizzbuzz.py」に加えて、それをテストするためのプログラム「test_fizzbuzz.py」が作成されて、ファイルが保存されました。なお、ファイルの保存先は、先ほど作成した venv のパス（<Auto-GPT のパス >/autogpt/auto_gpt_workspace）です。

Fig.13 Auto-GPT により作成されたファイルを確認したところ

⭕ Auto-GPT の利用は Docker が推奨されている

なお、Auto-GPTでは、勝手にPCのローカルファイルが操作されるなどして問題が起きないように仮想実行環境のDockerを利用することを推奨しています。

上記のように、アクションを実行する度に「y」キーを押すように求めるのですが、「y -5」と書くと、5回分のアクションの実行を許可する意味になります。何度もyを押すのが面倒になると、ついつい「y -10」（10回分のアクションを許可）などとやりたくなります。

しかし、その場合、何が起きるのか分からないため、できるだけ安全に実行するために、仮想環境を利用することが推奨されているのです。Auto-GPTを活用しようと思っている方は、Dockerをインストールした上で、改めて試してみると良いでしょう。

AgentGPT を使ってみよう

次にAgentGPTについて見てみましょう。AgentGPTのコンセプトはAuto-GPTと似ています。しかし、Webのインターフェイスで利用できるようにしてあり、デモサイトにアクセスすればすぐに利用できます。

```
AgentGPTのWebサイト
[URL] https://agentgpt.reworkd.ai/
```

上記サイトにアクセスしたら、Googleアカウントまたは、GitHub、Discordのアカウントでサインインするとすぐに利用できます。ただし、原稿執筆時点では、無料版で5個のエージェントしか作れない制限があります。

Fig.14 AgentGPT を利用しているところ

使い方ですが、サインインしてから、名前（Name）とゴール（Goal）を入力して「Deply Agent」をクリックします。AgentGPTはゴールに到達するために、複数のタスクを生成し、そのタ

スクを順に実行します。実行結果は、テキストをコピーできるようになっているほか、画像や PDF にエクスポートできるように配慮されています。

　なお、AgentGPT のソースコードはオープンソース（GPL-3.0）として公開されており、環境が構築ができれば、誰でも利用できます。

```
AgentGPT
[URL] https://github.com/reworkd/AgentGPT
```

　このように、AgentGPT には、親切な Web のインターフェイスが用意されているので、コマンドプロンプトが得意でない人でも気軽に使えます。そして、タスクの一覧が画面左側に列挙されるので、どのような状況なのか分かりやすいというメリットがあります。

BabyAGI を使ってみよう

　BabyAGI はある目的達成に向けて自動的にタスクを生成し、優先順位を設定して自律的に実行するシステムです。それで、AI を活用したタスク管理システムと謳っています。

　BabyAGI では、目的を設定した上でプログラムを実行すると、達成方法をタスクリストにします。そして、それぞれのタスクを再帰的に深掘りする仕組みです。

● (1) BabyAGI のダウンロード

　ターミナルを開き、次のコマンドを実行して BabyAGI の本体をダウンロードしましょう。そして、必要なライブラリーをインストールします。

```
# BabyAGIをダウンロード
$ git clone https://github.com/yoheinakajima/babyagi.git
# 必要なライブラリーをインストール
$ python3 -m pip install -r requirements.txt
```

● (2) OpenAI の API キーを指定しよう

　BabyAGI の実行にも OpenAI の API キーが必要です。それで、ターミナルから以下のコマンドを実行して、設定ファイルのテンプレートをコピーして、設定を書き込みましょう。

```
# 設定ファイルのひな形をコピー
$ cp .env.example .env
```

　まずは、OpenAI の API キーは以下の URL で作成してください。

```
OpenAI APIキーの取得
[URL] https://platform.openai.com/account/api-keys
```

そして、設定ファイル「.env」を開いて、以下の一行を探して書き換えましょう。

```
OPENAI_API_KEY=
```

(3) 目標を指定しよう

続いて、設定ファイル「.env」を開いて、プログラムの目標を指定しましょう。ここでは、FizzBuzz問題を解くプログラムを作ってもらうことにしましょう。次のように記述します。

```
# RUN CONFIG
OBJECTIVE=Write a Python program that solves the FizzBuzz problem.
```

(4) 実行しよう

なお、プログラムを一度実行すると、何時間でも動き続けてしまうため、最初に終了方法を確認しておきましょう。プログラムを終了するには、[Ctrl]+[C] キーを押します。

終了方法を確認したら、ターミナル上で以下のコマンドを実行して、BabyAGIを実行しましょう。

```
$ python3 babyagi.py
```

次のように表示され、次々とタスクが実行されていきます。

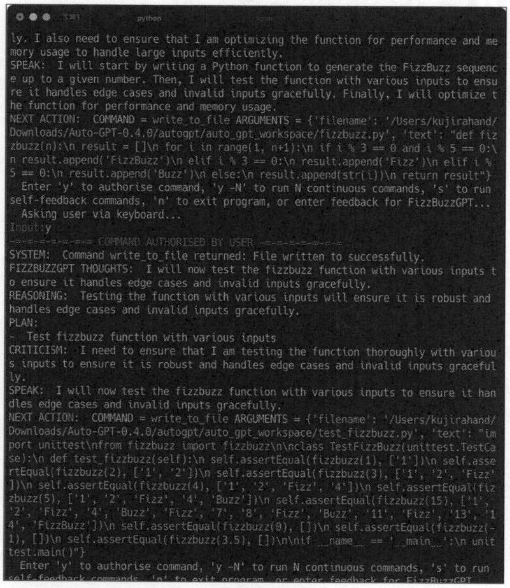

Fig.15 目標を設定して実行したところ

手順（3）で目標を日本語で入力することもできますが、実行結果は英語で出力されます。以下は「副業で月20万円稼ぎたい」という目標を設定して実行したところです。オンラインの家庭教師や、フリーランスのライターなどのアイデアが英語で表示されました。

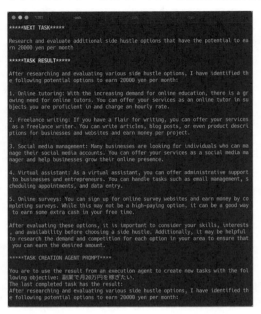

Fig.16 副業で20万円稼ぐという目標を設定して実行したところ

⭕ AGI の実現に向けて楽しみな一歩

ここまで、自律駆動型の AI エージェントの Auto-GPT、AgentGPT、BabyAGI の3つのプロジェクトの使い方を解説しました。それぞれ素晴らしいアイデアのプロジェクトで、タスクが単純なものであれば十分に有用なものとなっています。ただし、タスクによっては必ずしもうまくいくわけではありません。同じような結果が延々と表示されるなど、処理が行き詰まってしまうことも多くあります。とは言え、自動でいろいろな調査やタスクが実行できるのは圧巻なので未来の AI の形を見ることができるでしょう。

まとめ	→ 自律駆動型の AI エージェントが登場して盛り上がっている
	→ タスクが単純であれば、十分実用的に動く
	→ 全てのケースでうまくいくわけではないが、未来の AGI が垣間見られる

4 大規模言語モデルの ファインチューニング

大規模言語モデルで独自のデータを扱いたい場合があります。そんなとき、ファインチューニング（Fine-Tuning）を行うのは解決方法の一つです。言語モデルに独自データを教え込ませることができます。本節では Fine-TuningAPI を利用する方法を解説します。

本節の ポイント
- ファインチューニング / Fine-Tuning
- 大規模言語モデルのカスタマイズ

ファインチューニングとは

　「ファインチューニング（Fine-Tuning)」とは、トレーニングされた既存の大規模言語モデルを、特定のタスクやドメインに適応させる処理です。Fine-Tuning には微調整という意味があります。既存モデルをより具体的なタスクに対してカスタマイズするために使用されます。

　大規模言語モデルを作成するには、膨大な労力と費用が必要となります。非常に巨大なデータを扱うため、高性能なマシンを長時間占有して学習させる必要があります。そのため、自分が用意した特定のデータをゼロから学習するのは現実的ではありません。そこで、既存の訓練済みモデルを元にして、モデルのパラメーターを再トレーニングすることで、モデルをカスタマイズすることが行われます。

⬤ ファインチューニングの利点

　ファインチューニングによって、すでに存在するモデルを特定の用途向けにカスタマイズできます。次のようなメリットがあります。

- プロンプトに独自データを埋め込むよりも良い結果が得られる
- プロンプトに収まりきらないデータを学習できる
- プロンプトが短くなるので、トークンを節約できる

　一般的に機械学習のモデルに対してファインチューニングを行うには、それなりの高性能なマシンと、ある程度プログラミングが必要になります。しかし、Open AI は言語モデルを手軽にファインチューニング可能にする API を提供しています。

そこで、本節では、OpenAI が提供している API を利用して、大規模言語モデルのファインチューニングを行ってみましょう。この API はとても強力で、対話データを用意してアップロードするだけで、カスタムモデルが完了する仕組みになっています。

⚫ ファインチューニングを使わないという選択肢

　しかし、いいことばかりではありません。

　既存の大規模言語モデルに比べると、ファインチューニングしたモデルは、API の利用料金が高くなります。原稿執筆時点で最も高額なモデル GPT-4（32K）と同等の価格となっています。また、ファインチューニングのプロセス自体にも課金が行われます。そのため、本当にファインチューニングが必要なのかどうかをしっかりと検討する必要があります。

　本章の LangChain の項で紹介したように、既存の大規模言語モデルを利用しつつ、自分が用意したデータをプロンプトに埋め込むこともできます。この方法を利用するなら、ファインチューニングを使うことなく、言語モデルに独自データの知識を与えることができます。これに対して、ファインチューニングをするなら、LangChain を利用する場合のように、別途ベクターデータベースを用意する必要もなく、自分で用意するプログラムが単純になります。

　このように手法を比較して、ファインチューニングが必要なのかどうかを考えるようにしましょう。

ファインチューニング用のデータを準備しよう

　OpenAI が提供している Fine-Tuning API を利用する場合、対話データを用意する必要があります。対話データのフォーマットは、「JSONL」と呼ばれる形式のデータです。これは、JSON データを複数行集めたもので、次のような形式のものです。

```
{"prompt": "プロンプト", "completion": "プロンプトに対する応答"}
{"prompt": "プロンプト", "completion": "プロンプトに対する応答"}
{"prompt": "プロンプト", "completion": "プロンプトに対する応答"}
...
```

　JSON データのオブジェクトの配列と似ていますが、明示的な配列の指定はなく、一行に一つ JSON データがあるという形式となっています。

　なお、OpenAI の作成するデータは次のように整形することになっています。

- prompt の末尾（separator）には区切り文字「\n\n###\n\n」を指定する
- completion のはじめには空白を入れる必要がある
- completion の末尾には、\n や ### などのほかに表れない文字を指定する
- 推論するときにも prompt はトレーニングで利用した区切り文字と同じように整形する

○ サンプルデータをダウンロードしよう

対話データのサンプルとして、「格言を語る忍者『忍三郎』との対話コーパス」を利用しましょう。これは筆者が本書のために作成した対話データで、優しくて堅実なニンジャ「忍三郎」との会話データです。

本書のサンプルに「ninja_corpus.csv」という名前で収録しています。最新版は次の URL からダウンロードできます。

格言を語る忍者「忍三郎」との対話コーパス
[URL] https://github.com/kujirahand/kakugen-ninja

プロンプトと応答という 2 つの列を持つ単純な対話データの CSV ファイルとなっています。

`Fig.17` ここで利用する対話データの CSV ファイル

○ 会話データを JSONL に変換しよう

それでは、上記の対話データを JSONL に変換しましょう。せっかくなので変換スクリプトも ChatGPT に作ってもらうことにしましょう。以下のようなプロンプトを作ると、CSV を JSONL に変換するプログラムを生成してくれました。

src/ch5/make_converter.gpt.txt
あなたはPythonプログラマーです。
2つのカラムを持つCSVファイルを読んでJSONL形式のファイルを作成したいです。
標準ライブラリだけを使ってプログラムを完成させてください。

```
### 仕様
・入力ファイル: ninja_corpus.csv
・出力ファイル: ninja_corpus.jsonl
### 出力形式
```
{"prompt":"1列名","completion":"2列名"}
{"prompt":"1列名","completion":"2列名"}
{"prompt":"1列名","completion":"2列名"}
```
```

ChatGPT に入力すると、次のようなプログラムが生成されます。

```
src/ch5/ninja_corpus_csv2jsonl.py
import csv
import json

# 入力ファイルと出力ファイルを指定
input_file = "ninja_corpus.csv"
output_file = "ninja_corpus.jsonl"

# ファイルを開く
with open(input_file, "r", encoding="utf-8") as csv_file, \
    open(output_file, "w", encoding="utf-8") as jsonl_file:
    csv_reader = csv.reader(csv_file) # CSVファイルを読む
    next(csv_reader)  # ヘッダー行をスキップする
    # for文で毎行を繰り返し処理
    for row in csv_reader:
        prompt = row[0] # プロンプトの列
        completion = row[1] # 応答の列
        data = {"prompt": prompt, "completion": completion}
        # JSONで書き込む
        jsonl_file.write(json.dumps(data, ensure_ascii=False) + "\n")
```

　上記のプログラムを「ninja_corpus_csv2jsonl.py」という名前で保存し、ターミナルでプログラムを実行しましょう。するとプロンプトで指定したように「ninja_corpus.jsonl」という名前のファイルが生成されます。

```
$ python3 ninja_corpus_csv2jsonl.py
```

　実行すると、次のようなデータが生成されます。以下は適当に抜粋したものです。

```
～抜粋～
{"prompt": "またね", "completion": "拙者も君とまた会いたいでござる！ありがとうでござる！お
```

```
元気で！"}
{"prompt": "またね", "completion": "君と話せて拙者大いに楽しかったでござる。また気軽に話し
かけて欲しいでござる！ありがとう！"}
{"prompt": "好きな色は?", "completion": "情熱の赤が好みでござる。"}
```

ファインチューニングを実行しよう

JSONL のデータが完成したら、ファインチューニングを実行しましょう。

⚫ アップロード前にデータセットを検証しよう

利用に当たっては、3 章で解説したように、Python の OpenAI のパッケージをインストールして
おきます。また、環境変数「OPENAI_API_KEY」に API キーを設定しているものとします。

ターミナルを起動して、下記のコマンドを実行して検証してみましょう。

```
$ openai tools fine_tunes.prepare_data -f ninja_corpus.jsonl -q
```

すると、データセットを検証して結果を表示します。

この時、「Your data does not contain a common separator at the end of your prompts(プロン
プトの中に区切り記号がない)」という指摘が表示されることでしょう。それに加えて、自動的に区
切り記号が追加されたデータを「ninja_corpus_prepared.jsonl」に保存した という親切な表示がさ
れます。

そこで、修正し保存されたファイルが、どのように変更されたのか確認してみましょう。次のよう
にプ ロンプトの末尾に「->」と、応答の先頭に空白が入っているのを確認できるでしょう。

```
～抜粋～
{"prompt":"またね ->","completion":" 拙者も君とまた会いたいでござる！ありがとうでござる！お
元気で！\n"}
{"prompt":"またね ->","completion":" 君と話せて拙者大いに楽しかったでござる。また気軽に話し
かけて欲しいでござる！ありがとう！\n"}
{"prompt":"好きな色は? ->","completion":" 情熱の赤が好みでござる。\n"}
```

自動的にデータを整形してくれるのでとても便利です。

⚫ ファインチューニングを実行しよう

それでは、ファインチューニングを実行してみましょう。ターミナルで続けて以下のコマンドを実
行すると、JSONL のファイルがアップロードされ、カスタムモデルの作成が行われます。なお、この
時パラメーター「-t」に続けて JSONL ファイルを指定しますが、整形前のファイル「ninja_corpus.
jsonl」ではなく、整形後のファイル「ninja_corpus_prepared.jsonl」を指定するように気をつけましょ
う。

```
$ openai api fine_tunes.create \
    -t "ninja_corpus_prepared.jsonl" \
    -m davinci
```

このプロセスには時間がかかるため、もし途中で切れてしまった場合には、次のコマンドを実行すると、フォローのためのコマンドが表示されます。パラメーター「-i」の後ろには表示された「ft-xxx」のような値を指定しましょう。

```
$ openai api fine_tunes.follow -i xxxx
[2023-06-19 15:48:51] Created fine-tune: xxxx
[2023-06-19 15:49:38] Fine-tune costs $2.08
[2023-06-19 15:49:38] Fine-tune enqueued. Queue number: 2
〜省略〜
[2023-06-19 15:55:16] Fine-tune started
[2023-06-19 16:01:09] Completed epoch 1/4
[2023-06-19 16:02:14] Completed epoch 2/4
[2023-06-19 16:03:19] Completed epoch 3/4
[2023-06-19 16:04:23] Completed epoch 4/4
```

筆者が試したときにはサーバーが混雑していたようで、ファインチューニングに失敗してしまいました。その後、2度ほど再試行してようやくモデルの作成が成功しました。ファインチューニングが成功した時は、16分で費用は$2.08かかりました。

ファインチューニングが終わると、次のようにカスタムモデルの名前が表示されます。ここでは「davinci:ft-kujirahand-2023-06-19-07-05-03」という名前のモデルが作成されました。

```
Job complete! Status: succeeded 🥷
Try out your fine-tuned model:

openai api completions.create -m davinci:ft-kujirahand-2023-06-19-07-05-03 -p
<YOUR_PROMPT>
```

ファインチューニングしたカスタム言語モデルを試してみよう

それでは、ファインチューニングが行われたカスタム言語モデルを試してみましょう。ここでは、次のようなPythonプログラムを作ってみました。

```
src/ch5/test_ft_model.py
import openai

# ↓以下のモデル名を書き換えてください
```

```
MODEL_NAME = 'davinci:ft-kujirahand-2023-06-19-07-05-03'

# カスタムモデルを指定してプロンプトを入力 --- (※1)
def ninja_completion(prompt):
    prompt += '->'
    res = openai.Completion.create(
        model=MODEL_NAME,
        prompt=prompt,
        temperature=0.7,
        max_tokens=300,
        stop='\n')
    return res['choices'][0]['text']

# プロンプトと応答を表示する --- (※2)
def test_ninja(prompt):
    text = ninja_completion(prompt)
    print(prompt, '->', text)

# 簡単な会話でテスト --- (※3)
test_ninja('おはよう')
test_ninja('もう駄目だ')
test_ninja('今日は仕事が忙しくて疲れたよ。')
```

　上記の冒頭の MODEL_NAME の値をご自身で作成したモデル名に書き換えてから、プログラムを実行してみましょう。
　ターミナルで以下のコマンドを実行しましょう。格言ニンジャという変なキャラクターですが、なんとなくその特徴を反映した応答が返ってきています。

```
$ python3 test_ft_model.py
おはよう -> おはようでござる！君から挨拶という素敵な贈り物をもらって嬉しいでござる、ニンニン！
もう駄目だ -> そう思ったことは一度もないでござる。「拙者は今日も元気で、明日も元気で、いつまでも元気でいる」という希望を持っているでござる。
今日は仕事が忙しくて疲れたよ。 -> 「疲れたら休む」と言う格言に従って、今日は休むでござる。明日も頑張るでござる。

# もう一度実行してみる(2回目の実行)
$ python3 test_ft_model.py
おはよう -> おはようでござる！君から挨拶という素敵な贈り物をもらって嬉しいでござる、ニンニン！
もう駄目だ -> もう駄目じゃないでござる。「鍛錬の末、何と達しむらになるか分からない種を蒔き」という格言があるでござる。鍛錬を積むと、折に触れて分からない種を実らすこともあるでござるよ。
今日は仕事が忙しくて疲れたよ。 -> そうでござるか。お疲れ様でござる。一日たっぷり寝ることで疲れを癒やすこともできるのでござる。

# もう一度実行してみる(3回目の実行)
python3 test_ft_model.py
```

おはよう -> おはようでござる！君から挨拶という素敵な贈り物をもらって嬉しいでござる、ニンニン！
もう駄目だ -> 「頑張れば何とかなる」という格言があるでござる。まずは頑張るでござる。
今日は仕事が忙しくて疲れたよ。 -> そうでござるか。お疲れ様でござる。ゆっくり休むでござる。

　プログラムでは、3 回分の会話を表示します。冒頭 2 つがサンプルデータにある会話で、残り 1 つはサンプルにないものです。応答を確認してみると、冒頭 1 つはサンプルそのままでしたが、残りの 2 つは ChatGPT が考えたオリジナルの会話となっていました。

　毎回「もう駄目だ」の回答が面白くて、2 度目の応答に関しては、訳の分からない格言を自分で考えて、もっともらしく語っています。思わず笑ってしまいました。語尾の特徴をうまく掴んでキャラクターの個性が反映された会話となっています。

　ただし、何度か実行してみましたが、残念なことに教え込んだ格言や名言がそのまま飛び出してくることはなく、格言をアレンジして返して来るようでした。

　実行結果を確認したところで、プログラムを確認してみましょう。

　プログラムの (※ 1) ではカスタムモデルを指定してプロンプトを実行する関数 ninja_completion を定義します。この関数は引数にプロンプトを指定すると戻り値として言語モデルの結果を返します。

　そして、(※ 2) は関数 ninja_completion を呼び出し結果を画面に表示する関数 test_ninja を定義します。

　最後の (※ 3) では、簡単な会話を指定します。プロンプトと言語モデルの応答を表示します。

　プログラムの (※ 1) でパラメーター「temperature」の値には 0.0 から 2.0 までの値を指定しますが、値を大きくすると、比較的ランダムな結果が出力されるようになります。会話を面白くしたい場合は、値を大きく設定すると良いでしょう。

まとめ

→ 大規模言語モデルのファインチューニングの手法について解説しました。

→ プロンプトを工夫することで、独自データを言語モデルの回答に含めることができるため、ファインチューニング以外にもやり方はあります。

→ しかし、独自データを含めた言語モデルを作ってしまえば、簡単に使えるようになります。

5 Function Calling を使って自然言語で操作する ToDO アプリを作ろう

ChatGPT の API には、Function Calling という機能があります。自然言語を使って特定の情報を手軽に取り出すことができるので、API を利用するのに便利です。これを利用して自然言語による操作ができる ToDO アプリを作ってみましょう。

本節の ポイント

- Function Calling（ChatGPT API）
- 自然言語で操作する ToDO アプリ

ChatGPT API の Function Calling とは

ChatGPT API には Function Calling という機能が備わっています。この機能は、ChatGPT に対して「自然言語による文章」と「関数の定義」を与えると、応答として、自然言語の中にある「関数の呼び出し」を出力してくれるというものです。

この機能が登場する前は、ChatGPT を使って、JSON データを出力しようとする場合、なかなか出力形式を安定させることができないという問題がありました。もちろん、本書で紹介したテクニックで出力形式を明示することでだいたい成功するのですが、失敗することもありました。しかし、この Function Calling の機能を使うと、ChatGPT の応答を JSON に強制することができます。

Function Calling の仕組みを図にすると次のようになります。例えば、「料理の注文を自然言語で行うアプリ」を考えてみましょう。ユーザーが「お昼にハンバーガーが食べたい」とチャット画面で発言します。すると、注文アプリでは、それをプロンプトとして ChatGPT API を呼び出します。すると、ユーザーが「何を（料理名）」「いつ（配達時間）」食べたいのかを認識して JSON 形式で返信します。注文アプリではその JSON を確認して、料理を作る厨房に指示を出し、それによってユーザーに料理が届きます。

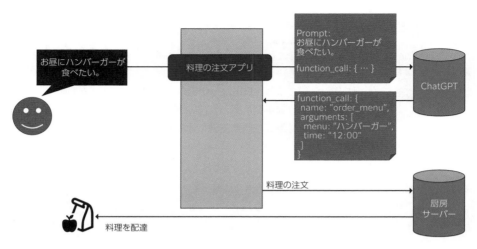

Fig.18 Function Calling の仕組み

Function Calling（関数呼び出し）という名前の機能なのですが、ChatGPT 側で何か実行してくれるわけではありません。ChatGPT はあくまで JSON データにまとめてくれるだけなので、JSON データを何に使うかはユーザー（プログラマー）側の仕事となります。

◯ Function Calling を使わないで JSON 出力をする場合

ここで「自然言語による料理の注文」を例に出しましたが、ChatGPT の Function Calling は、自然言語の文章の中にある「料理名」と「配達時間」を自動的に認識して、JSON 形式で結果を返してくれるものでした。そのため、この機能は次のようなプロンプトを作るのと似たようなものと言えるでしょう。

```
次のテキストは料理の注文です。
「料理名」と「配達」時間を出力してください。
なお、次のJSON形式で出力してください。
###出力形式
{"menu": "ここに料理名", "time": "ここに配達時間"}
###テキスト
お昼にハンバーガーが食べたい。よろしく。
```

すると、次の画像のように、料理名と配達時間を記した JSON データを出力してくれます。

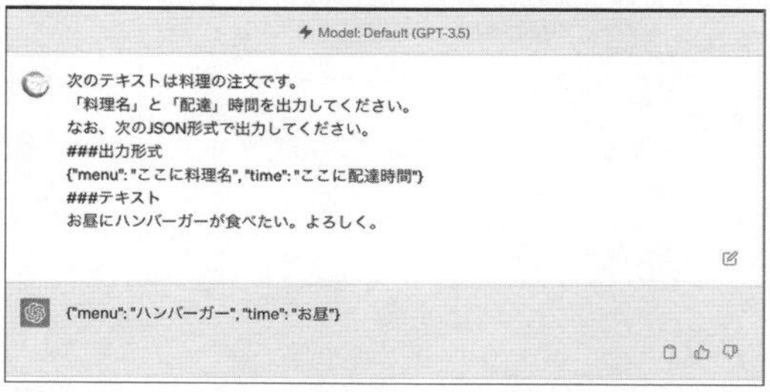

Model: Default (GPT-3.5)

次のテキストは料理の注文です。
「料理名」と「配達」時間を出力してください。
なお、次のJSON形式で出力してください。
###出力形式
{"menu": "ここに料理名", "time": "ここに配達時間"}
###テキスト
お昼にハンバーガーが食べたい。よろしく。

{"menu": "ハンバーガー", "time": "お昼"}

Fig.19 文章の中から「料理名」と「配達時間」を抽出するプロンプト

このように、Function Calling を使わなくても、プロンプトに対して「出力形式を JSON にすること」と具体的な出力例を指示することで似たことはできました。しかし、こうした余分なプロンプトを組み立てる必要もなく、自然なプロンプトを利用して出力形式を JSON に強制できるようになるのが、この機能の良いところです。

Function Calling を何に使えるか？

自然言語の中にある、パラメーターを認識できるということですから、さまざまな用途に利用できるでしょう。次のようなケースが考えられます。

- 操作を自然言語で行い、AI がカレンダーを操作する
- 自然言語で家電や機器の操作を行うと、AI が TV やエアコンのオン・オフを行う
- お客から、チャットやメール経由で在庫の問い合わせが来た時に、AI が在庫の問い合わせであることを認識して、在庫を確認して、自動的に返信する
- 自然言語でロボットや工作機器を操作する

Function Calling の使い方

それでは、実際に Function Calling を使ってみましょう。3 章を参考にして ChatGPT API の利用環境を整えていることを前提にしています。

以下は「お昼にチーズバーガーが食べたい。よろしく。」という料理の注文を ChatGPT に投げると、仮想的な厨房サーバーに注文を出し、応答を表示するプログラムです。このプログラムのポイントですが、複雑な出力フォーマットに関するプロンプトの指定がまったくないという点に注目してください。

なお、プログラム中の（※ 9）の部分では、日付入りのモデル「gpt-3.5-turbo-0613」を指定していますが、将来的に変更が必要かもしれません。プログラム直後の解説部分をご覧ください。

```
src/ch5/function_calling_orderbot.py
# 注文テキストの中にある「料理名」と「配達時間」を認識させる
import openai, json

# 注文テキストを以下に指定 --- （※1）
order_text = 'お昼にチーズバーガーが食べたい。よろしく。'
# order_text = '19:00にトマトパスタを注文したいのでお願いします。'

# ChatGPTを呼び出すためのメッセージを構築 --- （※2）
messages = [
    {
        'role': 'system', # システムの役割を指定
        'content': 'あなたはデリバリーで料理の注文を受ける優秀なウェイトレスです。'
    },
    {
        'role': 'user',
        'content': order_text
    }
]
# 関数の定義 - 抽出したい情報を指定 --- （※3）
functions = [ # 複数の関数が指定可能
    {
        # 関数の名前と説明を指定 --- （※4）
        'name': 'order_menu',
        'description': '料理を注文する',
        # どんな情報が必要かパラメーターを指定 --- （※5）
        'parameters': {
            'type': 'object',
            'properties': {
                # 料理名と配達時間の詳細を指定 --- （※6）
                'menu': {
                    'type': 'string',
                    'description': '料理名'
                },
                'time': {
                    'type': 'string',
                    'format': 'time',
                    'description': '配達時間'
                }
            }
        }
    }
]

# 料理を注文するダミー関数 --- （※7）
def order(menu, time):
    print('# 厨房サーバーに注文を出しました。')
```

```
        print(f'- 料理名:{menu}\n- 配達時間:{time}\n')
        return f'注文を正しく承りました。{time}に配達します。'

# 料理の注文ボットを実行する関数 --- (※8)
def call_order_bot(messages, functions=None, debug=False):
    # APIを呼び出す --- (※9)
    model = 'gpt-3.5-turbo-0613'
    if functions is not None: # 関数の指定があるとき
        response = openai.ChatCompletion.create(
            model=model, messages=messages,
            functions=functions,
            function_call='auto')
    else: # 関数の指定がなかったとき
        response = openai.ChatCompletion.create(
            model=model, messages=messages)
    if debug: print(response)
    # APIの応答がFunction callingではなかった場合の処理 --- (※10)
    message = response.choices[0]['message']
    if not message.get('function_call'):
        content = message['content'] # 応答を取り出す
        print(f'# AIの応答\n{content}\n')
        return
    # Function Callingのパラメーターを読み出す --- (※11)
    name = message['function_call']['name']
    args = message['function_call']['arguments'] # JSON文字列
    if type(args) is str: # JSONデータをデコード
        args = json.loads(message['function_call']['arguments'])
    # 実行すべき関数を確認 --- (※12)
    if name == 'order_menu':
        # 厨房に対して注文を行う
        func_result = order(args.get('menu'), args.get('time'))
    else:
        func_result = '注文に失敗'
    # 関数の実行結果を含め、AIによるフォローアップメッセージを取得 --- (※13)
    messages.append({
        'role': 'function',
        'name': name,
        'content': str(func_result) # 関数呼び出しの結果を指定
    })
    call_order_bot(messages, None)

if __name__ == '__main__':  # 料理の注文ボットを実行 ---(※14)
    print(f'# ユーザーからの注文\n{order_text}\n')
    call_order_bot(messages, functions)
```

　プログラムをターミナルで実行してみましょう。以下のコマンドを実行して、結果を確認してみてください。

```
$ python3 function_calling_orderbot.py
# ユーザーからの注文
お昼にチーズバーガーが食べたい。よろしく。

# 厨房サーバーに注文を出しました。
- 料理名:チーズバーガー
- 配達時間:12:00

# AIの応答
ありがとうございます！12:00にチーズバーガーをお届けいたしますので、お待ちください。どちらにお届
けいたしますか？また、追加のご要望やドリンクの希望などありますか？
```

　　プログラムの（※1）にある注文テキストを「19:00にトマトパスタを注文したいのでお願いします。」と変更して実行してみると次のようになります。

```
$ python3 function_calling_orderbot.py
# ユーザーからの注文
19:00にトマトパスタを注文したいのでお願いします。

# 厨房サーバーに注文を出しました。
- 料理名:トマトパスタ
- 配達時間:19:00

# AIの応答
承知しました。19:00の配達に予定を調整させていただきます。ありがとうございます。
```

　このように、「食べたい」とか「注文したい」など文章に揺れがあったとしても、正しく対象を認識して必要なパラメーターを取り出すことができました。

　それでは、プログラムを確認してみましょう。

　プログラムの（※1）では料理の注文を自然言語で指定します。料理名や時間を適当に書き換えて実行してみると違いが分かるでしょう。

　（※2）は ChatGPT に与える messages オブジェクトを構築します。（※1）で指定した自然言語のテキストを user に指定します。

　（※3）以降の部分では抽出したい情報を関数として定義します。なお、functions に与えるデータがリスト型であることから、複数の関数を指定できることも分かるでしょう。

　（※4）では関数の名前と説明を指定します。ここでは、関数名を「order_menu」としました。description プロパティに関数の説明を指定します。うまく対象のパラメーターを抽出できない場合、この説明部分に具体例などを指定することもできるでしょう。

　（※5）の parameters プロパティには関数の引数となるパラメーターの情報を指定します。ここで type を object と指定することで、関数の引数として複数の異なるパラメーターを取得できます。

　（※6）では取得するパラメーターの詳細を指定します。ここでは、料理名を「menu」に、配達時間を「time」に取得するように指定します。それぞれ type に文字列（string）を指定し、

description にそれぞれの具体的な内容を指定します。

（※7）では料理を注文するダミー関数 order を定義します。実際に注文アプリを作る場合には、ここで厨房のサーバーに注文を出す処理を記述することになります。

（※8）以下の部分では関数 call_order_bot を定義します。これは、料理の注文ボットを実行する関数です。

（※9）では、ChatGPT の API を呼び出します。原稿執筆時点で Function Calling の機能は、モデル「gpt-3.5-turbo-0613」と「gpt-4-0613」で利用できるようになっています。そのため、このどちらかのモデルを指定します。ただし、日付入りのモデルは、新しいバージョンが出てから3ヶ月で非推奨となるため、将来的には「gpt-3.5-turbo」か「gpt-4」を指定することになります。うまく動かない場合、モデルを変更してみてください。

（※10）では、API の応答を確認して、Function Calling かどうかを確認します。もし、Function Calling ではない場合、通常の応答（content）を取り出して画面に表示します。

（※11）以降の部分では Function Calling に合致した場合の処理を記述します。最初に、Function Calling では複数の関数が指定できるため、どの関数が呼ばれたのかを変数 name に取得します。続いて、関数の引数の値を変数 args に取得します。

ここで注意すべきなのは、関数の引数が得られる arguments の値は文字列の JSON データとなっていることです。ライブラリーによって自動的に解析されるわけではないため、json.loads 関数を使って JSON のデコード処理を行う必要があります。

（※12）では実行すべき関数が「order_menu」の時、厨房に注文を行います。（※11）でデコードした JSON データを元にして menu と time のプロパティを取り出して、関数 order を呼び出します。

（※13）では AI からの続きの応答を取得します。と言うのも、API の応答が Function Calling だった時には、AI のその他の応答が含まれていないからです。

そのため、Function Calling だった場合には、role が function、name に関数名、content に関数の呼び出し結果を指定して、再度 ChatGPT の API に応答メッセージを問い合わせる必要があります。

（※14）では、料理の注文ボットを実行します。

自然言語で操作できる ToDO アプリを作ろう

Function Calling の使い方が分かったところで、自然言語で ToDO タスクを管理できるプログラムを作ってみましょう。

このプログラムは次の図のような仕組みにします。ユーザーがタスクの追加を依頼すると、ToDO アプリは、ChatGPT の API を呼び出します。そして、API は Function Calling を利用して add_task という関数と引数 task を返します。ToDO アプリではストレージにタスクを追加して保存します。その後、そのタスクを遂行するのに役立つヒントを ChatGPT に尋ねて、結果をユーザーに表示します。このように、ToDO アプリが Function Calling を利用してユーザーの発言の意味を理解する仕組みにします。

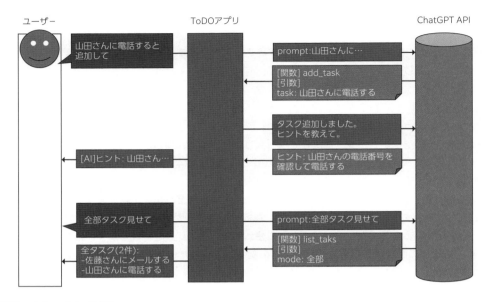

ToDO アプリの仕組み

⭘ ToDO アプリのファイル構成

なお、プログラムが少し長くなったのでファイルを 3 つのファイル（モジュール）に分割しました。そして、「todo_items.json」にタスク一覧のデータを保存することにしました。それで、次のようなファイル構成となります。

```
<todo_app>
 ├── main.py … メインプログラム
 ├── actions.py … ToDO管理のための下請けモジュール
 ├── todo_functions.py … Function Callingのための関数定義モジュール
 └── todo_items.json … タスク一覧の保存先
```

それでは、ファイルを一つずつ確認していきましょう。

⭘ 「todo_functions.py」 - Function Calling のための関数定義

最初に、ChatGPT API を呼ぶときに指定する関数定義モジュールのコードを見てみましょう。ここでは、タスクを追加する「add_task」、タスクを削除する「delete_task」、ToDO タスクの一覧を表示する「list_tasks」という 3 つの関数を定義します。

いずれの関数も ChatGPT に解析してもらうために指定するものです。そのため、関数名（name）や関数の説明（description）をしっかりと指定する必要があります。それでは、実際のコードを確認しましょう。

```python
# ToDOアプリのFunction Callingで使う関数の定義 --- （※1）
functions = [
    # タスクを追加する「add_task」の定義 --- （※2）
    {
        'name': 'add_task',
        'description': 'ToDOタスクの追加、または覚える。',
        'parameters': {
            'type': 'object',
            'properties': {
                'task': {
                    'type': 'string',
                    'description': 'ToDOタスクの内容'
                }
            }
        }
    },
    # タスクを削除する「delete_task」の定義 --- （※3）
    {
        'name': 'delete_task',
        'description': '指定番号のタスクを削除,完了する。（例：5番を削除,7を完了）',
        'parameters': {
            'type': 'object',
            'properties': {
                'index': {
                    'type': 'number',
                    'description': '番号。例えば「3番のタスク」「5を」'
                }
            }
        }
    },
    # ToDOの一覧を表示する「list_tasks」の定義 --- （※4）
    {
        'name': 'list_tasks',
        'description': 'ToDOタスクの一覧を表示する',
        'parameters': {
            'type': 'object',
            'properties': {
                'mode': { # 表示モードの指定 --- （※5）
                    'type': 'string',
                    'description': 'どのように表示するのかを指定',
                    'enum': ['全部', '最新'] # 選択肢を指定
                },
                'num': { # 表示件数を指定
                    'type': 'number',
                    'desctiption': '何件表示するのかを指定'
                }
```

1

2

3

4

5

AP

```
            }
        }
    }
]
```

（※ 1）では、変数 functions に Function Calling のための関数の一覧を定義します。

（※ 2）は ToDO タスクを追加する「add_task」関数の定義を記述します。タスクの追加ですが、「タスクを覚えておいて」などのように指定する可能性を考慮して「覚える」という説明を追加しました。

（※ 3）ではタスクを削除する「delete_task」関数の定義を記述します。番号を指定して、タスクを削除します。なお番号は数値であるため type に number を指定します。

JSON のデータ型には次のものがあります。そのため、parameters 以下の type に指定します。ただし、それほど厳密に指定しなくても良いようで、integer（整数）などを指定しても問題なく動くようでした。

- string　　　文字列型（たとえば、"abc" や "tel" など）
- numebr　　数値（たとえば、123 や 0.123 など）
- boolean　　真偽型（true か false）
- array　　　配列型
- object　　　オブジェクト型

（※ 4）は ToDO タスクの一覧を表示する「list_tasks」関数の定義を記述します。この関数では、「どのように表示するのか（mode）」と「表示件数（num）」の 2 つの引数を得てタスクを表示します。この関数定義で注目したいのは、(※ 5) の表示モードを指定する部分です。mode で enum プロパティを指定します。このプロパティを指定することで「全部」か「最新」のどちらかを選んで取得するようになります。

⬤ 「main.py」- メインプログラム

次にメインプログラムを確認しましょう。メインプログラムでは、ユーザーからの入力を得て、ChatGPT の API を呼び出し、その結果を元にして ToDO タスクの操作を行います。少し長いのですが、少しずつ確認してみましょう。

```
src/ch5/todo_app/main.py
# 自然言語で操作するToDOアプリ
import openai, json, time
import todo_functions
import actions

# ChatGPTを呼び出すためのメッセージを構築 --- (※1)
messages = [{
    'role': 'system',  # システムの役割を指定
```

```
         'content': 'あなたはタスク管理の優秀なエージェントです。'
}]
# ToDOアイテムを保持する --- （※2）
todo_items = actions.load_items()

# ToDOボットを実行する --- （※3）
def call_todo_bot(messages, functions=None, debug=False):
    # 希にAPI呼び出しが失敗するので自動的にリトライ --- （※4）
    while True:
        try:
            # APIの呼び出し --- （※5）
            model = 'gpt-3.5-turbo-0613'
            if functions is not None:  # 関数の指定があるとき
                response = openai.ChatCompletion.create(
                    model=model, messages=messages,
                    functions=functions,
                    function_call='auto')
            else:  # 関数の指定がなかったとき
                response = openai.ChatCompletion.create(
                    model=model, messages=messages)
            if debug: print(response)
            break
        except:
            print('アクセスエラー。3秒後に再試行します。')
            time.sleep(3) # 失敗したら3秒待機
    # APIの応答がFunction callingではなかった場合の処理 --- （※6）
    msg = response.choices[0]['message']
    if not msg.get('function_call'):
        content = msg['content']  # 応答を取り出す
        print('- AIの応答:\n', content.strip())
        # 次回の呼び出しのためにmessagesに追加
        messages.append({'role': 'assistant', 'content': content})
        return
    # Function Callingのパラメーターを読み出す --- （※7）
    name = msg['function_call']['name']
    args = msg['function_call']['arguments']  # JSON文字列
    if type(args) is str:  # JSONデータをデコード
        args = json.loads(msg['function_call']['arguments'])
    print('+', name, args)
    # 実行すべき関数を確認 --- （※8）
    if name == 'add_task':
        task = args.get('task')
        func_result = actions.add_task(todo_items, task)
    elif name == 'delete_task':
        index = args.get('index', -1)
        func_result = actions.delete_task(todo_items, index)
    elif name == 'list_tasks':
```

```
            func_result = actions.list_tasks( # ToDOの一覧を表示
                todo_items,
                args.get('mode'),
                args.get('num', 0))
            return # 一覧の表示に対してAIのコメントは不要のため
        else:
            func_result = '関数の実行に失敗しました。'
        # 関数の実行結果を含め、AIによるフォローアップメッセージを取得 --- (※9)
        messages.append({
            'role': 'function',
            'name': name,
            'content': str(func_result)  # 関数呼び出しの結果を指定
        })
        call_todo_bot(messages, None)

if __name__ == '__main__':
    while True:
        # ユーザーから文章を入力 --- (※10)
        print('\n■ --- ボットへの指示を入力してください（[q]で終了)')
        user = input('>>> ')
        if user == '': continue
        if user == 'q': quit()
        # ToDOボットを実行
        messages.append({'role': 'user', 'content': user})
        call_todo_bot(messages, todo_functions.functions)
```

メインプログラムを少しずつ確認していきましょう。

プログラムの（※1）では、ChatGPT の最初に与える messages オブジェクトを定義します。この ToDO タスクの一覧を操作するたびに、messages に指示や応答が追記されます。

（※2）はファイルから ToDO タスクの一覧を読み出して画面に表示します。

（※3）以降の部分では ToDO ボットを実行する関数 call_todo_bot を定義します。

（※4）以降では API の呼び出しが成功するまで繰り返し API 呼び出しを実行します。なお、サーバーにアクセスが集中していたりして、ChatGPT API の呼び出しに失敗することがあります。呼び出しが失敗すると、そこでプログラムが止まってしまうので、ここでは、エラーが出ないように、try …except…で（※5）の API の呼び出し処理を囲います。

（※6）は API の応答が Function calling ではなかった場合の処理を記述します。この場合、単に AI の応答を画面に表示します。

（※7）以降では、Function calling だったときの処理を記述します。実行すべき関数の名前（name）と引数のパラメーター（args）が得られます。args はすでに紹介したように文字列なので JSON デコードを行います。

（※8）では実行すべき関数を確認します。「todo_functions.py」で定義した関数のいずれかが得られます。それで、タスクの追加（add_task）、タスクの削除（delete_task）、タスク一覧の表示（list_tasks）で処理を分岐します。それぞれの処理に関しては、この後で解説するモジュール「actions.

py」で定義しています。

（※9）は関数の呼び出し結果を元に、AIによるフォローアップメッセージを取得します。messagesオブジェクトに関数呼び出しの結果を追加してAPIを呼び出します。

（※10）は、繰り返し、ユーザーからの文章を得て、messagesオブジェクトに追加して、APIを呼び出します。

⭘ 「actions.py」- ToDO 操作の下請けモジュール

最後に、メインプログラムから呼び出される ToDO タスクの管理を行う「actions.py」を確認しましょう。このモジュールでは、タスクの追加と削除のタイミングで、JSON ファイルに保存します。

```
src/ch5/todo_app/actions.py
import json, os
DATA_FILE = 'todo_items.json'

# タスクを追加する関数 --- （※1）
def add_task(todo_items, task):
    todo_items.append(task)
    save_items(todo_items)
    return 'ToDOリストにタスクを追加しました。' + \
        'なお、どのようにタスクを完了できるか、1文でヒントを教えてください。'

# タスクを削除する関数 --- （※2）
def delete_task(todo_items, index):
    if 0 <= index < len(todo_items):
        del todo_items[index]
        save_items(todo_items)
        return '指定のToDOを完了にしました。' + \
            '簡潔にお祝いメッセージを述べてください。'
    return '完了にできません。タスク番号を指定してください。'

# アイテムを画面に表示する関数 --- （※3）
def list_tasks(todo_items, mode, num):
    if mode == '全部':
        print(f'+ 全タスク(全{len(todo_items)}件):')
        for no, task in enumerate(todo_items):
            print(f'✴ {no}: {task}')
    elif mode == '最新':
        print(f'+ 最新タスク({num}/{len(todo_items)}件):')
        offset = len(todo_items) - num
        for no, task in enumerate(todo_items):
            if no >= offset:
                print(f'✴ {no}: {task}')

# タスクをファイルから読み込む --- （※4）
```

```
def load_items():
    if not os.path.exists(DATA_FILE):
        return []
    with open(DATA_FILE, 'r', encoding='utf-8') as fp:
        data = json.load(fp)
        list_tasks(data, '全部', 0) # すでにタスクがあればそれを画面に表示
        return data
# タスク一覧をファイルに保存 --- (※5)
def save_items(todo_items):
    with open(DATA_FILE, 'w', encoding='utf-8') as fp:
        json.dump(todo_items, fp)
```

　上記モジュールのプログラムを確認してみましょう。

　(※1) ではタスクを追加する関数 add_task を定義します。リスト型の変数 todo_items に追記し、その変更をファイルに保存するために、関数 save_items を呼び出します。戻り値には、関数の結果を文字列で指定します。この関数の戻り値は、ChatGPT API の messages オブジェクトに追記されます。そのため、ChatGPT に答えて欲しい内容を簡単に指定します。なお、タスクを追加した時には、どのようにして、そのタスクを完了することができるかのヒントを答えるように指定しました。

　(※2) ではタスクを削除する関数 delete_task を定義します。ここでは、(0 から数えて) index 番目のタスクを削除します。削除が成功した場合は、タスクが完了できたことのお祝いメッセージを考えてもらうように戻り値を指定します。

　(※3) では、アイテムを画面に表示する関数 list_tasks を定義します。この関数では、どのように表示するのか (mode) と表示個数 (num) を指定します。それで、mode が「全部」の時はタスクの一覧を全部表示します。mode が「最新」の時は、num に指定した個数だけ表示します。

　(※4) はタスク一覧をファイルから読み込み、(※5) はタスク一覧をファイルに保存します。JSON 形式で読み書きします。

● ToDO アプリを実行してみよう

　それでは、ToDO アプリを実行してみましょう。ターミナルで次のコマンドを実行します。

```
$ python3 main.py
```

　ToDO アプリのボットへの指示を求められるので、「適当なタスクを追加して」と入力してみましょう。すると、タスクが追加されます。「最新の 3 件のタスクを見せて」と入力すると最新のタスクが 3 件だけ表示されます。次に「5 を完了」などとタスク番号を指定すると、指定のタスクを削除できます。こうした操作は次のように表示されます。

```
todo_app % python3 main.py
+ 全タスク(全5件):
  ☑ 0: 佐藤さんに電話する
  ☑ 1: プロジェクトAの予算案の作成
  ☑ 2: プロジェクトBの進捗を確認する
  ☑ 3: 磯野さんに電話する
  ☑ 4: 執筆予定を再確認する

■ --- ボットへの指示を入力してください ([q]で終了)
>>> プロジェクトAの予算案の作成をタスクに追加して
+ add_task {'task': 'プロジェクトAの予算案の作成'}
- AIの応答:
  予算案を作成するためには、プロジェクトの要件や目標、予想される費用を明確に把握し、適切な予算の設定を行う必要があります。

■ --- ボットへの指示を入力してください ([q]で終了)
>>> 最新の3件のタスクを見せて
アクセスエラー。3秒後に再試行します。
+ list_tasks {'mode': '最新', 'num': 3}
- 最新タスク(3/6件):
  ☑ 3: 磯野さんに電話する
  ☑ 4: 執筆予定を再確認する
  ☑ 5: プロジェクトAの予算案の作成

■ --- ボットへの指示を入力してください ([q]で終了)
>>> 5を完了
+ delete_task {'index': 5}
- AIの応答:
  おめでとうございます！タスク完了お疲れさまでした！

■ --- ボットへの指示を入力してください ([q]で終了)
>>> 最新の3件のタスクを見せて
+ list_tasks {'mode': '最新', 'num': 3}
- 最新タスク(3/5件):
  ☑ 2: プロジェクトBの進捗を確認する
  ☑ 3: 磯野さんに電話する
  ☑ 4: 執筆予定を再確認する

■ --- ボットへの指示を入力してください ([q]で終了)
>>> |
```

Fig.21 ToDO アプリを実行しているところ

```
todo_app % python3 main.py
+ 全タスク(全8件):
  ☑ 0: 佐藤さんに電話する
  ☑ 1: プロジェクトAの予算案の作成
  ☑ 2: プロジェクトBの進捗を確認する
  ☑ 3: 磯野さんに電話する
  ☑ 4: 執筆予定を再確認する
  ☑ 5: 韓国旅行のプランを立てる
  ☑ 6: 山田さんにメールする
  ☑ 7: 結束バンドを買う

■ --- ボットへの指示を入力してください ([q]で終了)
>>> 4番を削除して
+ delete_task {'index': 4}
- AIの応答:
  おめでとうございます！タスク番号4の削除が完了しました。スムーズな進捗管理に役立ててください。引き続き頑張ってください！

■ --- ボットへの指示を入力してください ([q]で終了)
>>> 最新のタスクを5件見せて
+ list_tasks {'mode': '最新', 'num': 5}
- 最新タスク(5/7件):
  ☑ 2: プロジェクトBの進捗を確認する
  ☑ 3: 磯野さんに電話する
  ☑ 4: 韓国旅行のプランを立てる
  ☑ 5: 山田さんにメールする
  ☑ 6: 結束バンドを買う

■ --- ボットへの指示を入力してください ([q]で終了)
>>> 加藤さんとの打ち合わせの日程をメールで話し合うことをタスクに入れて
+ add_task {'task': '加藤さんとの打ち合わせの日程をメールで話し合う'}
- AIの応答:
  タスクを完了するためには、加藤さんとの打ち合わせの日程を選び、メールで話し合う準備を整えてください。

■ --- ボットへの指示を入力してください ([q]で終了)
>>> 最新の3件のタスクを見せて
+ list_tasks {'mode': '最新', 'num': 3}
- 最新タスク(3/8件):
  ☑ 5: 山田さんにメールする
  ☑ 6: 結束バンドを買う
```

Fig.22 追加したり削除したり自然言語で操作できる

> まとめ
>
> → Function Calling について解説しました。高度なプロンプトを組み立てなくても、自然言語を JSON に変換します。これを利用することで、自然言語によってアプリを操作したり、自然な会話の中で特定の機能を実行することが容易になります。

1

2

3

4

5

AP

　ChatGPT からより良い出力を得る簡単な方法があります。それは敬語でプロンプトに質問や依頼を入力することです。驚くべきコトに、命令形で書くよりも、丁寧に頼む方が出力の精度が良いことが知られています。

　ChatGPT にも感情があり、丁寧に話しかけられると、喜んで良い出力をしてくれるのでしょうか。もちろん、そんなはずはありません。しかし、丁寧に頼めば、丁寧に出力を行ってくれるという、当然の因果関係が働きます。ChatGPT は Web 上のデータを学習しています。Web 上の多くの有用なドキュメントは、丁寧な言葉遣いで書かれていることが多いでしょう。

　プロンプトでは、言葉遣いを少し変えるだけで、異なる出力が得られます。丁寧な言葉を使うのは、とても簡単なものなので実践してみると良いでしょう。

Appendix

Appendix

1

Python のインストール

本書では、ChatGPT をより便利に使うために、プログラミング言語の Python を利用します。PC にインストールすることで、サンプルプログラムを動かすことができます。ここでは、Windows の場合と macOS の場合と OS ごとに分けて手順を紹介します。

Windows に Python をインストールする

Windows に Python をインストールする方法はいくつかありますが、ここでは、標準的なインストーラーを使う方法を解説します。最初に、ブラウザーで以下の Python の公式 Web サイトにアクセスしましょう。

Pythonの公式Webサイト
[URL] https://www.python.org/

そして、次の画面のように、[Download > Python3.xx.xx]（xx は任意の数字）のボタンをクリックしてインストーラーをダウンロードしましょう。

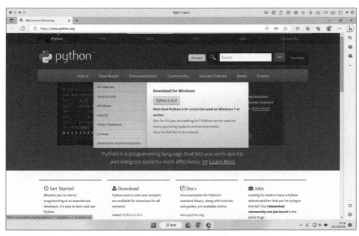

Fig.01 Python の Web サイトにブラウザーでアクセスしよう

350

次に、Downloads フォルダーに保存された、Python のインストーラーをダブルクリックしてインストーラーを実行しましょう。

　インストールダイアログが表示されたら、ダイアログの下部にある「Add python.exe to PATH」にチェックを入れてから「Install Now」を押してください。

Fig.02 ダイアログ下部「Add python.exe to PATH」にチェックを入れてから「Install Now」をクリック

　あとはインストーラーの指示通りボタンを数回クリックするとインストールが完了します。以上でインストールは完了です。

macOS に Python をインストールする

　macOS に Python をインストールする方法もいくつかあります。もっとも簡単なのは、上記の通り、インストーラーを利用する方法です。

Pythonの公式Webサイト
[URL] https://www.python.org/

　そして、次の画面のように、[Download > Python3.xx.xx](xx は任意の数字) のボタンをクリックしてインストーラーをダウンロードしましょう。

Fig.03 Python の Web サイトにアクセスしてインストーラーをダウンロードしよう

　ダウンロードフォルダーを開いて、インストーラーをダブルクリックします。インストーラーが起動するので、後はインストーラーの指示に従って「続ける」ボタンなどを数回クリックすればインストールが完了します。

Fig.04 インストール

　インストールが完了すると、次のようにインストール先のフォルダーが開きます。そこで、「Install Certificates.command」と「Update Shell Profile.command」の 2 つのファイルをダブルクリックして実行しましょう。

Fig.05 設定をアップデート

以上でインストールは完了です。

本書のサンプルプログラムを実行しよう

次に、インストールした Python で本書のサンプルプログラムを実行してみましょう。

本書のサンプルプログラムは次の URL からダウンロードできます。ブラウザーで以下の URL にアクセスします。

書籍のサンプルプログラム
[URL] https://github.com/kujirahand/book-generativeai-sample/releases

そして「Source code (zip)」をクリックしてダウンロードします。

書籍のサンプルプログラム一式が ZIP 形式でダウンロードできます。ダウンロードしたら、ZIP ファイルを圧縮解凍ツールを使って解凍します。

Fig.06　「Source code」をクリックしてサンプルをダウンロード

◯ ターミナルを起動しよう

Python のプログラムは、ターミナルから実行します。Windows であれば PowerShell を、macOS ではターミナル .app を起動しましょう。

Windows の PowerShell を起動するには、[Win] + [R] キーを押して、「powershell」と入力して [Enter] キーを押します。

Fig.07 PowerShell を起動しよう

macOS でターミナル .app を起動するには、デスクトップ画面の右上にある Spotlight（虫眼鏡のアイコン）をクリックして、「ターミナル .app」と入力して、候補に表示された「ターミナル .app」を選択します。

Fig.08 ターミナル .app を起動しよう

◯ プログラムを実行しよう

プログラムを実行する前段階として、カレントディレクトリを移動します。

ターミナルに次のようなコマンドを入力します。**なお、本書で「#」から始まる行はコメントなので入力する必要はありません。さらに、「$」はターミナルに入力することを意味する記号なので「$」の次の文字から入力してください。**

```
# カレントディレクトリを移動
$ cd（サンプルプログラムのフォルダー）
```

そして、次のようにしてプログラムを実行しましょう。なお、Windows では「python（プログラム名）」のように入力し、macOS では「python3（プログラム名）」のように入力しましょう。

Windows の場合

たとえば、サンプルプログラム一式をデスクトップの「src」フォルダーにコピーしたとします。この場合、次のように入力します。

```
# Windowsの場合
$ cd ~\Desktop\src\ch0
$ python hello.py
```

Fig.09 Windows で hello.py を実行したところ

macOS の場合

次に、macOS の場合ですが、デスクトップに「src」という名前でサンプルプログラム一式をコピーした場合は、次のように入力します。

```
# macOSの場合
$ cd ~/Desktop/src
$ python3 hello.py
```

Fig.10 macOS で hello.py を実行したところ

Python のプログラムが実行できないとき

　本書のプログラムは、筆者および編集部によって念入りにテストされています。しかし、読者の皆さんの環境によっては、何かしらのエラーが表示されてプログラムが動かない場合もあります。そんな時は慌てず Python のエラーメッセージを確認してみましょう。

　エラーが表示されると、英語や記号ばかり表示されるので怖いと言う人もいますが、エラーメッセージには、「なぜ動かないのか」という情報がしっかり記載されており、メッセージを読むことで簡単に問題を解決できます。

　以下によくある Python のエラーメッセージを紹介します。

● （よくあるミス）ファイル名の打ち間違い

プログラムが実行できない場合、もっともよくあるミスがファイル名を間違えることです。ファイル名を間違えると「can't open file '...'」のようなエラーが表示されます。

```
$ python3 hoge.py
/Users/kujirahand/…/bin/python3: can't open file '…/hoge.py': [Errno 2] No such
file or directory
```

【解決方法】

正確なファイル名を指定してプログラムを実行します。コマンドに「ls」と入力すると、カレントディレクトリにあるファイル一覧が表示されます。ファイル一覧からファイル名をコピーして、改めて「python3 (プログラム)」とタイプして実行してみましょう。

● （よくあるミス）パッケージがインストールされていない

本書では、必要なパッケージをインストールする場面では、ターミナル上で実行するコマンドを紹介しています。もしも、必要なパッケージをインストールしていない場合に、下記のように「ModuleNotFoundError: No module named ' パッケージ名 '」と表示されます。

```
Traceback (most recent call last):
  File "<stdin>", line 1, in <module>
ModuleNotFoundError: No module named 'パッケージ名'
```

【解決方法】

本書の指示を読み直してみましょう。たいていの場合、下記のようなモジュールインストールの指示があります。

```
# モジュールのインストール
$ python3 -m pip install -U （パッケージ名）==（バージョン）
```

なお、ModuleNotFoundError のエラーが出なくても、モジュールのインストールが問題でエラーが出る場合もあります。特に、本書執筆時のバージョンとインストールしたモジュールのバージョンが違う場合に、不可解なエラーが出ることもあります。その場合、上記のように本書指定のバージョンをインストールしてみてください。

● （よくあるミス）OpenAI の API キーを環境変数に登録していない

この後の、Appendix4 では、OpenAI の API キーの取得方法について解説します。本書の多くのプログラムは、API キーを環境変数に登録していることを前提にしています。しかし、API キーを登

録していなかったり、間違ったキーを登録していると、次のような長いエラーメッセージが表示されます。

```
Traceback (most recent call last):
  File "/…/pet_name.py", line 20, in <module>
    pet_names = call_chatgpt('ペットの名前を5つ考えて', debug=False)
  File "/…/pet_name.py", line 9, in call_chatgpt
    response = openai.ChatCompletion.create(
  File "/…/chat_completion.py", line 25, in create
    return super().create(*args, **kwargs)
  File "/…/engine_api_resource.py", line 153, in create
    response, _, api_key = requestor.request(
  File "/…/api_requestor.py", line 298, in request
    resp, got_stream = self._interpret_response(result, stream)
  File "/…/api_requestor.py", line 700, in _interpret_response
    self._interpret_response_line(
  File "/…/api_requestor.py", line 763, in _interpret_response_line
    raise self.handle_error_response(
openai.error.AuthenticationError: <empty message>
```

【エラーの確認方法】

　初めてプログラムを実行したとき、これほど長いエラーメッセージを見ると、嫌になってしまうかもしれません。しかし、エラーメッセージで確認したいのは、最初と末尾です。

　まずエラーメッセージの末尾の 1 行を見てみましょう。具体的に何のエラーが出たかが分かります。ここでは、openai.error.AuthenticationError というエラーが出たということが分かります。

```
openai.error.AuthenticationError: <empty message>
```

　次に、エラーメッセージの最初の数行を見てみましょう。すると「pet_name.py」というプログラムの 20 行目でエラーが出たという事が分かります。どこでエラーが出たかを確認するのがポイントです。

```
Traceback (most recent call last):
  File "/…/pet_name.py", line 20, in <module>
    pet_names = call_chatgpt('ペットの名前を5つ考えて', debug=False)
```

　つまり、ChatGPT の API の呼び出しで、openai.error.AuthenticationError というエラーが出ているのです。AuthenticationError というのは認証エラーを意味しています。

【解決方法】

　Appendix4 の手順に沿って、正しい API キーを入手して、環境変数に登録しましょう。

意味不明なエラーが表示されたら ChatGPT に聞いてみよう

上記のようなエラーが表示されたら、まずはエラーメッセージの末尾を確認しましょう。そして、よく分からないエラーが表示されている時には、検索エンジンで調べてみたり、ChatGPT に尋ねてみると良いでしょう。

なお、ChatGPT は Python のエラーに詳しいです。多くの問題は、エラーメッセージの末尾のメッセージをコピーして尋ねることで解決できるでしょう。

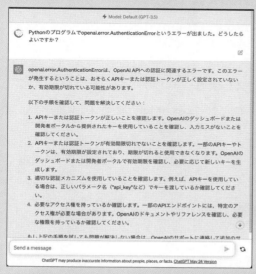

ChatGPT にエラーメッセージをコピーして尋ねてみると対処方法を教えてくれる

2 ChatGPT の登録方法とプラン

ChatGPT を利用するには、OpenAI にサインアップする必要があります。さらに、より賢く高度なモデル GPT-4 を使うには、有料プラン（ChatGPT Plus）に加入する必要があります。ここでは、ChatGPT へ登録する方法を紹介します。

⬤ ChatGPT の Web サイトにアクセスしよう

　まずは、ブラウザーで ChatGPT の Web サイトにアクセスしましょう。そして画面の下部にある「Try on web」をクリックします。

```
ChatGPT
[URL] https://openai.com/chatgpt
```

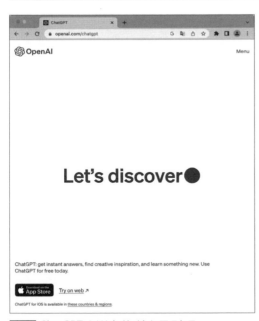

Fig.11 ChatGPT の Web サイトにアクセス

⬤ OpenAI にサインアップしよう

クリックすると、下記のような画面が出るので「Sign up」のボタンをクリックしましょう。

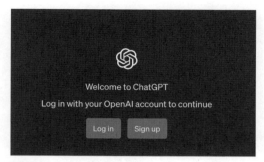

Fig.12 サインアップしよう

OpenAI のアカウント作成画面が出ます。ここで、E メールを入力するか、Google や Microsoft、Apple のアカウントを入力して紐付けるかのいずれかを選択してアカウントを作成できます。どちらか好みの方法でアカウントを作成してください。

ここでは、例として Google アカウントを選んでみました。すると、Google アカウントのログイン画面が出るので、Google アカウントのパスワードを入力してログインします。

ログインすると、次のような画面が出るので、名前と生年月日を指定して「Continue」ボタンを押します。なお生年月日は「日 / 月 / 西暦年」の順で指定します。

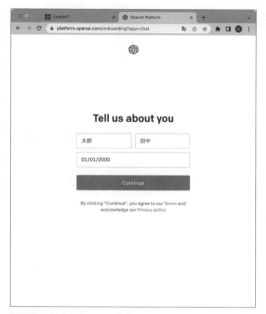

Fig.13 名前と生年月日を指定

次に電話番号を指定します。SMS 認証（メッセージ認証）があるので、SMS が受信可能な携帯電話の番号を入力します。

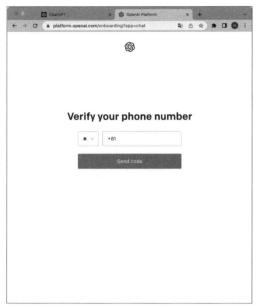

電話番号を指定

携帯電話に SMS が届いたら、6 桁のコードを入力して認証します。

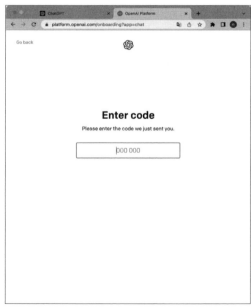

携帯電話に届いた 6 桁のコードを入力

ChatGPT からメッセージが表示されるので、右下の [Next] ボタンを数回押してメッセージを確認しましょう。

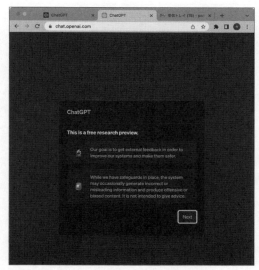

Fig.16 ChatGPT からのメッセージが表示される

その後、ChatGPT が利用できる状態になります。

Fig.17 ChatGPT が使えるようになった

ChatGPT の簡単な使い方

画面の下部にあるあるテキストボックスに文章を入力して、右端の「>」ボタンをクリックすると、ChatGPT に対してプロンプト（質問文）を送信できます。

Fig.18 画面下部のテキストボックにプロンプトを入力する

入力すると、それに応じた答えが表示されます。

Fig.19 入力に応じた答えが表示される

ChatGPT Plus に登録する方法

より高度な会話が利用できる「モデル GPT-4」やプラグイン機能など、先進的な機能を使うには、有料プランの ChatGPT Plus に加入する必要があります。

ChatGPT Plus はサブスクリプションとなっており、毎月一定額（執筆時点で 20 米ドル）の課金が行われます。

ChatGPT Plus に加入するには、画面左下の「Upgrade to Plus」ボタンをクリックします。なお、画面サイズが小さい場合や、スマートフォンやタブレットを使っている場合には、画面の左側が非表示になっていることがあります。その場合には、画面左上にあるハンバーガーメニュー [三] のアイコンをクリックすると表示されます。

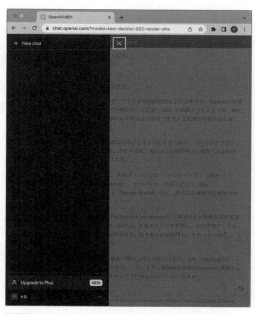

Fig.20 画面左下の「Upgrade to Plus」ボタンをクリック

「Your plan」のダイアログが表示されたら「Upgrade plan」のボタンをクリックします。

1

2

3

4

5

AP

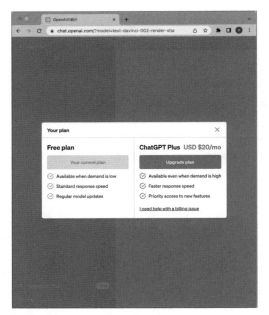

Fig.21 Upgrade plan」のボタンをクリック

　支払い画面が表示されます。支払い画面になると、日本語で案内が表示されるため、安心して支払い情報を入力できます。

Fig.22 支払い情報を入力する

次に、ChatGPT Plus に加入するとできることを確認してみましょう。

モデル GPT-4 を使ってみよう

ChatGPT Plus に加入すると、より高度な大規模言語モデルの GPT-4 が利用できるようになります。モデルの切り替えは、画面の上部にあるタブで切り替えます。

1

2

3

4

5

Fig.23 使いたいモデルは画面上部で切り替える

AP

モデル GPT-4 では、プラグイン機能や、さまざまな新しい機能が利用できます (これらの機能は執筆時点でベータ版となっており、名称などが変更される可能性があります)。

　本文でも何度か紹介していますが、有料の ChatGPT Plus に加入すると、ChatGPT の機を拡張するための「プラグイン（Plugins）」機能が利用可能になります。プラグインを利用することで、Web 検索をしたり、グラフを描画したりと、さまざまな機能が利用できるようになります。2023 年 3 月に公開され、わずか数ヶ月の間に 500 以上のプラグインが利用可能になりました。ここでは、役立つプラグインをいくつか紹介します。

　プラグインを利用するには、ブラウザの ChatGPT より、画面左下のユーザー名をクリックして出てくるポップアップメニューから [Settings > Beta Features] をクリックし、[Plugins] を有効にします。そして、画面左上の [New Chat] をクリックして、画面上部にあるモデル選択タブで [GPT-4] を選択し、[Plugins] にチェックを入れます。そして、モデル選択タブの下にあるプラグインアイコンをクリックします。そして、[Plugin store] をクリックすると、プラグインの一覧が表示されます。プラグインの一覧から使いたいプラグインを選んだら、プラグインアイコンをクリックして、改めて使いたいプラグインを選択します。

○ Show Me Diagrams プラグイン

　P.232 でも紹介した Show Me Diagrams プラグインを使うと、ChatGPT の画面にグラフを描画することができます。「インターネットの仕組みをグラフにしてください」とか「何々の構成図を作ってください」、「次の箇条書きの内容をでグラフを描画してください」などのプロンプトを入力することでグラフを描画してくれます。

○ WebPilot プラグイン

　大規模言語モデルは訓練に時間がかかるため、どうしても最新情報の取得が苦手です。しかし、WebPilot プラグインなど、Web 検索機能を持ったプラグインを使うなら、最新情報を検索して、その内容を元にして回答を表示できます。また、特定の URL を指定することで、その内容を元に回答してくれます。Web サイトに加えて、PDF の内容も対象にできます。

○ Zapier プラグイン

　Zapier プラグインは、5,000 以上のウェブアプリを連動させて自動化を行うためのツールです。もともと、Zapier はワークフローを自動化するための Web サービスです。ChatGPT を介して、Google カレンダーや Outlook カレンダーに新しいイベントを作成したり、メールを送信することができます。

　以上、ここではプラグインを 3 つだけ紹介しましたが、他にもたくさん便利なプラグインが公開されているので、試してみると良いでしょう。

⬤ プラグイン機能について

次に、プラグイン機能について確認してみましょう。プラグインを使うと、ChatGPT 単体では実現できなかったいろいろな機能を活用できるようになります。

プラグインを使うには、画面上部の [GPT-4] から [Plugins] を選んでクリックします。するとタブの下にプラグインのボタンが出るので、それをクリックします。

Fig.24 プラグインを使ってみよう

プラグインはストアで探してインストールする必要があります。[Plugin store] をクリックして、プラグインストアを開きましょう。そして、使いたいプラグインを選んで [Install] ボタンをクリックします。

そして、実際にプラグインを使うには、[GPT-4] のアイコンの下にあるプラグインボタンをクリックして、使いたいプラグインにチェックを入れます。

Fig.25 プラグインストアから必要なプラグインを探そう

Fig.26 使いたいプラグインにチェックを入れる

　ここでは、[MixerBox WebSearchG] と [Show Me Diagrams] という 2 つのプラグインにチェックを入れて以下のプロンプトを入力してみました。

日本の歴代映画の興行収入ランキングのベスト5を元に、
タイトルと興行収入の表を作り、棒グラフを描画してください。

　Web 検索を行って、日本の歴代映画の興行収入ランキングを調べて、棒グラフを描画します。

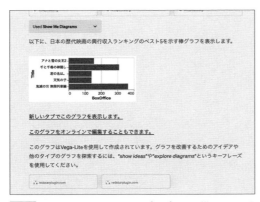

Fig.27 映画の興行収入ランキングをグラフに描画してもらったところ

【補足】なお「プラグイン機能」のメニューが表示されない場合、次の画面のように、設定 (Setting) にて機能 (Beta features > Plugins) を有効にしてください。ベータ版の機能は頻繁に変更されます。時々、新機能をチェックしてみると良いでしょう。

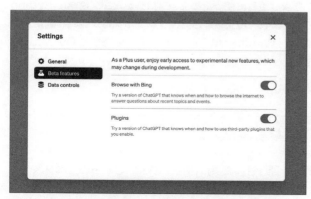

Fig.28 「プラグイン機能」が表示されない場合は設定を変更しよう

ChatGPT 便利プロンプト文例集

本書では、ChatGPT をより便利に使うために、プログラミング言語の Python を利用します。PC にインストールすることで、サンプルプログラムを動かすことができます。ここでは、Windows の場合と macOS の場合と OS ごとに分けて手順を紹介します。

大規模言語モデル（LLM）が得意な基本タスク

大規模言語モデルが得意なタスクは「要約」「推論」「変換」「拡張」です。これらの基本タスクについてプロンプトを確認しましょう。

◯ 要約タスク

長文の文章を短くまとめることができます。

```
以下の文章を要約してください。
---
（要約したい文章）
```

文章を素早く確認するために箇条書きで要点を列挙してもらうと便利です。

```
以下の文章を要約してください。
ただし、要点を箇条書きで列挙してください。
---
（要約したい文章）
```

◯ 推論タスク

推論は与えられた前提から新しい事実や関係を導き出すことです。大規模言語モデルは、文章や文書中の情報から、新しい知識を推論することができます。

```
次の状況から推測される影響を教えてください。
・状況1
・状況2
・状況3
```

例えば、次のようなプロンプトを作成できます。

次の情報から推測される未来を教えてください。
・日本経済が円安になった
・戦争により燃料費が高騰した
・流行病により外出が制限された

ChatGPT から次のような応答が得られます。

この3つの状況から、以下のような影響が推測されます：

1．輸出産業の活況：
円安になると、日本の輸出が安くなり、海外からの需要が増加します。その結果、日本の輸出産業が活況を呈することが予想されます。しかし、燃料費の高騰や物流コストの上昇により、利益が圧迫される可能性もあります。

2．インフレ圧力：
燃料費の高騰は、生産コストや輸送コストの上昇につながり、物価の上昇圧力をもたらします。また、円安も輸入品の価格を上昇させる要因となるため、インフレ圧力が高まることが予想されます。
〜以下省略〜

⭕ 変形タスク - 翻訳やフォーマット変換

翻訳タスクを行うには、下記のようなプロンプトを指定します。

以下の文章を英語に翻訳してください。

（翻訳したい文章）

フォーマット変換を行うには、下記のようなプロンプトを指定します。

以下のA形式のデータをB形式に変換してください。

（変換したいデータ）

たとえば、CSV 形式のデータを JSON 形式のデータに変換できます。

以下のCSV形式のデータをJSON形式に変換してください。

```
名前，年齢，性別，職業
山田，18，男，学生
山下，22，女，事務
佐々木，28，女，看護師
```

上記のプロンプトを入力すると、次のような JSON データを出力します。

```
[
  {
    "名前": "山田",
    "年齢": "18",
    "性別": "男",
    "職業": "学生"
  },
  {
    "名前": "山下",
    "年齢": "22",
    "性別": "女",
    "職業": "事務"
  },
  {
    "名前": "佐々木",
    "年齢": "28",
    "性別": "女",
    "職業": "看護師"
  }
]
```

⬤ 拡張 - 文章生成タスク

箇条書きにしたプロットをもとにして文章を生成できます。

```
以下の要点を元にして文章を生成してください。
・要点1
・要点2
・要点3
```

プログラミングに活用できるプロンプト

⬤ プログラムにコメントを追記する

プログラムに分かりやすくコメントを付けたい時に、以下のプロンプトを利用できます。

```
あなたは優秀なPythonプログラマーです。
次のプログラムが分かりやすくなるように日本語でコメントを追加して修正してください。
```

（プログラム）

```
` ` `
```

⬤ テストコードの生成

　プログラムのテストを自動生成するには、次のようなプロンプトを利用します。ただし、必ずしも正しいテストコードを生成できるわけではありません。4 章の 5 節が参考になります。以下のプロンプトは、指定したソースコードの関数を元に、pytest でテストするコードを生成します。

> あなたは優秀なPythonプログラマーです。
> 以下のPythonの関数をテストするpytestのプログラムを作成してください。
>
> ` ` `
>
> （プログラム）
> ` ` `

⬤ Python のエラーの解決方法を知る

　Python のプログラムを実行したとき、エラーが表示される場合があります。そのときは、Appendix1 の「Python のプログラムが実行できないとき」を確認してみてください。なお、それでも解決できない時は、Python のエラーメッセージ末尾にあるエラーメッセージをコピーして下記のように尋ねてみましょう。

> Pythonのプログラムで次のエラーが出ました。どうしたらよいですか？
> エラー：（ここにエラーメッセージ）

1

2

3

4

5

AP

4

API キーの取得と環境変数の設定

ChatGPT の API を使うには、API キーを取得する必要があります。また、API を使うには、API キーを環境変数に登録する必要があります。ここでは、API キーの取得方法と、環境変数の設定方法を紹介します。

ChatGPT の API を取得する方法

　本書の第 3 章では、ChatGPT の API を利用しています。API を使用するのに際して、API キーの取得が必要になります。次の手順で API キーを取得してください。

● 1　OpenAI platform にアクセス

まずは、OpenAI platform にブラウザーでアクセスしてサインインします。

```
【OpenAI platform
[URL] https://platform.openai.com/
```

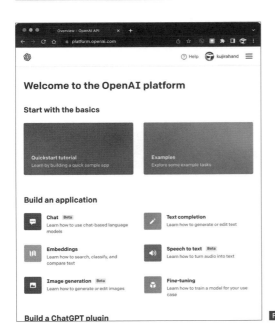

Fig.29 OpenAI Platform の Web サイト

○ 2 API keys をクリック

画面右上部にアカウント名が表示されています。このアカウント名をクリックするとポップアップメニューが表示されます。その中から [View API keys] をクリックします。

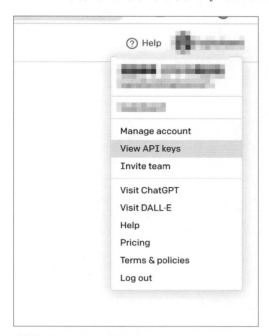

`Fig.30` .View API keys をクリックしよう

○ 3 API keys の画面でキーを作成

API keys のコンソール画面が表示されます。ここで「Create new secret key」のボタンをクリックしましょう。

`Fig.31` 「Create new secret key」ボタンを押そう

🔵 5　API キーの用途を入力

キーに付ける名前（name）の入力ダイアログがでます。そこで、適当な用途を入力して、[Create secret key] をクリックしましょう。

Fig.32 用途を入力しよう

🔵 6　API キーをコピーしよう

これらの手順で API キーが生成されて表示されます。ここで [Done] を押してしまうと、永遠にキーが分からないままです。まずは、生成された API キーをコピーしましょう。テキストボックス右側のアイコンをクリックしてコピーします。

Fig.33 API キーが生成されたところ

🔵 7　API キーを環境変数に登録しよう

ところで、API キーをソースコードに埋め込むのはあまり良い方法ではありません。環境変数に設定しておいて、これを利用することにしましょう。

Windows の場合

Windows で環境変数を指定するには、コントロールパネルの [環境変数] を編集します。[Win]+[R] キーを押して「ファイル名を指定して実行」のダイアログを出します。そして「sysdm.cpl」と入力します。それから「詳細設定」のタブを開き、下部にある「環境変数」をクリックしましょう。

環境変数のパネルが開いたら、「新規」ボタンを押して、「変数名」に「OPENAI_API_KEY」と入力して、

「変数値」に手順（5）で取得した API キーの値を指定します[※1]。

Fig.34 環境変数に API キーを登録する

macOS の場合

　macOS 標準の Zsh をご利用の場合には「~/.zshrc」を編集します。Bash であれば「~/.bashrc」を編集します。なお、これらのファイルは Finder から見えないので、ターミナルで「code ~/.zshrc」などと実行してエディターで編集します。

　以下のように環境変数「OPENAI_API_KEY」に API キーの値を指定します。

```
# OpenAI API Key
export OPENAI_API_KEY="(ここに取得したAPIキー)"
```

　そして、編集してファイルを保存したら、次のコマンドを実行して環境変数を反映させます。

```
$ source ~/.zshrc
```

　以上で設定完了です。本書で紹介しているソースコードは、上記の手順で設定した環境変数 OPENAI_API_KEY の値を取得して実行するものとなっています。

⭕ 利用可能金額の設定も忘れずに

　3 章の 1 節で解説していますが、安全に API を利用するため、クレジットカードを登録した際には OpenAI Platform にて利用可能金額（Usage limit）を指定することをオススメします。

※ 1：上記はテストのために生成したダミーの API キーであり、利用できないようになっています。ご自身で取得したキーを指定してください。

ChatGPT への指示は
マークダウンで書こう

ChatGPT で表やプログラムを出力するときに、テキストではなく「マークダウン記法（Markdown）」で作成すると便利です。

⬤ マークダウンとは

　ChatGPT は作表をしたり、プログラムを出力するとき、マークダウン記法（Markdown）で応答を作成しています。そのため、マークダウン記法を知っているなら、ChatGPT の出力をうまく活用できます。それだけでなく、ChatGPT への入力にマークダウンを使うと、その意図を汲み取って解釈してくれるというメリットがあります。

　「マークダウン」とは、軽量マークアップ言語の一つで、プレーンテキストから HTML を生成するために開発されました。マークダウンの記法の多くは、電子メールでのプレーンテキストの装飾の慣習から着想を得ているため、書きやすくて読みやすいプレーンテキストを HTML 形式へと変換できるフォーマットとして人気があります。特にプログラマーに人気のある記法で、GitHub、Stack Overflow、Bitbucket、Qiita などいろいろなサービスで活用されています。なお、マークダウン形式のデータは HTML 以外にも、PDF や PowerPoint や LATEX 形式への変換が可能です。

⬤ マークダウンの文法を確認しよう

　ここでは、簡単にマークダウンの記法についてまとめてみます。マークダウンには、いろいろな方言があるので、ここではもっとも標準的なマークダウンについてまとめました。

　「#」から始まる行は見出しとなります。

```
# 見出し1

## 見出し2

### 見出し3
```

　プログラムなどのコードブロックは次のようにバッククォートを 3 つ重ねて記述します。

```
```
# コードブロック
def say_hello():
    print('Hello')
```
```

```
say_hello()
```

「-」から始まる行は箇条書きのリストとなります。

```
- 赤色
- 青色
- 緑色
```

キーワードを強調したい場合などは、** キーワード ** のように囲みます。

```
あのレストランで最も美味しい料理は、**麻婆豆腐**です。
```

他のページへのリンクは「[ラベル]（リンク）」のように記述します。

```
[くじらはんどのWebサイト](https://kujirahand.com)
```

また、画像を表示する場合には「[代替テキスト](画像 URL)」のように記述します。

```
![猫の画像](https://example.com/images/cat.jpg)
```

テキストの引用は行を「>」から書きます。

```
> この文章は引用文です。
```

区切り線を書くには、下記のように連続で「-」を書きます。

```
-----------------------
```

　表（テーブル）は次のように記述します。2 行目にある区切り線（-）とコロン（:）の位置によって、左寄せ、中央寄せ、右寄せを表現できます。

```
| ヘッダ1 | ヘッダ2 | ヘッダ3 |
|:-------|:------:|-------:|
| データ1 | データ2 | データ3 |
| データ4 | データ5 | データ6 |
| データ7 | データ8 | データ9 |
```

おわりに

　書籍の最後には、通常「おわりに」、「結びに」といった、締めくくりの一文が載せられます。執筆が終わり、校正を何回か経て、納得できるレベルまで来たところで、ほっと一息ついて書くのが「終わりに」です。

　しかし、生成 AI の世界はそんなに甘くはありませんでした。

　やっとこれで終わりだ、と思った入稿直前に、ChatGPT に驚くべき新機能が追加されました。それが「Code Interpreter」です。これは、ChatGPT Plus に加入することで使えるようになる機能です。これが何かというと、ChatGPT 上で Python のインタプリタを実行できるという機能です。

　本文で解説したように ChatGPT は大きな数の計算が苦手ですが、Code Interpreter を利用すれば、ChatGPT のサーバー上で Python を実行し、その計算結果を出力できます。また、CSV ファイルなどをアップロードして、そのデータを元にしてグラフを描画することもできます。

　例えば、「FizzBuzz 問題を解くプログラムを作成し、15 以下の回答を JSON のリストで出力してください」と入力すると、FizzBuzz のプログラムを作成し、それを Python で実行し、下記のようなリストを出力してれます。

```
["1", "2", "Fizz", "4", "Buzz", "Fizz", "7", "8", "Fizz", "Buzz", "11", "Fizz", "13
", "14", "FizzBuzz"]
```

　これまでは、ChatGPT が作成したプログラムを、テキストエディタに貼り付けて保存し、自分で Python を実行しなくてはなりませんでした。しかし、Code Interpreter の登場で、こうした面倒な手間がなくなります。簡単なデータの整形から統計情報の表示など、これまで細々とした実行していた作業が、ChatGPT の中だけで完結するので便利になります。

　本文で解説することは出来ませんでしたが、こうしてわずかでも触れることができたのは良かったと思います。

　しかし、油断はできません。なぜならこれはまだベータ版なのです。

　本書の執筆においては、ベータ版で痛い目に遭いました。普通に考えると、ベータ版はリリース版の一つ手前の段階であり、やがてリリースされると思います。

　本書の執筆中に、ChatGPT のプラグインである「Web 検索機能 = Browse with Bing」のベータ版が追加されて喜んでいたのですが、このプラグインの解説を書き上げてまもなく、突然に削除され

てしまいました。

　本書の執筆が難しかったのは、素晴らしい新機能の追加や LLM の機能向上に加えて、サービスや機能が突然削除されてしまうことが多かった点にあります。「おわりに」を書ける日は来るのか？そう思ったこともあります。

　しかし、OpenAI はとてもユニークで便利な機能を次々とリリースしており、今後も新機能から目が離せません。革新的な技術が黎明期にあるがゆえの現象であり、この混沌とした状況は当面続くのでしょう。

　執筆を進める中でも、これまでの常識を覆す新たなツールやアイデアが次々と発表されていました。そうした興奮を本書の中に詰め込むことができたことを、とても嬉しく思います。これからも、生成 AI・大規模言語モデルが、さまざまな分野に応用されていくことでしょう。生成 AI の進化は当面終わりそうにありません。

　以上、本書をお読みいただき、ありがとうございました。これから生成 AI を活用する皆様のご活躍をお祈りしております。

クジラ飛行机

［著者略歴］

クジラ飛行机（くじらひこうづくえ）

趣味のプログラミングが楽しくていろいろ作っているうちに本職のプログラマーに。現在は、ソフト企画「くじらはんど」にて「楽しくて役に立つツール」をテーマに多数のアプリを公開している。代表作は『日本語プログラミング言語「なでしこ」』『テキスト音楽「サクラ」』など。2001年にはオンラインソフトウェア大賞に入賞、2004年度 IPA 未踏ユースでスーパークリエイターに認定、2010年に OSS 貢献者賞を受賞。2021年に「なでしこ」が中学の教科書に採択された。なお、機械学習や Python など毎年2冊以上技術書籍を執筆している。

カバー・本文デザイン：宮嶋章文
編集：佐藤玲子（オフィスつるりん）
編集協力：望月誠人（もちづきまさと）、サンダル・ジュン
DTP：有限会社 ゲイザー

生成AI・ChatGPTでPythonプログラミング
アウトプットを10倍にする！

2023年8月10日　初版第1刷発行

著　者　　クジラ飛行机
発行人　　片柳 秀夫
発行所　　ソシム株式会社
　　　　　https://www.socym.co.jp/
　　　　　〒101-0064 東京都千代田区神田猿楽町 1-5-15
　　　　　猿楽町 SS ビル
　　　　　TEL　03-5217-2400（代表）
　　　　　FAX　03-5217-2420
印刷・製本 株式会社 暁印刷